B.C.Info

예제를 활용한 불확도 실무

최인수 저

UNCERTA

머리말 Preface

측정의 역사는 세계 7대 불가사의 중 하나인 고대 이집트의 쿠푸왕의 피라미드에서 사용했던 각도와 길이의 오차에서 시작되었다고 한다. 매달 보름달이 뜰 때면 현장의 담당자는 왕의 중지부터 팔꿈치까지의 길이를 재어 막대를 제작한 뒤 현장에서 그와 같은 길이의 벽돌을 제작하였다. 그리고 막대의 길이가 마모되면 다시 돌아오는 보름달에 왕을 찾아 측정하기를 반복하였다고 한다. 이렇듯 측정과 표준의 소급성이 고대 시대부터 이미 시작되었다는 사실을 우리는 역사를 통해 알 수 있다.

90년대 초반까지만 해도 측정결과에 대한 평균과 산포 등에 의한 관리가 일반적이었다. 하지만 지금은 측정결과뿐만 아니라 그에 대한 변동 요인의 영향까지 고려한 신뢰도를 제공받기를 원하게 되었다. 불확실한 요인들의 종류에는 무엇이 있으며, 그 양은 얼마나 되는지, 어떠한 환경조건 하에 측정이 이루어졌는지, 그러한 모든 영향까지 고려한다면 결과적으로 측정결과는 얼마나 신뢰할 만하다고 볼 수 있는지 등 객관적인 정보를 제공받기를 원하는 단계에 이른 것이다.

측정, 시험, 계측기 교정 등 품질과 관련된 분야에서 종사하는 이들에게는 더 이상 측정불확도(Measurement uncertainty)라는 용어가 전혀 낯설지 않을 것이다. 국내 및 국제 동향을 볼 때 그동안 시험과 교정 분야에서 주로 적용하고 있는 측정불확도가 이제는 일반 산업현장에서 이루어지는 일반측정의 결과에서까지도 불확실한 영향에 대한 의심의 정도를 정량화시키고 관리하고자 하는 움직임을 보이고 있다.

이 책은 크게 세 개의 장으로 구성되었다. 제1장에서는 측정불확도와 관련된 기본 개념과 이론 지식을 습득할 수 있도록 하였다. 제2장에서는 한국계량측정협회(KASTO)에서 발간하는 표준교정 절차서를 바탕으로 길이 분야에서 가장 보편적으로 사용되는 계측기 12개를 선정하여 측정불확도의 평가 방법 및 절차를 익히고, 스스로 불확도를 산출하는 방법에 대해 매우 상세하게 설명하였다. 마지막으로 제3장에서는 역학량 분야(질량, 지시저울, 힘, 토크, 압력, 유량, 온도)를 새롭게 추가하여 실무적인 범위를 확대하고자 하였다.

이 책은 필자가 정밀측정, 계측기 교정, 품질 분야의 현업에서의 경험과, 약 20여 년간 대학에서 강의를 하면서 참고했던 국내외 서적 및 기술 자료를 바탕으로 집필하였다. 모쪼록 이 책이 학생들과 현업에서 생소한 불확도에 대해 배우고자 하는 분들께 작은 도움이 되기를 희망한다. 끝으로 이 책을 기꺼이 출판해 주신 복두출판사 관계자분들께 감사의 마음을 드리며, 모든 과정에 함께 하시는 하나님께 진심으로 감사드리며 사랑하는 부모님께도 깊은 사랑의 마음을 전하고 싶다.

2021년 8월

저자 씀

차례 Contents

Chapter 1
측정불확도 이해

Chapter 2
길이계기 표준교정절차 해설 (길이분야 계측기 교정 실무과정)

Chapter 3
계측기기 표준교정절차 해설 (역학량 분야 계측기 교정 실무과정)

부록

CHAPTER 1

측정불확도 이해

1. 측정불확도 기초
2. 측정의 소급성과 국가교정제도

1 측정불확도 기초

1.1 측정불확도의 기본 개념

측정의 목적은 측정량의 값, 즉 측정하고자 하는 특정한 양의 값을 결정하는 것으로서 이러한 측정결과는 측정량의 값에 대한 근삿값 또는 추정값이다. 따라서 추정된 측정결과에 대한 불확도가 함께 명시될 때에 비로소 참값에 더욱 근접할 수 있다고 볼 수 있다. 측정불확도는 측정이 이루어지는 모든 관련 정보에 기초하여 어떤 얻고자 하는 측정량에 속한 요인들의 분산 상태를 나타내는 변수를 의미한다. 측정 분야에서는 등급이 높아짐에 따라 측정결과에 대한 산출 근거를 보다 명확하고 상세한 내용이 요구된다. 측정결과에 대한 정보의 양이 지나치게 적은 것보다는 오히려 정보의 양이 충분하여 측정결과에 대한 판정의 근거를 제공하는 것이 바람직하다. 다양한 정보의 종류가 있겠으나 일반적으로 다음과 같은 정보는 반드시 포함시키는 것을 권장하고 있다.

(가) 실험 관측과 입력 데이터로부터 얻어진 측정결과와 그에 대한 불확도를 계산하기 위해 사용된 방법을 명확하게 기술한다.
(나) 모든 불확도 성분들을 열거하고 이들의 평가방법을 명확하게 기술한다.
(다) 필요한 경우 각각의 중요한 단계를 쉽게 따라할 수 있고, 보고된 결과를 독립적으로 반복하여 계산할 수 있도록 데이터의 분석방법을 제시한다.
(라) 분석에 사용된 모든 보정값 및 상수 그리고 객관적이고 과학적인 근거의 출처를 명시한다.

1.1.1 '측정불확도 표현 지침'의 출현 배경

측정의 결과를 보고할 때는 그 결과를 사용할 사람이 얼마나 믿고 사용해도 되는지 신뢰성을 판단할 수 있도록 측정결과의 품질, 다시 말해서 측정결과에 대한 신뢰도를 함께 나타내야 한다. 과거에는 이러한 측정결과의 신뢰도에 관한 정량적 표현의 방법으로 오차나 오차분석을 오랫동안 사용하여 왔으나, 1990년대에 들어서 측정결과의 신뢰성을 판단할 수 있는 지표로써 불확도의 개념이 도입되어 점증적으로 사용되어 왔다. 전 세계적으로 무역이 확대되고 경제의 세계화가 진전됨에 따라, 서로 다른 국가에서 이루어지는 측정결과를 쉽게 비교할 수 있도록 불확도를 평가하고 표현하는 방법을 통일시키고자 하는 움직임이 오래 전부터 전개되어 왔고, 그 결과 국제표준화기구를 비롯하여 여러 국제기구와 합동으로 1993년 '측정불확도 표현 지침(GUM; Guide to the Expression of Uncertainty in Measurement)'을 발행하였다. 이 지침서는 교정 및 시험기관 등에서 인정받은 교정 또는 시험 항목에 대해서는 필수적으로 최신의 문서로 확보하고 적용하도록 되어 있다.

1.1.2 측정불확도의 역할 및 활용

측정결과뿐만 아니라 그에 대한 불확도를 제공한다는 것은 측정결과를 필요로 하는 당사자에게는 중요한 하나의 정보의 역할을 한다. 평균과 표준편차 위주로 관리되었던 과거와는 달리 보다 측정결과에 어떤 불확실한 요인들이 영향을 미치고 있는지, 그 양은 어느 정도 되는지, 그것을 통해 온전한 합격구간은 어느 정도에 위치하는지 또는 비록 합격구간에 속하긴 하되 하한치나 상한치를 벗어날 수 있는 위험의 정도는 어느 정도인지 등에 대해 실무자의 입장에서는 중요할 수 있다. 일반 측정이나 교정, 시험의 측정불확도 관련 문서는 한국인정기구(KOLAS; Korea Laboratory Accreditation Scheme), 한국계량측정협회(KASTO; Korea Association of Standard and Testing Organizations) 또는 KS규격열람 등을 이용하여 쉽게 활용할 수 있다.

1.1.3 측정불확도의 발생 요인

어떠한 측정결과에서도 온전한 참값을 얻기는 불가능하므로 측정결과에 대해 100 % 신뢰성을 부여할 수는 없다. 왜냐하면 측정을 하는 과정에서 발생할 수 있는 여러 가지 요인들로 인해 어느 정도의 불확실성이 존재하기 때문이다. 측정불확도는 구간으로 표현되고 오차(error)는 하나의 얻어진 값, 즉 점추정의 개념으로 적용되는 차이점이 있지만, 측정불확도와 오차를 발생시키는 요인은 상호 밀접한 관계로 유사성을 지닌다. 오차와 마찬가지로 불확도 역시 기본적으로 측정량, 측정표준, 측정환경, 측정방법 그리고 측정자 등에 의해 발생할 수 있다.

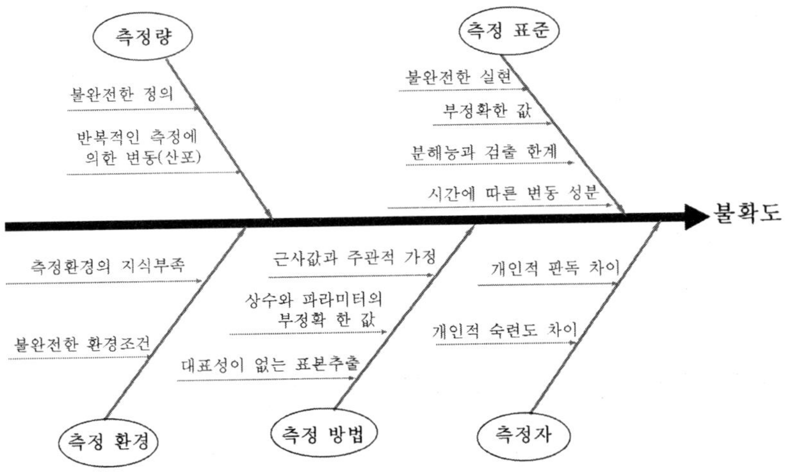

[그림 1.1] 측정불확도의 발생 요인

1.2 측정불확도의 평가 절차 및 방법

측정불확도의 표현지침에 따라 측정불확도를 평가하기 위해서는 다음의 흐름에 따라 수행한다. 평가 방법 및 절차는 유효성이 검증된 객관적 자료를 바탕으로 이루어지고 표현되어야 한다.

1.2.1 측정량 선정 및 정의

먼저 불확도를 평가하기 이전에 측정량의 대상이 무엇인지 명확하게 선정되고 정의되어야 한다. 길이, 질량, 온도, 표면의 거칠기, 힘, 토크, 소음 등 다양한 측정량 중 어떤 측정량에 대한 불확도를 평가하기 위함인지 분명해야 한다.

1.2.2 측정방법 선정

측정량이 결정되면 그에 따른 측정방법이 정해져야 한다. 측정방법은 과학적이고 객관적인 방법으로서 유효성이 검증된 방법으로 선정되어야 한다. 측정방법은 측정대상의 특징에 따라 아직 표준화가 이루어지지 않았거나 표준화 단계의 연구 중에 있거나 또는 이와는 반대로 몇 개의 방법과 절차가 복수로 존재할 수도 있다. 가능한 가장 적합한 방법이 선정되는 것이 마땅하나 사용자가 보유하고 있는 표준이나 부속품 또는 기타 제반 여건을 고려하여 선정하는 것이 적합하다.

1.2.3 측정기 선정

교정에 사용되는 측정기는 기본적으로 의뢰된 피교정기보다 최소 한 단계 이상의 상위 단계에 있어서 신뢰할 만한 정확도를 지닌 표준을 사용해야 한다. 즉, 소급성을 유지하고 있는 상위 측정기를 사용해야 한다. 기본적으로 피교정기의 분해능보다 1/10 또는 최소 1/5의 상위 측정기를 사용하며, 일반 측정분야에서는 제품의 도면에 명시되어 있는 허용공차의 자릿수보다 한 자릿수 더 많은 측정기를 사용하는 것이 일반적이다. 주의해야 할 것은 분해능보다 정밀정확도 또는 측정불확도의 소급성이 이루어지고 최저성능 요구조건을 만족하는 표준을 우선적으로 고려하여 선정해야 한다.

1.2.4 불확도 요인 도출 및 수학적 모델 수립

선정된 측정방법 및 측정기 그리고 측정환경 등에 따른 불확도 요인을 도출하여 수학적 모델을 수립한다. 일반적으로 기본 수학적 모델은 지시편차, 보정값 또는 실제 치수 등을 결과값으로 얻고자 하는 식으로 수립되는 경우가 보편적이다. 그에 따른 교정값을 추정할 수 있으며 불확도 전파 법칙(Law of propagation of errors)을 이용하여 각각의 불확도 요인들에 대한 감도 계수와 표준불확도를 추정할 수 있도록 수식을 세운다. 불확도 전파 법칙은 측정대상 또는 출력량의 추정치는 N개의 입력 추정값들에 의해 얻어지며 이것은 테일러의 전개 방식에 따라 편도함수에 의한 감도 계수와 불확도의 값으로 구성된다. 이는 RSSM(Root Sum Squared Method)와 유사한 방법이다.

1.2.5 표준불확도 및 자유도 추정

불확도를 추정하기에 앞서 기본적으로 추정량, 즉 해당 불확도 요인에 대한 평균값을 산출한다. 표준불확도는 반복측정 또는 객관적 정보에 근거하여 추정량을 산출할 수 있다. 표준불확도는 측정 데이터들의 산포로서 평균에 대한 표준편차로 표현되는 불확도이며, 유형에 따라 A형과 B형으로 구분된다. 특성은 다르지만 이들 불확도 모두 실제 반복 측정을 통해 얻은 산포 또는 객관적 · 경험적 · 주관적 실무자의 판단에 근거한 확률분포를 통한 표준편차를 추정하여 표준불확도를 구하는 방법이 있다.

① A형 불확도 평가

일련의 관측값을 통계적으로 분석하여 불확도를 얻는 방법이다. 반복적인 측정에서 얻어진 통계량으로 평균($\overline{x}$)과 표준편차(s_x)를 구하여 평균에 대한 표준편차($s_{\overline{x}}$), 즉 표준불확도 ($u(x)$)를 구한다. 또한 자유도(v)를 추정하여 신뢰성에 대한 근거를 제시한다. 다시 말해, 기댓값(평균)에 대한 분산(산포)이 어느 정도인지를 구하는 방법이다. 표준편차를 측정횟수(n)의 제곱근으로 나누어 불확도를 추정한다. 이에 대한 자유도는 (n−1)이다.

$$\overline{x} = \frac{1}{n} \cdot \sum_{i=1}^{n} x_i \qquad s_x = \sqrt{\frac{1}{n-1} \cdot \sum_{i=1}^{n} (x_i - \overline{x})^2}$$

$$u(x) = s_{\overline{x}} = \frac{s_x}{\sqrt{n}} \qquad v = n-1$$

② B형 불확도 평가

일련의 관측값을 통계적이 아닌 그 외의 다른 모든 방법으로 불확도를 구하는 방법이다. 즉, 주어진 정보에 근거하여 산출되는 방법이다. 예를 들면 과거의 측정 데이터, 관련 자료와 기기의 작동 및 특성에 대한 경험이나 일반지식, 제조사로부터 얻은 규격, 교정 및 기타 인증서에 명시된 데이터 그리고 핸드북에서 인용한 참고자료의 불확도 등에 의해 평가되는 방법이다. A형 불확도와는 달리 반복측정을 통한 산포를 직접적으로 계산하는 것이 아니므로 불확도 요인의 특성에 따라 해당되는 확률분포를 적용하여 그에 대한 표준편차로 불확도를 추정한다. B형 불확도의 표준불확도는 확률분포에 따라 다른 수식을 적용하여 추정한다.

◆ **정규분포**(Normal distribution)는 성적서와 같이 신뢰도가 높다고 판단되는 경우 직접 반복 측정하지 않더라도 충분한 측정 횟수를 지닌다고 간주한다. 또한 성적서에 신뢰수준 약 95.45 %, k=2 적용이 명시되어 있으므로 표준 정규분포를 만족하는 것을 알 수 있다. 성적서에 측정불확도가 주어질 경우 k 값으로 나누어 주거나 추정된 평균 변동에 대하여 2로 나누어 표준불확도를 추정한다.

◆ **직사각형 분포**(Rectangular distribution)는 동등한 확률로 발생할 것으로 추정되는 경우 직사각형으로 적용한다. 어떠한 구간 내에서 상호 동등하게 측정에 영향을 미치고 있을 경우, 예를 들어 제조사로부터 확보한 사용한 측정기에 대한 자료, 오차범위, 명세, 이력 등이 제공될 때 이러한 것을 바탕으로 추정이 이루어질 수 있다. 또한 분해능과 같이 눈금을 읽을 때 발생 가능한 오차 구간이 한 눈금 내에서 1/2, 1/4, 1/5 등 동등하게 여겨진다고 판단될 때 적용된다. 평균변동폭에 대하여 $\sqrt{3}$ 으로 나누어 표준불확도를 추정한다.

◆ **삼각형 분포**(Triangular distribution)는 측정결과가 중심경향을 보이면서 산포가 매우 적을 경우 적용하는 것이 일반적이다. 즉, 전반적인 분포가 평균을 중심으로 매우 작은 값들이 분포되었을 것으로 추정될 때 적용된다. 평균변동에 대하여 $\sqrt{6}$ 으로 나누어 표준불확도를 추정한다.

◆ **U자형 분포**(U-shaped distribution)는 발생되는 측정의 유형이 전반적으로 중심경향이 아닌 바깥쪽 한계 구간에 주로 분포되어 있을 것으로 판단될 때 적용한다. 평균변동에 대하여 $\sqrt{2}$ 로 나누어 불확도를 추정한다.

◆ **사다리꼴 분포**(Trapeze distribution)는 어떠한 측정결과에 대하여 도출된 불확도 요인들의 불확도 기여도가 전반적으로 비슷할 경우 정규분포를 띄는 것을 알 수 있다. 하지만 1개 또는 2개가 전체의 측정불확도의 대부분을 차지하는 경우 자유도가 크게 추정되었다 하더라도 사다리꼴 분포인지 재확인이 필요하다. 잔여량의 불확도에 대하여 크게 영향을 미치는 1개 또는 2개의 불확도에 대한 비가 0.3보다 적으면 사다리꼴 분포로 간주한다.

$$\frac{1}{\sqrt{6}}\left(1+\frac{b^2}{a^2}\right)$$

으로 표준불확도를 추정하며, 식에서 a는 사다리꼴의 아랫변 반너비, b는 윗변 반너비를 나타낸다.

B형 불확도의 자유도는 반복 측정횟수의 개념이 존재하지 않으므로 추정한 표준불확도의 확신의 정도에 따라 각각 다르게 추정될 수 있다. 만일 추정한 표준불확도에 대한 확신의 정도가 강하다면 자유도는 무한대(∞)를 적용하여 추정할 수 있으며, 무한대가 아닐 경우 상대적인 값을 적용하여 추정할 수 있다. 여기서 R은 상대불확도로서 (100−추정한 표준불확도에 대한 확신의 정도)를 적용하여 다음과 같이 산출한다.

$$\frac{1}{2}\left(\frac{100}{R}\right)^2 = \frac{1}{2}\left(\frac{100}{100 - \text{표준불확도 추정에 대한 확신의 정도}}\right)^2$$

eX 추정한 표준불확도에 대하여 85 % 확신한다면 자유도는

$$\frac{1}{2}\left(\frac{100}{100-85}\right)^2 = 22.222222 = 22$$

로 산출된다.

즉, 비록 A형 불확도는 아니지만 22회 반복 측정한 개념으로 볼 수 있다. 여기서 소수점 이하는 반올림법(Rounding)과 상관없이 버림(Truncating)으로 처리한다.

③ 감도 계수

감도 계수란 입력량 x_i의 변화에 따라 출력량 y의 변화의 정도이다. 감도 계수 ci를 구하는 방법은 편도함수, 즉 편미분으로 구할 수 있고, 이 밖에도 수치적 계산과 실험에 의한 방법으로 구할 수 있다. 감도 계수는 각각의 표준불확도에 곱해져서 불확도 기여도를 알 수 있게 해준다. 예를 들어 (a)라는 불확도 요인의 감도 계수가 2라면 추정한 (a)의 표준불확도에 2를 곱함으로써 불확도 기여도가 산출되는데, 이는 출력량, 즉 전체 측정불확도에 영향을 미치는 정도가 기본 (a)라는 표준불확도에 2배만큼 가중되어 작용함을 의미한다. 감도 계수는 수학적 모델에 따라 다양하게 나타날 수 있다.

1.2.6 합성표준불확도 평가

합성표준불확도는 측정결과가 여러 개의 다른 입력량으로부터 구해질 때 이 측정결과에 대한 각각의 표준불확도들을 합성해 놓은 불확도를 의미한다. 즉, 각 입력량의 변화가 측정결과에 미치는 영향에 따라 가중된 분산과 공분산의 합을 양의 제곱근하여 구한 불확도이다. 추정한 A형과 B형의 표준불확도에 해당 불확도 요인의 수학적 모델에서 산출된 감도 계수를 곱하여 불확도 기여도를 산출하여 이들 모두를 불확도 전파 법칙에 의하여 각각 제곱하여 합한 후 양의 제곱을 씌워 하나로 표준불확도로 합성하는 것이다. 괄호 안에 있는 식은 편미분한 감도 계수와 표준불확도의 값을 나타낸다. 합성표준불확도는 불확도 전파 법칙에 의해 구해지는데 이것은 앞서 언급한 바와 같이 쉽게 RSSM(Root Sum Squared Method)으로 이해하면 된다.

$$u_c^2(y) = \sum_{i=1}^{N}\left[\frac{\partial f}{\partial x_i}u(x_i)\right]^2 = \sum_{i=1}^{N}\left(\frac{\partial f}{\partial x_i}\right)^2 u^2(x_i)$$

1.2.7 유효자유도 산출

확장불확도를 구하기 위해서는 포함인자 k를 구하여 해당되는 신뢰구간을 적용시켜야 한다. 이때 합성표준불확도가 얼마나 잘 추정했는가 하는 근거로 각각 요인들에 대한 자유도를 하나로 종합하여 산출하는 자유도로 '합성표준불확도의 불확도 척도' 로 볼 수 있다. 유효자유도의 결과값이 10 이상이면 합성표준불확도가 비교적 잘 추정되었고, 측정 횟수가 충분히 이루어진 것으로 간주한다. 유효자유도는 Welch-Satterthwaite의 공식에 의해 다음과 같이 구해진다.

$$v_{eff} = \frac{u_c^4(y)}{\sum_{i=1}^{N} \frac{u_i^4(y)}{v_i}} = \frac{u_c^4(y)}{\frac{u_1^4(y)}{v_1} + \frac{u^{4_2}(y)}{v_2} + \dots + \frac{u^{4_N}(Y)}{v_n}} \le \sum_{i=1}^{N} v_i$$

1.2.8 불확도 총괄표

불확도 총괄표란 측정불확도에 대한 세부항목 및 결과값을 하나의 표로 나타낸 일종의 불확도 명세서이다. 불확도 총괄표에는 수학적 모델에 설정한 요소들에 대한 내용, 즉 기호, 추정값, 표준불확도, 확률분포, 감도 계수, 불확도 기여도, 자유도, 유효자유도, 합성표준불확도가 포함되어 측정불확도의 전반적인 정보를 한눈에 볼 수 있도록 하나의 표로 종합하여 작성한 것이다. 실무자는 불확도 총괄표의 항목 중에서 불확도 기여도를 주의 깊게 관찰하여 어떠한 불확도 요인이 특별히 큰 영향을 미치고 있는지에 대해 살펴보아야 한다. 전반적으로 불확도 기여도의 크기가 비슷한 크기로 나타나면 자유도의 추정 없이도 정규분포의 현상을 띄고 있다고 간주할 수 있다. 그러나 1개 또는 2개가 특히 전체 불확도에 대해 큰 비중을 차지하는 것으로 나타난다면 추정된 유효자유도의 크기와 상관없이 해당되는 다른 유형의 확률분포(사다리꼴 분포 등)로 간주하여 포함인자 k를 추정해야 한다.

1.2.9 포함인자 k 추정

포함인자 k란 전체 측정불확도를 구하기 위하여 합성표준불확도에 곱하는 수치인자를 말한다. 합성표준불확도까지는 점추정에 지나지 않다. 측정불확도의 개념은 점추정이 아닌 구간추정의 개념으로서 표준정규분포 또는 t-분포에서 신뢰수준과 그에 대한 표준편차를 구해서 합성표준불확도에 곱하여 비로소 구간추정이 된다. 일반적으로 유효자유도의 크기가 10 이상이면 충분히 잘 추정된 것으로 간주한다. 즉, 측정횟수가 충분한 것으로 간주하여 표준정규분포의 신뢰수준 약 95.45 %에 해당되는 포함인자 k=2를 적용할 수 있게 되는 것이다. 여기서 k값은 표준정규분포 상에서 z값, 다시 말해 표준편차 σ를 의미한다. 기호는 다르지만 의미상 k, z 그리고 σ 모두 산포(표준편차)의 의미를 지닌다. 교정이나 시험 분야에서는 특성상 30회 이상의 많은 측정을 매번 수행할 수 없으므로 유효자유도가 10 이상이면 표준정규분포상에서 약 95.45 %에 해당되는 무한대 구간의 포함인자 k=2를 적용시키며, 그보다 작을 경우에는 t-분포의 신뢰수준 95 %에서 추정한 자유도에 해당되는 k값을 찾아 합성표준불확도에 곱함으로써 전체 측정불확도를 추정한다.

1.2.10 측정불확도 평가

일반적으로 측정불확도라고 불리는 것은 최종적으로 추정한 확장불확도를 의미하며, 기호로 U로 표시한다. 측정불확도는 측정량의 합리적인 추정값이 이루는 분포의 대부분을 포함할 것으로 기대되는 측정결과 주위의 어떤 구간을 정의하는 양을 나타낸다. 그리고 합성표준불확도에 신뢰구간을 부여하기 위하여 해당 구간의 포함인자, 일반적으로 2를 곱하여 최종적으로 구하는 불확도를 나타낸다. 이는 기댓값이나 오차와 같은 점추정의 개념이 아닌 구간추정이므로 합리적으로 잘 추정한 기댓값(평균)에서 (기댓값−확장불확도)~(기댓값+확장불확도)의 구간을 의미하며, 기댓값에 대한 의심의 정도를 정량적으로 산출한 것이다. 즉, 측정불확도는 기댓값에 측정불확도만큼을 보정하여 사용하는 것이 아닌, 측정을 통해 얻은 결과에 대한 의심의 정도가 측정불확도만큼 존재함을 정량적으로 나타낸 값을 의미한다. 여기서 u_c는 합성표준불확도, k는 포함인자를 나타낸다.

$$\mathrm{U} = u_c \cdot k$$

1.2.11 측정결과 및 측정불확도의 보고

측정결과를 보고할 때 불확도의 척도가 되는 확장불확도 U가 포함인자인 k와 모든 불확도의 요인들을 합성한 합성표준불확도인 u_c를 서로 곱한 값으로 나타내는 경우 다음의 내용을 포함하여야 한다.

(가) 측정량 Y가 어떻게 정의되었는가를 완전하게 기술한다.

(나) 측정결과를 Y = y±U로 나타내고 y 및 U의 단위를 표시한다.

(다) U를 얻기 위해 사용한 포함인자 k의 값을 제시한다.

(라) 구간 y±U와 관련된 적합한 신뢰구간과 그 값의 결정방법을 제공한다.

(마) 이와 같은 내용을 요약한 정보를 제공하거나 이를 포함하고 있는 문서를 참고한다.

eX E_x = (0.08±0.02) mm(신뢰수준 약 95.45 %, k=2). 여기서

E_x	얻고자 하는 측정량의 기호(수학적 모델에서 지시편차)
0.08	지시편차 값
0.02	측정불확도, 즉 추정한 전체 측정불확도 값
mm	지시편차와 측정불확도의 단위
신뢰수준 약 95.45 %	표준정규분포의 신뢰구간
k=2	표준정규분포의 신뢰수준 약 95.45 %에서 자유도가 무한대가 되는 구간의 표준편차 2σ

1.3 측정불확도의 판정 기준 및 적용

측정불확도를 제공 받은 당사자는 이를 단순히 참조용으로 활용할 수도 있고, 반대로 매우 엄격하게 적용할 수도 있다. 아래의 그림은 일반적인 측정결과에 대한 규격의 허용공차 범위를 고려하여 적용할 경우 적합 범위와 부적합 범위를 구분하여 나타낸 것이다. 아래의 그림에서 중앙에 빗금 친 부분, 즉 적합 영역이 온전한 안정된 상태에 속하는 영역임을 나타낸다. 하한규격치(LSL; Lower Specification Limit)과 상한규격치(USL; Upper Specification Limit) 선을 중심으로 양쪽에 표현된 ±U는 측정불확도를 의미한다. 일반적으로 LSL ~ USL 사이에 포함되면 합격으로 간주하나 ±U를 함께 고려한다면 경우에 따라서는 합격이 아닌 결과로 나타날 수 있음을 알 수 있을 것이다.

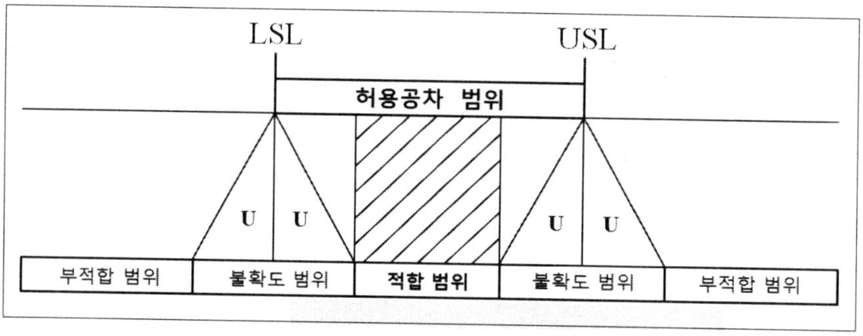

[그림 1.2] 제품 공차에 대한 측정불확도의 영향

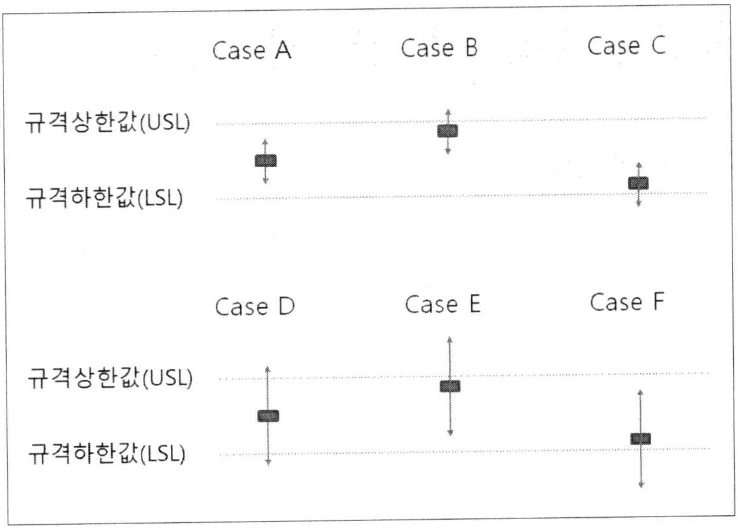

[그림 1.3] 측정불확도의 크기를 고려한 제품 규격에 대한 측정결과 판정 비교

- Case A의 판정 : 측정결과는 제품의 상한규격값과 하한규격값 내에 포함된다. 측정불확도의 크기를 고려해도 범위 내에 속한 것이므로 양호한 상태를 보여준다.
- Case B의 판정 : 측정결과는 규격 내에 포함된다. 하지만 측정불확도를 고려하면 상한치를 벗어날 가능성이 약간 존재하는 것을 알 수 있다.
- Case C의 판정 : 측정결과는 규격 내에 포함된다. 하지만 측정불확도를 고려하면 하한치를 벗어날 가능성이 약간 존재하는 것을 알 수 있다.
- Case D의 판정 : 측정결과는 규격 내에 포함된다. 그럼에도 불구하고 측정불확도가 상당히 크므로 규격상한과 규격하한값을 모두 벗어날 가능성이 있음을 보여준다.
- Case E의 판정 : 측정결과는 규격 내에 포함된다. 하지만 측정불확도의 값이 크므로 규격상한값을 벗어날 가능성이 Case B의 경우보다도 더 크게 나타날 수 있음을 보여준다.
- Case F의 판정 : 측정결과는 규격 내에 포함된다. 하지만 측정불확도의 값이 크므로 규격하한값을 벗어날 가능성이 Case C의 경우보다도 더 크게 나타날 수 있음을 보여준다.

따라서 [그림 1.3]의 6가지 예에서 알 수 있는 것은 단지 측정결과가 제품의 규격 내에 포함되었다고 하여 양호한 상태로 간주할 수 없음을 알 수 있다. 또한 측정불확도의 크기가 클수록 측정결과가 합격 구간임에도 불합격 구간에 속할 가능성이 더 많이 존재할 수 있음을 알 수 있다.

2 측정의 소급성과 국가교정제도

2.1 표준의 탄생 배경

일반적으로 표준(Standard)은 인간이 사회생활을 영위하거나 자연현상을 규명하고 이용하는 데 필요한 수많은 판단과 비교의 기준을 의미한다.

(1) 초기 농경 사회

구성원들 간의 원활한 물물교환과 질서 유지를 위해 물품의 가치를 설정하려는 목적이 주를 이루었다.

(2) 19세기 후반

국가 간의 교역 및 과학기술의 정보교환이 활발해지면서 국제표준으로 SI 단위가 제정되었다.

2.2 측정 소급성의 필요성

(1) 상거래에 기본적으로 요구되는 시험, 검사 결과 등에 대한 신뢰성 확보를 위해 필요하다.
(2) 측정결과의 일치를 통한 비관세 무역장벽을 극복하는 데 요구된다.
(3) WTO 협정의 정신인 Scientific Base의 확보를 위해 필요하다.
(4) 국제적으로 약속된 기준에 의한 측정의 소급성 확보가 필요하다.

2.3 교정 체계의 단계

2.3.1 국제 수준

국제 수준에서 SI 단위 및 1차 표준의 현시와 관련된 결정은 CGPM(국제도량형총회)이 수행하고 있다. BIPM(국제도량형국)은 1차 표준의 개발 및 유지를 위한 조정의 역할과 가장 높은 수준에서 상호 비교를 조직하는 임무를 가진다.

2.3.2 국가측정표준기관

우리나라에서 국가측정표준기관의 역할은 한국표준과학연구원이 수행한다. 한국표준과학연구원은 측정과 관련된 물리적 양에 대한 소급성의 근원이 되는 국가측정표준을 개발, 현시, 유지하고 있다. 만약 한국표준과학연구원이 측정과 상응하는 SI 단위가 현시된 측정설비를 갖추고 있다면, 국가표준은 SI 단위를 현시한 1차 표준과 동일한 것이거나 또는 1차 표준에 대해 직접 소급할 수 있는 것이어야 한다. 만약 한국표준과학연구원이 이런 설비를 갖추고 있지 않는 경우에는 측정이 다른 나라에서 유지되고 있는 1차 표준에 소급할 수 있는 것임을 보장해야 한다. 또한 한국표준과학연구원은 자신들의 1차 표준이 국제적인 수준임을 보장하여야 한다. 한국표준과학연구원은 과학자, 공공기관, 시험소 및 기업체 등 사용자에게 표준을 공급할 책임이 있다.

2.3.3 공인교정기관

공인교정기관이란 국가표준기본법 제14조, 시행령 제12조 및 국가교정기관지정제도운영요령에 의하여 한국인정기구(KOLAS)로부터 인정받은 교정기관을 말한다. 이때의 인정기준은 KS Q ISO/IEC 17025를 적용한다. 공인교정기관은 산업체, 시험연구기관 등 고객의 요청에 의한 교정을 실시하며, 이 경우 교정은 1차 표준에 소급할 수 있는 것임을 보장해야 한다.

2.3.4 사내 교정실(공장 교정시험소)

사내 교정실의 임무는 회사에서 사용되는 측정 및 시험장비를 공인교정기관이나 국가측정표준기관에서 교정을 받은 기준용 표준에 근거하여 보유하고 있는 계측기를 주기적으로 교정하는 것이다. 기업이 교정의 방법으로 국가표준에 대한 측정 및 시험장비의 소급성을 필요로 하는 것은 제조 부품이 상호 교환될 수 있어야 한다는 국내 · 국제적 요구 때문이다. 즉 제품을 만드는 공급회사와 이를 구입하여 다른 부문에 설치하려는 고객은 '같은 측정'을 할 수 있어야 한다는 이유 때문이다.

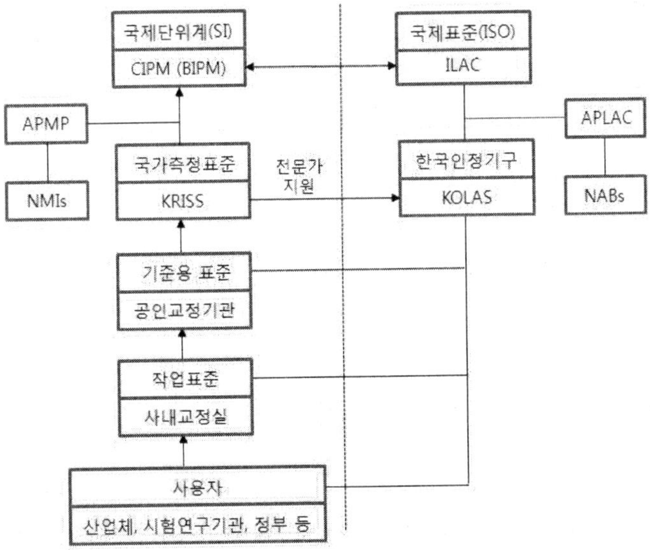

[그림 2.1] 국제표준 또는 국가표준으로부터의 소급성 체계

2.4 국가 간 MRA 동향과 경제적 영향

표준과 규격의 상이함이 교역에 미치는 영향은 매우 크다. 이에 대한 문제가 지속적으로 제기되면서 국가 간 MRA(Mutual Recognition Arrangement), 즉 상호인정협정의 필요성이 대두되었다. 국제무역기구(WTO; World Trade Organization)에서 관세의 축소가 이루어짐에 따라 무역에 관한 비관세 장벽이 시장 접근의 중대한 장벽으로 인식되기 시작했으며 다음과 같은 경제적 영향을 미치고 있다.

(1) 적합성 평가를 통하여 국가 간의 상호간 신뢰를 구축
(2) 규제개혁을 통한 국제적 사회기반구조 구축
(3) 결과에 대한 중복검사 및 기타 부대비용 절감 및 시간 단축으로 인한 시장점유 증대

2.5 측정의 소급성 유지 기본개념

측정불확도는 높은 수준에서 낮은 수준으로 갈수록 증가된다. 즉, 그 크기가 커지는 개념이다. 측정의 소급성은 한번 소급성을 보장 받으면 지속되는 정적인 개념이 아닌 주기적 비교활동을 통해 측정불확도의 일정 수준을 만족하는 값을 보유해야 비로소 유지되는 것으로서 동적인 개념으로 보아야 한다. 소급성의 입증은 국가측정표준으로의 끊어지지 않는 비교고리뿐만 아니라 다음을 보장해야 한다.

(1) 비교고리의 고유한 불확도 표현
(2) 측정 프로세스의 보증 및 연속적인 표준 유지
(3) 유효성이 검증된 적절한 교정절차 및 표준의 올바른 취급 유지

2.6 국가표준기본법의 제정 배경

(1) 국제화 추세에 부응하는 국가표준제도 확립과 WTO 체제에 능동적으로 대처하기 위함
(2) 국제기준에 부합하기 위함
(3) 제도 운영상의 투명성 및 효율성을 제고하기 위함
(4) 국내 교정기관의 대내외 신뢰도를 제고하기 위함

2.7 국가교정제도가 지향하는 목표

산업현장, 시험 및 연구기관 등에서 사용하는 측정기기가 명시된 불확도 범위 내에서 국가측정표준 또는 국제측정표준에 일치하도록 연속적으로 비교 교정하여 측정의 정밀 · 정확도를 지속적으로 유지시키기 위함이다. 즉, 이 제도의 궁극적인 목적은 제조공정에서 제품의 균질성과 성능을 보장하고, 시험 및 연구기관에서 산출하는 측정결과의 대외 신뢰도를 확보하는 데 있다.

CHAPTER 2

길이계기 표준교정절차 해설 (길이 분야 계측기 교정 실무과정)

1. 내 · 외측 캘리퍼스
2. 높이 게이지
3. 외측 마이크로미터
4. 내측 마이크로미터
5. 깊이 마이크로미터
6. 3점식 마이크로미터
7. 다이얼 게이지
8. 테스트 인디케이터
9. 직각자
10. 표준자
11. 투영 측정기
12. 게이지 블록

1 내·외측 캘리퍼스

1.1 교정대상기기의 교정 항목, 측정 범위 및 교정 방법

교정 항목	측정 범위	교정 방법(교정기기)
눈금의 정확도(내, 외측)	전 구간에서 실시	캘리퍼 검사기 또는 게이지 블록
측정면의 틈새 및 평행도	초기접점 / 전 구간	

☞ 특별한 요구가 없으면 교정성적서에 측정면의 틈새 및 평행도 기록을 생략할 수 있다.

1.2 필요장비 명세 및 최저요구성능

표준 장비명	수 량	최저요구성능
캘리퍼 검사기(caliper checker)	1 대	범 위 : (0 ~ 1,000) mm
표면 온도계(surface thermometer)	1 대	분해능 : 0.1 ℃ 이내

☞ 캘리퍼 검사기 대신 게이지 블록을 조합하여 교정할 수 있다.

1.3 교정 준비 및 절차

(1) 표준교정절차서를 숙독한다.

(2) 피교정기기(캘리퍼스)를 깨끗이 닦은 후 외관 상태를 파악한다(조의 마모, 평행상태, 슬라이드의 헐거움 등).

(3) 충분한 열평형이 이루어지도록 정반 위에 일정 시간동안 정렬시켜 둔다.

(4) 조를 서로 닿게 하여 0 mm부터 측정을 한다. 빛(조명)을 향해 조의 부분을 관찰했을 때 미세하고 평행한 빛이 보이는지 확인한다.

(5) 캘리퍼 검사기(Caliper checker)를 이용하여 해당 구간을 5회씩 반복 측정하여 기록한다. 측정 시 조의 중앙 부분이 가장 많이 접촉되도록 한다.

(6) 외측 캘리퍼스의 교정을 마쳤으면 내측도 캘리퍼 검사기의 해당 구간을 반복 측정하여 데이터를 기록한다.

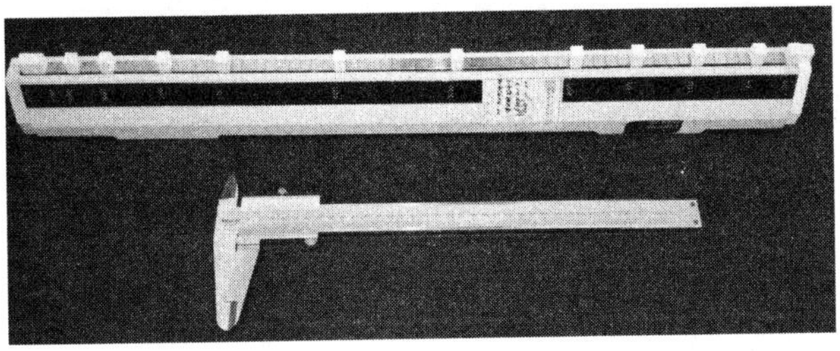

[그림 1.1] 캘리퍼 검사기와 캘리퍼스 열평형

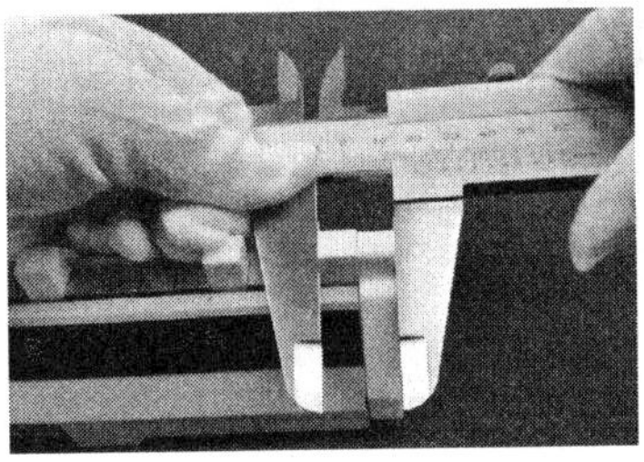

[그림 1.2] 눈금의 정확도 교정(외측)

1.4 교정데이터 처리

캘리퍼 검사기를 이용하여 측정구간(0~600 mm), 최소눈금(0.05 mm)인 캘리퍼스의 외측 눈금 교정에 대한 교정처리 과정을 예시로 설명하였다.

1.5 수학적 모델

수학적 모델은 보정값, 지시편차, 실제치수 등을 산출하기 위해 수식을 자유롭게 세울 수 있다. 본 절차서에서는 이들 중 하나로써 지시편차를 구하기 위한 수학적 모델을 수립하여 설명하였다.

$$E_x = l_x - l_s + (\overline{\alpha} \cdot \Delta t + \Delta\alpha \cdot \delta t) l_0 + \delta l_x + \delta l_M$$

E_x	표준온도(20 ℃)에서 버니어 캘리퍼스의 지시편차
l_x	캘리퍼스의 지시값 ☞ 해당 구간을 캘리퍼스로 반복측정한 값들의 평균값
l_s	캘리퍼 검사기의 교정값 ☞ 해당 구간에 대해 성적서에 명시되어 있는 값으로 성적서 참조
l_0	캘리퍼 검사기의 명목값 ☞ 캘리퍼 검사기에 새겨진 눈금값
$\overline{\alpha}$	캘리퍼스와 캘리퍼 검사기의 평균 열팽창계수 ☞ 재질에 따른 평균 열팽창계수로서 열팽창계수표 참조
Δt	캘리퍼스와 캘리퍼 검사기의 온도 차이
$\Delta\alpha$	캘리퍼스와 캘리퍼 검사기의 열팽창계수와의 차
δt	캘리퍼스와 캘리퍼 검사기의 평균 온도값과 기준온도와의 차 ☞ 20 ℃와 실제 교정 장소의 평균온도 차이
δl_x	캘리퍼스의 분해능의 한계에 대한 보정값(기대값=0)
δl_M	캘리퍼스의 기계적 효과에 대한 보정값(기대값=0)

1.6 교정용 표준기값

본 실험에서 사용한 기준장비는 캘리퍼 검사기로, 교정성적서에 주어진 편차는 600 mm 구간에서 1.7 μm 이다.

☞ 실제 교정기관에서는 해당 장비의 교정성적서에 명시된 값을 꼭 참조하여 적용한다.

1.7 눈금값의 교정

버니어 캘리퍼스로 5회 측정한 지시값, 평균값, 표준편차를 기록한다.

(단위 : mm)

명목값 (캘리퍼 검사기)		버니어 캘리퍼스 외측 지시값					평균값	표준편차
		1회	2회	3회	4회	5회		
0	내							
	외							
20	내							
	외							
50	내							
	외							
100	내							
	외							
150	내							
	외							
200	내							
	외							
300	내							
	외							
600	내							
	외						600.05	0.005 66

☞ 위의 표에서 600.05 mm와 0.005 66 mm는 불확도 관련 설명을 하기 위해 임의로 제시한 값이므로 실제 교정실습 시간에는 위의 값은 무시하고 본인의 측정값을 기록하여 적용한다.

1.8 온도 보정값

기준장비와 피교정 장비는 스틸로 동일 재질이며, 교정 시 충분한 열평형이 이루어진 상태에서 교정을 하였다. 측정할 당시에 기준 및 피교정기기를 놓아두었던 정반 주위의 온도를 측정한 결과 표준실의 온도는 20.5 ℃였다(실제 온도계로 측정하여 적용한다).

$$\Delta L = (\overline{\alpha} \cdot \Delta t + \Delta\alpha \cdot \delta t) l_0$$

$\overline{\alpha} = (\alpha_x + \alpha_r)/2 = 11.5 \times 10^{-6}/℃$

$\Delta t = (t_x - t_r) = 20.5℃ - 20.5℃ = 0\ ℃$

$\Delta\alpha = (\alpha_x - \alpha_r) = 11.5 \times 10^{-6}/℃ - 11.5 \times 10^{-6}/℃ = 0$

$\delta t = (t_x + t_r)/2 - 20 = (20.5℃ + 20.5℃)/2 - 20℃ = 0.5\ ℃$

$\Delta L = [(11.5 \times 10^{-6}/℃) \cdot 0\ ℃ + 0 \cdot 0.5\ ℃] \times 0.6\ \text{m} = 0\,\text{mm}$

온도 보정값은 상호간 동일 재질이고 충분한 열평형이 이루어진 경우일 때 $\Delta L = 0$이므로 무시가 가능하다.

1.9 교정값 계산

$$E_x = l_x - l_s + (\overline{\alpha} \cdot \Delta t + \Delta\alpha \cdot \delta t) l_0 + \delta l_x + \delta l_M$$

E_x	지시편차
l_x	5회 반복 측정한 600 mm 구간의 평균값 ☞ 600.05 mm로 가정했으나 실제 본인의 평균값을 적용
l_s	캘리퍼 검사기의 교정성적서를 참조하여 600 mm 구간의 실제 값 ☞ '1.6 교정용 표준기값' 항목에서 주어진 성적서 참조(1.7 μm)
$\overline{\alpha}$	캘리퍼스와 캘리퍼 검사기의 평균 열팽창계수 ☞ 동일한 재질인 스틸이므로 11.5×10^{-6} / ℃ 적용
Δt	0 ℃
$\Delta\alpha$	0 ℃
δt	0.5 ℃
l_0	600 mm

따라서 $E_x = l_x - l_s + (\overline{\alpha} \cdot \Delta t + \Delta\alpha \cdot \delta t) l_0$

$= 600.05 - 600.0017 + (11.5 \times 10^{-6} / ℃ \times 0 ℃ + 0 ℃ \times 0.5 ℃)\, 600$

$= 0.048\ 3$ mm

> E_x 값을 산출한 다음 교정값을 구하기 위하여 보정값을 구한다. 보정값은 산출된 E_x의 값의 반대 부호로 적용한다. 교정값 = 눈금값 + 보정값, 즉 예제에서 교정값은 600 mm + (−0.048 3 mm) = 599.951 7 mm이다. 캘리퍼스의 분해능을 고려하여 599.95 mm로 산출한다.

1.10 불확도 계산

본 예제에서는 600 mm의 캘리퍼스 교정에 대한 불확도의 평가 과정을 상세히 설명하였다.

☞ 불확도 요인은 측정환경에 따라 얼마든지 달라질 수 있으며, 그로 인해 수립되는 수학적 모델도 달라질 수 있다. 본 예제에서 도출된 불확도 요인 이외에 실제 교정환경에서 측정 결과에 영향을 미쳤을 것으로 의심이 되는 요인이 있다면 수학적 모델에 추가하여 수립할 수 있다. 이와는 반대로 충분한 열평형이 이루어진 상태이고, 피교정기기와 교정기기가 동일한 재질로 열팽창계수가 같을 경우 온도 보정값은 수식에서 생략할 수 있다. 즉, 동일한 교정대상 및 항목일지라도 실제 상황을 최대한 고려하여 불확도 요인을 도출하여 수식에 반영하는 것이 바람직하다.

1.10.1 합성표준불확도(u_c)의 수학적 모델

합성표준불확도(Combined standard uncertainty)는 '1.5 수학적 모델' 항에서 수립한 수학적 모델에 불확도 전파 법칙(Law of propagation of uncertainty)을 적용하여 불확도를 추정하기 위한 수식을 새롭게 세운다.

☞ 불확도 전파 법칙은 RSSM(Root Sum Squared Method)으로 이해한다.

$$E_x = l_x - l_s + (\overline{\alpha} \cdot \Delta t + \Delta\alpha \cdot \delta t) l_0 + \delta l_x + \delta l_M$$

$$\begin{aligned}
u_c^2(E_x) &= c_{l_x}^2 u^2(l_x) + c_{l_s}^2 u^2(l_s) + c_{\overline{\alpha}}^2 u^2(\overline{\alpha}) + c_{\Delta t}^2 u^2(\Delta t) + c_{\Delta\alpha}^2 u^2(\Delta\alpha) \\
&\quad + c_{\delta t}^2 u^2(\delta t) + c_{\delta l_x}^2 u^2(\delta l_x) + c_{\delta l_M}^2 u^2(\delta l_M) \\
&= \left(\frac{\partial E_x}{\partial l_x}\right)^2 u^2(l_x) + \left(\frac{\partial E_x}{\partial l_s}\right)^2 u^2(l_s) + \left(\frac{\partial E_x}{\partial \overline{\alpha}}\right)^2 u^2(\overline{\alpha}) + \left(\frac{\partial E_x}{\partial \Delta t}\right)^2 u^2(\Delta t) \\
&\quad + \left(\frac{\partial E_x}{\partial \Delta\alpha}\right)^2 u^2(\Delta\alpha) + \left(\frac{\partial E_x}{\partial \delta t}\right)^2 u^2(\delta t) + \left(\frac{\partial E_x}{\partial \delta l_x}\right)^2 u^2(\delta l_x) + \left(\frac{\partial E_x}{\partial \delta l_M}\right)^2 u^2(\delta l_M) \\
&= (1)^2 \cdot u^2(l_x) + (-1)^2 \cdot u^2(l_s) + (\Delta t \cdot l_0)^2 u^2(\overline{\alpha}) + (\overline{\alpha} \cdot l_0)^2 u^2(\Delta t) \\
&\quad + (\delta t \cdot l_0)^2 u^2(\Delta\alpha) + (\Delta\alpha \cdot l_0)^2 u^2(\delta t) + (1)^2 u^2(\delta l_x) + (1)^2 u^2(\delta l_M)
\end{aligned}$$

1.10.2 캘리퍼스 지시값의 표준불확도 $u(l_x)$

통계적 방법으로 추정하는 방식인 A형 불확도로써 반복측정에서 우연효과로 인해 발생된 산포(표준편차 s)로부터 추정한다. '1.7 눈금값의 교정' 항의 표에서 최대 표준편차를 반복측정한 횟수의 제곱근으로 나누어 산출한다.

(1) 추정값 : 600.05 mm

본 예제에서 600 mm 구간의 평균값 600.05 mm로 가정한 것이며, 실제 본인의 평균값을 적용한다.

(2) 표준불확도 : 2.5 μm

본 예제에서 최대 표준편차를 0.005 66으로 가정한 것이며, 실제 본인의 최대 표준편차를 적용한다. 이때 최대 표준편차는 0 mm ~ 600 mm 전체 구간에서 가장 큰 표준편차를 적용한다.

$$\frac{s}{\sqrt{\text{반복측정횟수}}} = \frac{0.005\ 66}{\sqrt{5}} = 0.00253 \fallingdotseq 2.5\,\mu\text{m}$$

(3) 확률분포 : t – 분포

반복측정 횟수가 30회 이상이면 정규분포, 미만이면 t 분포로 간주한다.

(4) 감도 계수 : 1

감도 계수는 수학적 모델에서 편미분하여 산출한다.

$$c_{l_x} = \frac{\partial E_x}{\partial l_x} = 1$$

(5) 불확도 기여도 : 2.5 μm

감도 계수와 표준불확도의 곱으로 산출한다.

$$1 \times 2.5 = 2.5\,\mu\text{m}$$

(6) 자유도 : 4

자유도는 n−1, 즉 (반복측정횟수 −1)로 산출한다.

1.10.3 캘리퍼 검사기의 표준불확도 $u(l_s)$

객관적 · 과학적인 정보를 근거로 하여 추정하는 방식인 B형 불확도로써 교정기기로 사용된 캘리퍼 검사기의 교정성적서를 참조한다. 만일 성적서에 600 mm 구간에서 편차가 1.7 μm,

측정불확도 U는 0.8 μm(신뢰수준 약 95 %, 포함인자 $k=2$)라고 명시되어 있다면 이러한 정보를 근거로 하여 표준불확도를 추정한다.

(1) 추정값 : 600.001 7 mm

캘리퍼 검사기의 성적서에서 600 mm 구간에 1.7 μm 의 편차가 나타났으므로 600 mm+ 0.001 7 mm로 추정하여 600.001 7 mm이다.

(2) 표준불확도 : 0.4 μm

캘리퍼 검사기의 측정불확도 U가 주어졌으므로 이것을 k로 나누어 추정한다.

$$\frac{U}{k}=\frac{0.8}{2}=0.4\,\mu\text{m}$$

(3) 확률분포 : 정규분포

B형 불확도의 추정은 A형과 다르다. 일반적으로 교정기관에서 발급된 성적서와 같이 확신의 근거가 충분하다고 여겨지는 경우 정규분포로 간주한다.

(4) 감도 계수 : −1

감도 계수는 수학적 모델에서 편미분하여 산출한다.

$$c_{l_s}=\frac{\partial E_x}{\partial l_s}=-1$$

(5) 불확도 기여도 : − 0.4 μm

감도 계수와 표준불확도의 곱으로 산출한다.

$$(-1)\times 0.4=-0.4\,\mu\text{m}$$

(6) 자유도 : ∞

B형 불확도의 자유도 $\frac{1}{2}\left(\frac{100}{R}\right)^2=\frac{1}{2}\left(\frac{100}{100-\text{확신의 정도}}\right)^2$로 추정한다. 상대불확도 R은 표준불확도의 확신의 정도에 따라 실무자의 주관적 판단에 근거하여 부여한다. 만일 표준불확도를 추정한 값을 80 % 확신한다면 자유도는 $\frac{1}{2}\left(\frac{100}{100-80}\right)^2=12.5=12$로 계산한다. 여기서 자유도는 정수로 표현하며 반올림 없이 소수점 이하는 버림(truncated)한다.

1.10.4 캘리퍼스와 캘리퍼 검사기의 평균 열팽창계수의 표준불확도 $u(\overline{\alpha})$

(1) 추정값 : 11.5 X 10^{-6}/℃

캘리퍼스와 캘리퍼 검사기의 재질이 동일한 스틸이므로 스틸의 열팽창계수값을 적용한다.

$$\overline{\alpha} = \frac{11.5\times10^{-6}/℃ + 11.5\times10^{-6}/℃}{2} = 11.5\times10^{-6}/℃$$

(2) 표준불확도 : 0.41 X 10^{-6}/℃

B형 불확도의 표준불확도는 확률분포를 적용하여 추정한다. 확률분포의 종류에는 정규, 직사각, 삼각, 사다리꼴, U자 등이 있다. 직사각 확률분포는 다른 말로 균등분포라고도 한다. 이것은 추정 대상의 확률분포가 전 구간에 걸쳐 동등한 확률로 영향이 미치고 있다고 판단될 때 적용한다. 가장 대표적인 예로 분해능과 같이 어느 부분을 읽는다고 해도 잘못 읽을 확률은 동등하게 발생할 수 있다고 보고 적용하는 것이다. 이뿐 아니라 주어진 정보를 활용하거나 또는 어떤 확률분포인지 모호하거나 알 수 없는 경우 모두 직사각형 확률분포로 간주한다. 추정 방법은 반너비를 $\sqrt{3}$ 으로 나눈 값으로 산출한다. 여기서 $\overline{\alpha} = (\alpha_r + \alpha_x)/2$ 이므로 불확도 전파법칙에 의해 수식을 변형시켜 계산한다.

$$u^2(\overline{\alpha}) = \frac{1}{4}u^2(\alpha_r) + \frac{1}{4}u^2(\alpha_x)$$

여기에 캘리퍼스와 캘리퍼 검사기의 제작회사로부터 얻은 자료(사양, 관련 정보 등)의 자료에서 참조한 열팽창계수의 오차 범위의 값을 적용한다. 예를 들어 제조사의 사양서에 캘리퍼스와 캘리퍼 검사기의 열팽창계수의 오차 범위의 값이 각각 $\pm1.0\times10^{-6}/℃$ 라고 가정하면, $u(\alpha_r) = u(\alpha_x) = \pm1.0\times10^{-6}/℃$ 에 직사각형 확률분포를 적용하여

$$u(\alpha_r) = u(\alpha_x) = \frac{1.0\times10^{-6}/℃}{\sqrt{3}} = 0.000\,000\,577\,℃ \fallingdotseq 0.58\times10^{-6}/℃$$

따라서 $u^2(\overline{\alpha}) = \frac{1}{4}u^2(\alpha_r) + \frac{1}{4}u^2(\alpha_x) = \frac{1}{4}u^2(0.58\times10^{-6}/℃) + \frac{1}{4}u^2(0.58\times10^{-6}/℃)$

$$\therefore u(\overline{\alpha}) = \sqrt{\frac{1}{4}u^2(0.58\times10^{-6}/℃) + \frac{1}{4}u^2(0.58\times10^{-6}/℃)} = 0.000\,000\,41 = 0.41\times10^{-6}/℃$$

(3) 확률분포 : 직사각형

B형 불확도의 추정방법은 주로 객관적 정보를 근거로 하여 추정할 때 직사각형 확률분포가 가장 많다. 또한 평균 열팽창계수에 대한 영향이 전반적으로 동등하게 영향을 미치고 있다고 볼 수 있으므로 동등분포, 즉 직사각형 분포로 간주할 수 있다.

(4) 감도 계수 : 0 mm℃

감도 계수는 수학적 모델에서 편미분하여 산출한다. 예제에서 캘리퍼스와 캘리퍼 검사기를 충분히 열평형을 시켰다고 해도 상호간에 실제 교정환경 또는 사용한 온도계의 불확실성이 존재할 가능성을 고려한 것으로써 예를 들어 ±0.1 ℃ 발생했다고 가정하여 적용했다. 실제 교정 중 온도 변동량을 관찰하고 기록하여 적용하도록 한다.

$$c_{\bar{\alpha}} = \frac{\partial E_x}{\partial \bar{\alpha}} = \Delta t \cdot l_0 = 0\,℃ \cdot 600\ \text{mm}$$

(5) 불확도 기여도 : 0 μm

감도 계수와 표준불확도의 곱으로 산출한다.

$$(0\ ℃ \cdot \text{mm}) \times (0.41 \times 10^{-6}/℃) = 0\,\mu\text{m}$$

(6) 자유도 : 200

예를 들어 추정한 표준불확도의 값에 대해 95 % 확신한다고 가정하면 다음과 같다.

$$\frac{1}{2}\left(\frac{100}{R}\right)^2 = \frac{1}{2}\left(\frac{100}{100-95}\right)^2 = 200$$

(본인의 확신의 정도를 적용)

1.10.5 캘리퍼스와 캘리퍼 검사기의 열팽창계수 차에 의한 표준불확도 $u(\Delta\alpha)$

(1) 추정값 : 0

캘리퍼스와 캘리퍼 검사기의 재질이 동일한 스틸이므로 열팽창계수 차이는 없는 것으로 간주한다. 즉,

$$\Delta\alpha = 11.5 \times 10^{-6}/℃ - 11.5 \times 10^{-6}/℃ = 0$$

(2) 표준불확도 : 0.82 X 10^{-6}/℃

$\Delta\alpha = (\alpha_x - \alpha_r)$이므로 불확도 전파법칙에 의해 $u^2(\Delta\alpha) = u^2(\alpha_x) + u^2(\alpha_r)$가 된다. 즉,

$$u(\Delta\alpha) = \sqrt{u^2(\alpha_x) + u^2(\alpha_r)}$$

로 산출한다. 만일 제조사로부터 얻은 캘리퍼스와 캘리퍼 검사기의 열팽창계수에 대한 오차 범위가 $\pm 1.0 \times 10^{-6}/℃$ 라고 한다면, 이것은 정보에 근거한 것이므로 직사각 확률분포를 적용하여 $u(\Delta\alpha)$의 식에 대입하여 구하면 된다. 즉,

$$u(\alpha_r) = u(\alpha_x) = \frac{1.0 \times 10^{-6}/℃}{\sqrt{3}} = 0.000\,000\,577\,℃ \fallingdotseq 0.58 \times 10^{-6}/℃$$

을 $u(\Delta\alpha)$의 식에 대입한다.

$$\therefore\ u(\Delta\alpha) = \sqrt{u^2(\alpha_x) + u^2(\alpha_r)} = \sqrt{u^2(0.58 \times 10^{-6}/℃) + u^2(0.58 \times 10^{-6}/℃)}$$

$$= 0.82 \times 10^{-6}/℃$$

(3) 확률분포 : 직사각형

제조사로부터 확보한 정보에 근거하여 추정했으므로 직사각형 확률분포로 간주한다.

(4) 감도 계수 : 300 mm℃

감도 계수는 수학적 모델에서 편미분하여 산출한다. 예제에서 표준온도와 실제 교정이 이루어진 측정환경의 온도 차이 δt는 0.5 ℃로 가정하여 캘리퍼 검사기의 명목값 l_0에 해당되는 치수 600 mm를 적용하여 구한다.

$$c_{\Delta\alpha} = \frac{\partial E_x}{\partial \Delta\alpha} = \delta t \cdot l_0 = 0.5℃ \cdot 600\ \text{mm} = 300\ \text{mm}\ ℃$$

(5) 불확도 기여도 : 0.246 μm

감도 계수와 표준불확도의 곱으로 산출한다.

$$(300\ ℃ \cdot \text{mm}) \times (0.82 \times 10^{-6}/℃) = 0.246\,\mu\text{m}$$

(6) 자유도 : ∞

예를 들어 추정한 표준불확도의 값에 대해 100 % 확신한다고 가정하면,

$$\frac{1}{2}\left(\frac{100}{R}\right)^2 = \frac{1}{2}\left(\frac{100}{100 - \text{확신의 정도}}\right)^2 = 0 = \infty$$

로 간주한다.

1.10.6 캘리퍼스와 캘리퍼 검사기의 온도 차이에 의한 표준불확도 $u(\Delta t)$

충분한 열평형 상태가 이루어졌다고 하더라도 측정 데이터를 확보하는 과정 중에 체온이나 그 밖의 어떠한 원인으로 인한 온도 드리프트가 발생하여 영향을 줄 수 있다. 또는 과거의 경험상 몇 ℃ 이내에서 상호간에 일치하는 것을 적용할 수 있다.

(1) 추정값 : 0 ℃

동일 장소에 일정 시간 두게 되면 열평형이 이루어지기 때문에 온도는 차이가 없는 것으로 간주하여 기댓값을 0으로 본다.

(2) 표준불확도 : 0.17 ℃

충분한 열평형이 이루어진 상태라도 측정 중 체온 또는 알 수 없는 온도 드리프트에 의해 온도가 변할 수 있다. 예를 들어 ±0.3 ℃ 이내에서 열평형이 이루어졌다면, 또는 과거의 경험상 ±0.3 ℃ 이내에서 상호간 열평형이 이루어진 것을 알고 있다면 여기에 직사각형 확률분포를 적용하여 ±0.3 ℃의 반 범위에 $\sqrt{3}$ 으로 나누어 산출한다.

$$\frac{\pm 0.3℃/2}{\sqrt{3}} = \frac{0.3℃}{\sqrt{3}} = 0.17321 ≒ 0.17\ ℃$$

(3) 확률분포 : 직사각형

온도 변화가 어느 일정 구간에서만 ±0.3 ℃의 변화를 보인 것이 아닌 균등하게 어느 측정환경에서도 동일한 확률분포로 변화가 일어났을 것으로 간주하여 추정한 것이다.

(4) 감도 계수 : 6.9 μm/℃

감도 계수는 수학적 모델에서 편미분하여 산출한다.

$$c_{\Delta t} = \frac{\partial E_x}{\partial \Delta t} = \overline{\alpha} \cdot l_0 = 11.5 \times 10^{-6}/℃ \cdot 600\ \mathrm{mm} = 6.9\,\mu\mathrm{m}/℃$$

(5) 불확도 기여도 : 1.17 μm

감도 계수와 표준불확도의 곱으로 산출한다.

$$(6.9\,\mu\mathrm{m}/℃) \times 0.17\ ℃ = 1.173 ≒ 1.17\,\mu\mathrm{m}$$

(6) 자유도 : 200

예를 들어 추정한 표준불확도의 값에 대해 95 % 확신한다고 가정하면 다음과 같다.

$$\frac{1}{2}\left(\frac{100}{R}\right)^2 = \frac{1}{2}\left(\frac{100}{100-95}\right)^2 = 200$$

1.10.7 캘리퍼스와 캘리퍼 검사기의 평균온도와 표준온도와의 차이에 의한 표준불확도 $u(\delta t)$

(1) 추정값 : 0.5 ℃

캘리퍼스와 캘리퍼 검사기가 교정이 이루어지는 동안 충분한 열평형 상태이다. 이때 교정 환경 온도가 20.5 ℃ 였다고 가정한다면, $\delta t = (t_x + t_r)/2 - 20 = (20.5 + 20.5)/2 - 20 = 0.5$ ℃로 추정할 수 있다.

(2) 표준불확도 : 0.058 ℃

예를 들어 사용한 온도계의 오차 범위가 ±0.1 ℃ 였다고 한다면 정보를 활용하여 추정하므로 직사각형 확률분포를 적용하여 반범위 / $\sqrt{3}$ 을 적용하여 산출한다.

$$\frac{\pm 0.1℃/2}{\sqrt{3}} = \frac{0.1℃}{\sqrt{3}} = 0.0577 \fallingdotseq 0.058 ℃$$

(3) 확률분포 : 직사각형

사용한 온도계의 오차 범위를 활용한 것으로써 직사각형 확률분포로 간주한다.

(4) 감도 계수 : 0

감도 계수는 수학적 모델에서 편미분하여 산출한다. 예에서는 동일 재질로 열팽창계수 차이는 없다.

$$c_{\delta t} = \frac{\partial E_x}{\partial \delta t} = \Delta\alpha \cdot l_0 = 0 ℃ \cdot 600\,\text{mm} = 0$$

(5) 불확도 기여도 : 0

감도 계수와 표준불확도의 곱으로 산출한다.

$$0 ℃ \times 0.058 ℃ = 0$$

(6) 자유도 : 22

예를 들어 추정한 표준불확도의 값에 대해 85 % 확신한다고 가정하면 다음과 같다.

$$\frac{1}{2}\left(\frac{100}{R}\right)^2 = \frac{1}{2}\left(\frac{100}{100-85}\right)^2 = 22.2 = 22$$

1.10.8 캘리퍼스의 분해능으로 인한 표준불확도 $u(\delta l_x)$

(1) 추정값 : 0

캘리퍼스의 분해능으로 인하여 측정결과에 영향을 미친 정도는 사실상 기댓값을 추정하기 어려우므로 0으로 둔다.

(2) 표준불확도 : 14.4 μm

예에서 캘리퍼스의 최소눈금이 0.05 mm이므로 직사각형 확률분포를 적용하여 최소눈금의 반 너비에 $\sqrt{3}$으로 나누어 산출한다.

$$\frac{0.05\ \mathrm{mm}}{2\sqrt{3}} = 0.0144\,\mathrm{mm}$$

(3) 확률분포 : 직사각형

모든 측정 구간에서 눈금을 읽을 때 실수할 수 있는 확률은 최소눈금 한 눈금으로 동일한 확률을 지닐 것으로 간주하여 직사각형 확률분포로 추정한다.

(4) 감도 계수 : 1

감도 계수는 편미분하여 산출한다.

$$c_{\delta l_x} = \frac{\partial E_x}{\partial \delta l_x} = 1$$

(5) 불확도 기여도 : 14.4 μm

감도 계수와 표준불확도의 곱으로 산출한다. ▸ $1 \times 14.4\,\mu\mathrm{m}$

(6) 자유도 : ∞

추정한 표준불확도의 값에 대해 100 % 확신한다고 가정하면 다음과 같이 자유도를 산출한다.

$$\frac{1}{2}\left(\frac{100}{R}\right)^2 = \frac{1}{2}\left(\frac{100}{100-100}\right)^2 = 0 = \infty$$

1.10.9 캘리퍼스의 기계적 효과(평행도)에 대한 표준불확도 $u(\delta l_M)$

(1) 추정값 : 0

캘리퍼스의 조 부분이 캘리퍼 검사기에 닿을 때, 조의 안쪽, 중간 그리고 끝 부분일 경우 평행도의 차이가 발생할 수 있음을 고려한다. 추정값으로는 가능성을 존재하지만 그에 대한 명확한 기댓값은 사실상 알 수 없으므로 추정값은 0으로 둔다.

(2) 표준불확도 : 14.4 μm

예에서 캘리퍼스의 최소눈금이 0.05 mm이므로 기계적 효과에 의해 발생될 불확도는 최소눈금에 대한 직사각형 확률분포를 적용하여 최소눈금의 반 너비에 $\sqrt{3}$으로 나누어 추정한다.

$$\frac{0.05\ \mathrm{mm}}{2\sqrt{3}} = 0.0144\ \mathrm{mm}$$

(3) 확률분포 : 직사각형

모든 측정 구간에서 캘리퍼스의 조가 닿는 부분에 따라 평행도의 차이로 인해 발생되는 확률이 동등할 것으로 추정하여 직사각형 확률분포로 간주한다.

(4) 감도 계수 : 1

감도 계수는 편미분하여 산출한다.

$$c_{\delta l_M} = \frac{\partial E_x}{\partial \delta l_M} = 1$$

(5) 불확도 기여도 : 14.4 μm

감도 계수와 표준불확도의 곱으로 산출한다. ▶ $1 \times 14.4\ \mu\mathrm{m}$

(6) 자유도 : 50

예를 들어 추정한 표준불확도의 값에 대해 90 % 확신한다면 다음과 같이 추정한다.

$$\frac{1}{2}\left(\frac{100}{R}\right)^2 = \frac{1}{2}\left(\frac{100}{100-90}\right)^2 = 50$$

(본인의 확신 정도를 부여하여 산출)

1.10.10 합성표준불확도 $u_c(E_x)$

합성표준불확도는 수학적 모델에 속한 각각의 불확도 요인에 대한 추정값들을 하나로 합성하는 것으로 수식은 '합성표준불확도(u_c)의 수학적 모델'을 이용하여 산출한다. 아래의 식에서 각각의 항목은 감도 계수와 표준불확도를 곱하여 추정한 값, 즉 불확도 기여도를 나타낸다.

$$u_c^2(E_x) = c_{l_x}^2 u^2(l_x) + c_{l_s}^2 u^2(l_s) + c_{\overline{\alpha}}^2 u^2(\overline{\alpha}) + c_{\Delta t}^2 u^2(\Delta t)$$

$$+ c_{\Delta\alpha}^2 u^2(\Delta\alpha) + c_{\delta t}^2 u^2(\delta t) + c_{\delta l_x}^2 u^2(\delta l_x)$$

$$u_c(E_x) = \sqrt{(2.5)^2 + (-0.4)^2 + (0)^2 + (0.246)^2 + (1.17)^2 + (0)^2 + (14.4)^2 + (14.4)^2}$$

$$\fallingdotseq 20.556\ \mu\mathrm{m}$$

1.10.11 유효자유도 ν_{eff}

Welch-Satterthwaite 공식으로부터 출력 추정값 E_x에 수반된 표준불확도 $u(E_x)$의 유효자유도 ν_{eff}를 추정한다.

$$\nu_{eff} = \frac{u_c^4(E_x)}{\sum_{i=1}^{N} \frac{[c_i u(x_i)]^4}{\nu_i}} = \frac{u_c^4(E_x)}{\sum_{i=1}^{8} \frac{[c_i u(x_i)]^4}{\nu_i}}$$

$$= \frac{(20.556)^4}{\frac{(2.5)^4}{4} + \frac{(-0.4)^4}{\infty} + \frac{(0)^4}{200} + \frac{(0.246)^4}{\infty} + \frac{(1.17)^4}{200} + \frac{(0.0)^4}{22} + \frac{(14.4)^4}{\infty} + \frac{(14.4)^4}{50}}$$

$$= 205.289 = 205$$

수학적 모델에 속한 각각의 표준불확도 요인들에 대한 자유도를 앞에서 산출했다. 이것을 하나의 자유도로 산출함으로써 이 크기에 따라 추정한 합성표준불확도가 얼마나 타당성이 있는지를 나타낸다. 일반적으로 통계학에서는 자유도가 30 이상이면 표준정규분포의 형태를 지닌다고 가정하여 신뢰구간을 부여하나 교정 분야에서는 자유도가 10 이상이면 충분한 것으로 간주한다.

1.10.12 불확도 총괄표(Uncertainty budget)

입력량 (Xi)	추정값 (xi)	표준 불확도 u(xi)	확률 분포	감도 계수 (ci)	|불확도 기여량| ui(y)	자유도 ν
l_x	600.05 mm	2.5 μm	t	1	2.5 μm	4
l_s	600.001 7 mm	0.4 μm	정규	−1	0.4 μm	∞
$\bar{\alpha}$	11.5×10^{-6}/℃	0.41×10^{-6}/℃	직사각	0	0	200
$\Delta\alpha$	0	0.82×10^{-6}/℃	직사각	300 ℃ · mm	0.246 μm	∞
Δt	0	0.17 ℃	직사각	6.9 μm/℃	1.17 μm	200
δt	0.5 ℃	0.058 ℃	직사각	0	0	22
δl_x	0	14.4 μm	직사각	1	14.4 μm	∞
δl_M	0	14.4 μm	직사각	1	14.4 μm	50
E_x	0.048 3 ≒0.05 mm				u_c = 20.556	ν_{eff} = 205

1.10.13 측정불확도(Expanded uncertainty) U

유효자유도의 크기가 10 이상으로 정규분포로 간주하고 표준정규분포에서 신뢰수준 약 95 %, $k = 2$를 적용하여 확장불확도를 추정한다(KOLAS-G-002 측정결과의 불확도 추정 및 표현을 위한 지침).

$$U = k \times u_c(E_x) = 2 \times 20.556 = 41.112 \fallingdotseq 41\,\mu\text{m} \ \ (\text{신뢰수준 약 } 95\,\%,\ \text{k} = 2)$$

☞ 확장불확도는 유효자리수 1개 또는 2개로 표현한다.

1.10.14 결과 보고

수학적 모델에서 추정한 지시편차 E_x는 약 0.05 mm이며, 이에 대한 측정불확도는 신뢰수준 약 95 %에서 $k = 2$를 적용하여 약 41 μm 추정되었다. 이것을 다음과 같이 표현한다.

$$E_x = (0.05 \pm 0.04)\ \text{mm} \ \ (\text{신뢰수준 약 } 95\,\%,\ \text{k} = 2)$$

☞ 교정실습에서는 시간상 여기까지 진행합니다. 그러나 다음 페이지의 점검사항은 꼭 읽고 이해하세요.

점검사항

유효자유도가 10 이상의 충분한 크기로 산출되었다고 하더라도 불확도 요인들 중에서 불확도 기여도가 지배적으로 차지하는 요인이 있는지 확인해야 한다. 1개 또는 2개가 전체 불확도의 대부분을 차지한다면 정규분포가 아닌 사다리꼴 분포로 간주되므로 다음과 같은 방식으로 점검한다.

예에서 불확도 총괄표를 보면 알 수 있듯이 합성표준불확도를 구성하는 입력변수 중에서 직사각형 확률분포를 가지는 한 개 또는 두 개의 표준불확도 성분이 전체의 대부분을 차지하는 경우로 버니어 캘리퍼스의 분해능(δl_x)과 기하학적 효과(δl_M)에 의해 지배적인 영향을 받고 있음을 알 수 있다.

이런 경우에는 주된 성분에 대한 잔여 성분의 크기가 0.3보다 작은지 점검해 보아야 한다. 비율이 0.3보다 작으면 E_x의 확률분포는 사다리꼴 확률분포가 되기 때문이다. 주된 기여량을 u_M, 잔여 기여량을 u_R이라고 하면 그 비율은 다음과 같다.

$$\frac{u_{Remain}}{u_{Main}} = \frac{u(l_{\text{나머지 불확도 요인들}})}{\sqrt{u^2(\delta l_x) + u^2(\delta l_M)}} = \frac{\sqrt{2.5^2 + 0.4^2 + 0.246^2 + 1.17^2}}{\sqrt{14.4^2 + 14.4^2}} \fallingdotseq 0.137$$

이와 같이 두 개의 비율이 0.3보다 작아 직사각형 분포의 합성분포는 사다리꼴 분포가 된다. 따라서 아래에 예시된 방법에 따라 반너비의 비율(β)을 구하고 사다리꼴 분포에 해당하는 포함인자를 구하면 $k = 1.90$이 된다. 따라서 측정불확도는 다음과 같다.

$$U = k \times u_c(E_x) = 1.9 \times 20.556\,\mu\text{m} = 39.056 \fallingdotseq 39\,\mu\text{m}$$

▸ 결과보고

버니어 캘리퍼스 600 mm 지점에서의 지시편차는 0.05이며, 이 결과에 영향을 미친 측정불확도는 신뢰수준 약 95 %, k = 1.9를 적용한 사다리꼴 분포로 표현할 수 있다. 이것을 다음과 같이 표현한다.

E_x =(0.05 mm ± 0.04 mm) (신뢰수준 약 95 %, k = 1.9, 사다리꼴 확률분포)

▸ 사다리꼴 분포의 포함인자 k 계산방법

포함인자를 계산하는 방법은 측정불확도가 두 가지(캘리퍼스의 분해능의 한계, 기계적 효과)에 대해 지배적으로 영향을 받는다는 점에 기초한다. 그러므로 출력량이 정규분포를 이룬다는 가정은 적절치 않으며 EAL-R2의 5.6절의 조건을 적용하는데, 이때 두 개의 직사각형분포가 합성된 사다리꼴 분포라고 본다. 주된 기여량 u_M, 잔여기여량 u_R라 하면 두 개의 항이 하나로 합성될 수 있을 때 측정결과 y에 대한 표준불확도는 다음과 같이 나타낼 수 있다.

$$u(y) = \sqrt{u_M^2(y) + u_R^2(y)} = \sqrt{20.364\,6^2 + 2.799\,9^2} \fallingdotseq 20.556 = 20.6\,\mu\text{m}$$

여기서 두 개의 지배적인 항에 대한 합성 항은 다음과 같고,

$$u_M(y) = \sqrt{u_1^2(y) + u_2^2(y)} = \sqrt{14.4^2 + 14.4^2} = 20.364\ 6\,\mu\text{m}$$

나머지 지배적이지 않은 모든 불확도 성분은 다음과 같다.

$$u_R(y) = \sqrt{\sum_{i=1}^{6} u_i^2(y)} = \sqrt{2.5^2 + 0.4^2 + 0^2 + 0.246^2 + 1.17^2 + 0^2} = 2.799\,9\,\mu\text{m}$$

지배적인 두 불확도 성분이 각각 반 너비 $a_1 = 25\,\mu\text{m}$(분해능), $a_2 = 25\,\mu\text{m}$(기하학적)의 직사각형 분포를 이루었다면, 이들의 합성으로 인한 분포는 사다리꼴 분포가 된다. 여기서 밑변과 윗변에 해당하는 반너비는 다음과 같다.

$$a = a_1 + a_2\ ,\ b = |a_1 - a_2|$$

$$50 = 25 + 25,\ 0 = |25 - 25|$$

확률분포는 다음과 같이 통합된 형태로 표현될 수 있다.

$$\varphi(y) = \frac{1}{a(1+\beta)} \times \begin{cases} 1 & |y| < \beta \cdot a \\ \dfrac{1}{1-\beta}\left(1 - \dfrac{|y|}{a}\right) & \beta \cdot a \leqq |y| \leqq a0 \quad a < |y| \end{cases}$$

여기서 사다리꼴의 상하 변의 길이의 비는

$$\beta = \frac{b}{a} = 0.0$$

분포식을 사용하면, 포함인자와 포함확률의 관계가 유도된다.

$$k(p) = \frac{1}{\sqrt{\dfrac{1+\beta^2}{6}}} \times \begin{cases} \dfrac{p(1+\beta)}{2} & \dfrac{p}{2-p} < \beta \\ 1 - \sqrt{(1-p)(1-\beta^2)} & \beta \leqq \dfrac{p}{2-p} \end{cases}$$

$\beta < 0.95$인 사다리꼴분포에 대해 약 95 % 포함확률을 갖는 포함인자는 다음과 같이 계산된다.

$$k = \frac{1 - \sqrt{(1-p)(1-\beta^2)}}{\sqrt{\frac{1+\beta^2}{6}}} = \frac{1 - \sqrt{(1-0.95)(1-0.0^2)}}{\sqrt{\frac{1+0.0^2}{6}}} = 1.90$$

교정성적서

교정기관명 : Tel. Fax.	성적서번호 : 페이지 (1)/(총 2)	KOREA LABORATORY ACCREDITATION SCHEME KOLAS CALIBRATION NO

1. 의 뢰 자

기 관 명 :
주 소 :

2. 측 정 기

기 기 명 : 버니어 캘리퍼스
제작회사 및 형식 :
기기번호 :

3. 교정일자 :

4. 교정환경

온 도 : (±)℃ 상대습도 : (±) % R.H.
교정장소 : □ 고정표준실 □ 이동교정 □ 현장교정

5. 측정표준의 소급성

위의 기기는 한국계량측정협회에서 발행된 '내 · 외측 캘리퍼스의 표준교정절차(KASTO 11-10604-080)'에 따라 국가측정표준기관으로부터 측정의 소급성이 확보된 아래 표준장비를 이용하여 비교교정 되었다.

▸ 교정에 사용한 표준장비 명세

사용장비명	제작자 및 형식	기기번호	교정 유효일자	교정기관
캘리퍼 검사기				

6. 교정결과 : 교정결과 참조
7. 측정불확도 : 교정결과 참조

확 인	작성자 성 명 (서 명)	승인자 직 위 : (기술책임자) 성 명 : (서 명)

위 성적서는 국제시험기관인정협력체(International Laboratory Accreditation Cooperation) 상호인정협정(Mutual Recognition Arrangement)에 서명한 한국인정기구(KOLAS)로부터 공인받은 분야의 교정결과입니다.

20 . . .

한국인정기구 인정 ○○교정기관장 (인)

(주) 이 성적서는 측정기의 정밀정확도에 영향을 미치는 요소(과부하, 온도, 습도 등)의 급격한 변화가 발생한 경우에는 무효가 됩니다.

교 정 결 과	성적서번호 : 페이지 (2)/(총 2)	KOREA LABORATORY ACCREDITATION SCHEME KOLAS CALIBRATION NO.

· 규　　격 : (　　　　) mm
· 기기번호 :
· 분 해 능 :　　　　mm

1. 교정결과

(단위 : mm)

눈금값	보정값	
	내측	외측

2. 측정불확도 :

(신뢰수준　　　　%, k =　)

끝.

2 높이 게이지

2.1 교정대상기기의 교정 항목, 측정 범위 및 교정 방법

교정 항목	측정 범위	교정 방법(교정기기)
눈금의 정확도(내, 외측)	전 구간에서 실시	캘리퍼 검사기 또는 게이지 블록

2.2 필요장비 명세 및 최저요구성능

표준장비명	수 량	최저요구성능
캘리퍼 검사기(caliper checker)	1 대	측정범위 : (0 ~ 600) mm 정 확 도 : 교정된 것
테스트 인디케이터(test indicator)	1 세트	높이 게이지의 분해능을 만족할 것
정 반(surface plate)	1 대	등 급 : KS B 5254 (정반) 1급

☞ 캘리퍼 검사기 대신 게이지 블록을 조합하여 교정할 수 있음.

2.3 교정 준비 및 절차

(1) 표준교정절차서를 숙독한다.

(2) 정반, 교정용 표준기(캘리퍼 검사기), 교정대상(높이 게이지)를 깨끗이 닦고 각 부위에 손상이 없는지 점검한 후 정반 위에 정렬시켜 둔다.

(3) 교정 전 충분한 열평형이 이루어지도록 한다.

(4) 체온이 전달되지 않도록 장갑을 착용한다.

(5) 교정이 이루어지는 동안 수직으로 세워놓은 캘리퍼 검사기가 넘어가지 않도록 주의한다.

(6) 높이 게이지에 부착된 다이얼 테스트 인디케이터의 측정자 부분을 캘리퍼 검사기의 첫 번째 게이지 블록의 상단부 20mm에 놓고 고정시켜 0점을 세팅한다.

☞ 높이 게이지의 0점은 정반의 바닥에서 0점을 세팅시킨다. 그러나 다이얼 테스트 인디케이터의 측정자와 베이스가 정반에 닿을 경우 측정자의 길이가 짧은 경우(0.002 mm 등)는 코사인 오차(Cosine error)를 발생시킬 우려가 있으므로 캘리퍼 검사기의 첫 번째 게이지 블록(20 mm) 지점에서 0점으로 세팅한 다음, 높이 게이지 상단부의 뒷부분에 있는 고정용 나사를 회전시켜 높이 게이지의 눈금을 [그림 2.4]와 같이 0점을 맞춘 후 20 mm부터 눈금을 읽어 기록한다. 단, 스크라이버를 교정할 경우는 정반의 바닥에서 0점 세팅하고 높이 게이지의 눈금도 0 mm로 세팅하여 시작한다.

(7) 높이 게이지의 0점 조정이 완료되었으면 해당 구간을 교정한다. 이때부터는 높이 게이지의 미세조정 나사만 이용하여 다이얼 테스트 인디케이터의 눈금이 0 mm가 되도록 맞춘 다음 이때의 실제 높이 게이지에서 어미자와 아들자가 일치하는 하나의 선을 찾아 읽어 기록한다.

☞ 높이 게이지의 0점 조정 시 다이얼 테스트 인디케이터를 손으로 회전시켜 0점 조정하는 일이 없도록 주의한다. 이렇게 하면 0점 조정의 의미가 없으므로 (6)항을 다시 실시하고 진행해야 한다.

[그림 2.1] 교정 준비

[그림 2.2] 0점 조정
(캘리퍼 검사기의 20 mm 지점에서 테스트 인디케이터의 눈금이 0이 되도록 함)

[그림 2.3–2.4] 0점 조정
(높이 게이지의 상단부에 있는 어미자 이동장치를 이용하여 0점 조정)

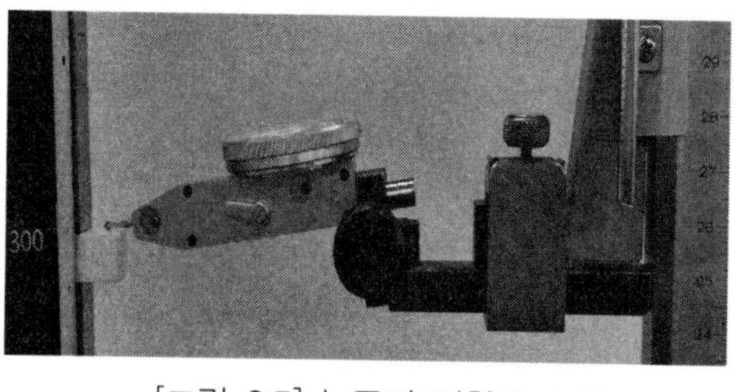

[그림 2.5] 눈금의 정확도 교정
(구간별 반복 측정하여 테스트 인디케이터의 눈금이 0일 때 높이 게이지 눈금 읽기)

2.4 교정데이터 처리

캘리퍼 검사기를 이용하여 측정구간(0~300 mm), 최소눈금(0.02 mm)인 높이 게이지에 대한 교정처리 과정을 예시로 설명하였다.

2.5 수학적 모델

수학적 모델은 보정값, 지시편차, 실제치수 등을 산출하기 위해 수식을 자유롭게 세울 수 있다. 본 절차서에서는 이들 중 하나로써 지시편차를 구하기 위한 수학적 모델을 수립하여 설명하였다.

$$E_x = l_{ix} - l_s + (\overline{\alpha} \cdot \Delta t + \Delta\alpha \cdot \delta t) l_0$$

E_x	표준온도(20 ℃)에서 높이 게이지의 지시편차
l_{ix}	높이 게이지의 지시값 ☞ 해당 구간을 높이 게이지로 반복 측정한 값들의 평균값
l_s	교정용 표준기의 교정값 ☞ 해당 구간에 대해 캘리퍼 검사기의 성적서에 명시되어 있는 값으로 성적서를 참조
l_0	교정용 표준기의 명목값 ☞ 캘리퍼 검사기에 새겨진 눈금값
$\overline{\alpha}$	높이 게이지와 교정용 표준기의 평균 열팽창계수 ☞ 재질에 따른 평균 열팽창계수로써 열팽창계수표를 참조
Δt	높이 게이지와 교정용 표준기의 온도차
$\Delta\alpha$	높이 게이지와 캘리퍼 검사기의 열팽창계수와의 차이
δt	캘리퍼스와 캘리퍼 검사기의 평균 온도값과 기준온도와의 차 ☞ 20 ℃와 실제 교정 장소의 평균온도 차이

2.6 교정용 표준기값

본 실험에서 사용한 기준장비는 캘리퍼 검사기로 교정성적서에 주어진 편차는 300 mm 구간에서 $-0.9\ \mu m$ 이다.

☞ 실제 교정기관에서는 해당 장비의 교정성적서에 명시된 값을 꼭 참조하여 적용한다.

2.7 눈금값의 교정

높이 게이지로 5회 측정한 지시값, 평균값, 표준편차를 기록한다.

(단위 : mm)

명목값 (캘리퍼 검사기)	높이 게이지의 지시편차 값 (지시값–명목값)					평균값	표준편차
	1회	2회	3회	4회	5회		
0							
20							
50							
100							
150							
200							
300						300.02	0.005 90

☞ 위의 표에서 평균값 200.02 mm와 표준편차 0.005 90 mm는 불확도의 설명을 위해 임의로 부여한 값이므로 실제 실습에서는 무시하고 본인의 값을 기입하여 적용할 것.

2.8 온도 보정값

기준장비와 피교정 장비는 스틸로 동일 재질이며, 교정 시 충분한 열평형이 이루어진 상태에서 교정을 하였다. 측정할 당시의 표준실 온도는 기준 및 피교정기기를 놓아두었던 정반 주위의 온도를 측정한 결과 20.2 ℃였다(실제 온도계로 측정하여 적용).

$$\Delta L = (\overline{\alpha} \cdot \Delta t + \Delta\alpha \cdot \delta t) l_0$$

$\overline{\alpha} = (\alpha_x + \alpha_r)/2 = 11.5 \times 10^{-6}/℃$

$\Delta t = (t_x - t_r) = 20.2℃ - 20.2℃ = 0\ ℃$

$\Delta\alpha = (\alpha_x - \alpha_r) = 11.5 \times 10^{-6}/℃ - 11.5 \times 10^{-6}/℃ = 0℃$

$\delta t = (t_x + t_r)/2 - 20℃ = (20.2℃ + 20.2℃)/2 - 20℃ = 0.2℃$

$\Delta L = [(11.5 \times 10^{-6}/℃) \cdot 0\ ℃ + 0 \cdot 0.2\ ℃] \times 0.3\ \mathrm{m} = 0\,\mathrm{mm}$

온도 보정값은 상호간 동일 재질이고 충분한 열평형이 이루어진 경우일 때 $\Delta L = 0$이므로 무시 가능하다.

2.9 교정값 계산

$$E_x = l_x - l_s + (\overline{\alpha} \cdot \Delta t + \Delta\alpha \cdot \delta t) l_0$$

E_x	지시편차
l_x	5회 반복 측정한 300 mm 구간의 평균값 ☞ 300.02 mm로 가정했으나 실제 본인의 평균값을 적용
l_s	캘리퍼 검사기의 교정성적서를 참조하여 300 mm 구간의 실제 값 ☞ '2.6 교정용 표준기값' 항목에서 주어진 성적서 참조(−0.9 μm)
$\overline{\alpha}$	캘리퍼스와 캘리퍼 검사기의 평균 열팽창계수 ☞ 동일한 재질인 스틸이므로 11.5 X 10^{-6}/℃ 적용
Δt	0 ℃
$\Delta\alpha$	0 ℃
δt	0.2 ℃
l_0	300 mm

따라서 $E_x = l_x - l_s + (\overline{\alpha} \cdot \Delta t + \Delta\alpha \cdot \delta t) l_0$

$= 300.02 - 299.999\,1 + (11.5 \times 10^{-6}/℃ \times 0\,℃ + 0\,℃ \times 0.2\,℃)300$

$= 0.020\,9$ mm

E_x 값을 산출한 다음 교정값을 구하기 위하여 보정값을 구한다. 보정값은 산출된 E_x의 값의 반대 부호로 적용한다. 교정값 = 눈금값 + 보정값, 즉 예제에서 교정값은 300.00 mm + (−0.020 9 mm) = 299.979 1 mm로 캘리퍼스의 분해능을 고려하여 299.98 mm 로 산출.

2.10 불확도 계산

본 예제에서는 300 mm의 높이 게이지 교정에 대한 불확도의 평가 과정을 상세히 설명하였다.

☞ 불확도 요인은 측정환경에 따라 얼마든지 달라질 수 있으며, 그로 인해 수립되는 수학적 모델도 달라질 수 있다. 본 예제에서 도출된 불확도 요인 이외에 실제 교정환경에서 측정 결과에 영향을 미쳤을 것으로 의심 되는 요인이 있다면 수학적 모델에 추가하여 수립할 수 있다. 이와는 반대로 충분한 열평형이 이루어진 상태이고, 피교정기기와 교정기기가 동일한 재질로 열팽창계수가 같을 경우 온도 보정값은 수식에서 생략할 수 있다. 즉, 동일한 교정대상 및 항목일지라도 실제 상황을 최대한 고려하여 불확도 요인을 도출하여 수식에 반영하는 것이 바람직하다.

2.10.1 합성표준불확도(u_c)의 수학적 모델

합성표준불확도(Combined standard uncertainty)는 '2.5 수학적 모델' 항에서 수립한 수학적 모델에 불확도 전파 법칙(Law of propagation of uncertainty)을 적용하여 불확도를 추정하기 위한 수식을 새롭게 세운다.

☞ 불확도 전파 법칙은 RSSM(Root Sum Squared Method)으로 이해한다.

$$E_x = l_{ix} - l_s + (\overline{\alpha} \cdot \Delta t + \Delta \alpha \cdot \delta t) l_0$$

$$\begin{aligned} u_c^2(E_x) &= c_{l_{ix}}^2 u^2(l_x) + c_{l_s}^2 u^2(l_s) + c_{\overline{\alpha}}^2 u^2(\overline{\alpha}) + c_{\Delta t}^2 u^2(\Delta t) + c_{\Delta\alpha}^2 u^2(\Delta\alpha) + c_{\delta t}^2 u^2(\delta t) \\ &= \left(\frac{\partial E_x}{\partial l_{ix}}\right)^2 u^2(l_{ix}) + \left(\frac{\partial E_x}{\partial l_s}\right)^2 u^2(l_s) + \left(\frac{\partial E_x}{\partial \overline{\alpha}}\right)^2 u^2(\overline{\alpha}) + \left(\frac{\partial E_x}{\partial \Delta t}\right)^2 u^2(\Delta t) \\ &\quad + \left(\frac{\partial E_x}{\partial \Delta \alpha}\right)^2 u^2(\Delta\alpha) + \left(\frac{\partial E_x}{\partial \delta t}\right)^2 u^2(\delta t) \\ &= (1)^2 \cdot u^2(l_{ix}) + (-1)^2 \cdot u^2(l_s) + (\Delta t \cdot l_0)^2 u^2(\overline{\alpha}) + (\overline{\alpha} \cdot l_0)^2 u^2(\Delta t) \\ &\quad + (\delta t \cdot l_0)^2 u^2(\Delta\alpha) + (\Delta\alpha \cdot l_0)^2 u^2(\delta t) \end{aligned}$$

2.10.2 높이 게이지 지시값의 표준불확도 $u(l_{ix})$

통계적 방법으로 추정하는 방식인 A형 불확도로써 반복측정에서 우연효과로 인해 발생된 산포(표준편차 s)로부터 추정한다. 본 항에 대한 표준불확도 성분은 이러한 반복측정에 대한 표준불확도 $u(l_{ix1})$, 높이 게이지의 분해능 한계에 대한 불확도 $u(l_{ix2})$ 그리고 사용된 정반의 평면도가 미치는 불확도 $u(l_{ix3})$를 동시에 고려하여 높이 게이지 지시값의 표준불확도를 추정한다. 불확도 전파 법칙에 의하여 다음과 같은 식을 이용하여 추정한다.

$$u^2(l_{ix}) = u^2(l_{ix1}) + u^2(l_{ix2}) + u^2(l_{ix3})$$

$$\therefore \ u(l_{ix}) = \sqrt{u^2(l_{ix1}) + u^2(l_{ix2}) + u^2(l_{ix3})}$$

2.10.3 반복측정에 대한 표준불확도 $u(l_{ix1})$

표준불확도 성분은 우연효과로 인한 불확도로써 A형 평가를 통하여 구할 수 있다. 대개의 경우 평균값을 추정값으로 사용하기 때문에 평균의 표준편차가 표준불확도 성분을 나타내게 된다. '2.7 눈금값의 교정' 항의 표에서 최대 표준편차를 반복 측정한 횟수의 제곱근으로 나누어 산출한다.

(1) 추정값 : 300.02 mm

본 예제에서 300 mm 구간의 평균값 300.02 mm로 가정한 것이며, 실제 본인의 평균값을 적용한다.

(2) 표준불확도 : 2.6 μm

본 예제에서 최대 표준편차를 0.005 90 mm로 가정한 것이며, 실제 본인의 최대 표준편차를 적용하며, 최대 표준편차는 0 mm~300 mm 전체 구간에서 가장 큰 표준편차를 찾아 반복측정 횟수의 제곱근으로 나누어 구한다.

$$\frac{s}{\sqrt{\text{반복측정횟수}}} = \frac{0.005\,90}{\sqrt{5}} = 0.00264$$

(3) 확률분포 : t－분포

반복측정 횟수가 30회 이상이면 정규분포, 미만이면 t 분포로 간주한다.

(4) 감도 계수 : 1

감도 계수는 수학적 모델에서 편미분하여 산출한다(수학적 모델에서 출력값 E_x에 여러 입력값들 중에서 l_{ix} 값이 영향을 미친 정도를 의미).

$$c_{l_{ix1}} = \frac{\partial l_{ix}}{\partial l_{ix1}} = 1$$

(5) 불확도 기여도 : 2.6 μm

감도 계수와 표준불확도의 곱으로 산출한다.

$$1 \times 2.6 = 2.6\,\mu\text{m}$$

(6) 자유도 : 4

자유도는 n−1, 즉 반복측정횟수 −1 로 산출 ▸ 5−1

2.10.4 높이 게이지 분해능 한계에 대한 표준불확도 $u(l_{ix_2})$

측정에 사용된 다이얼 테스트 인디케이터의 최소눈금이 20 μm 이고 직사각형 분포로 가정하여 추정한다.

(1) 추정값 : 0

높이 게이지의 분해능으로 인하여 측정결과에 영향을 미친 정도는 사실상 기댓값을 추정하기 어려우므로 0으로 둔다.

(2) 표준불확도 : 5.8 μm

예에서 높이 게이지의 최소눈금이 0.02 mm이므로 직사각형 확률분포를 적용하여 최소눈금의 반 너비에 $\sqrt{3}$으로 나누어 산출한다.

$$\frac{0.02\ \mathrm{mm}}{2\sqrt{3}} = 0.005\ 77\ \mathrm{mm}$$

(3) 확률분포 : 직사각형

모든 측정 구간에서 눈금을 읽을 때 실수할 수 있는 확률은 최소눈금 한 눈금으로 동일한 확률을 지닐 것으로 간주하여 직사각형 확률분포로 추정한다.

(4) 감도 계수 : 1

감도 계수는 편미분하여 산출한다.

$$c_{l_{ix2}} = \frac{\partial l_{ix}}{\partial_{l_{ix2}}} = 1$$

(5) 불확도 기여도 : 5.8 μm

감도 계수와 표준불확도의 곱으로 산출한다.

$$1 \times 5.8\ \mu\mathrm{m}$$

(6) 자유도 : ∞

예를 들어 추정한 표준불확도의 값에 대해 100 % 확신한다고 가정하면 다음과 같다.

$$\frac{1}{2}\left(\frac{100}{R}\right)^2 = \frac{1}{2}\left(\frac{100}{100-100}\right)^2 = 0 = \infty$$

2.10.5 정반의 평면도가 미치는 영향에 대한 표준불확도 $u(l_{ix_3})$

정반의 교정성적서에 명시된 평면도가 6 μm 이고, 정반 전체면적의 1/2 영역에서 높이 게이지의 교정이 실시되었다고 가정하여 추정하면 다음과 같다.

(1) 추정값 : 0

높이 게이지의 정반으로 인하여 측정결과에 영향을 미친 정도는 사실상 기댓값을 추정하기 어려우므로 0으로 둔다.

(2) 표준불확도 : 1.7 μm

예에서 높이 게이지의 교정이 사용 정반 전체의 약 1/2 영역에서 이루어졌다고 가정했을 때 직사각형 확률분포를 적용하여 전체 너비의 1/2에 $\sqrt{3}$ 을 나누어 산출한다. 정반의 크기에 따라 본인이 실제 사용한 영역에 대해 적용한다. 만일 전체 정반의 1/4 영역을 사용하여 교정하였다면 식에서 분모를 $4\sqrt{3}$ 을 적용하여 계산한다(본인이 사용한 영역의 크기를 적용).

$$\frac{0.006\ \mathrm{mm}}{2\sqrt{3}} = 0.001\ 73\,\mathrm{mm}$$

(3) 확률분포 : 직사각형

사용한 정반 영역에 대해 동일한 확률로 영향을 미쳤을 것으로 간주하여 직사각형 확률분포로 추정한다.

(4) 감도 계수 : 1

감도 계수는 편미분하여 산출한다.

$$c_{l_{ix3}} = \frac{\partial l_{ix}}{\partial_{l_{ix3}}} = 1$$

(5) 불확도 기여도 : 1 X 1.7 μm = 1.7 μm

감도 계수와 표준불확도의 곱으로 산출한다.

(6) 자유도 : 50

예를 들어 추정한 표준불확도의 값에 대해 90 % 확신한다고 가정하면 다음과 같이 산출한다.

$$\frac{1}{2}\left(\frac{100}{R}\right)^2 = \frac{1}{2}\left(\frac{100}{100-90}\right)^2 = 50$$

그러므로 높이 게이지의 지시값에 대한 표준불확도 $u(l_{ix})$는 세 가지의 항목을 합성하여 다음과 같이 추정할 수 있다.

(1) 추정값 : 300.02 mm

5회 반복 측정한 300 mm 구간에 대한 높이 게이지의 평균값으로 한다.

(2) 표준불확도 : 6.58 μm

높이 게이지의 지시값의 표준불확도는 세 가지(반복, 분해능, 정반) 영향을 동시에 고려하여 추정하였다('2.11.1~2.11.3항'을 참조).

$$u(l_{ix}) = \sqrt{2.6^2 + 5.8^2 + 1.7^2} = 6.579 \fallingdotseq 6.58\,\mu\text{m}$$

(3) 확률분포 : 정규분포

높이 게이지의 지시값의 표준불확도에 세 가지(반복, 분해능, 정반) 요인에 대한 유효자유도를 산출하면 161이다. 즉, 30 이상이 되므로 충분한 횟수로 간주하여 정규분포로 본다.

(4) 감도 계수 : 1

감도 계수는 편미분하여 산출한다.

$$c_{l_x} = \frac{\partial E_x}{\partial_{l_{ix}}} = 1$$

(5) 불확도 기여도 : 6.58 μm

감도 계수와 표준불확도의 곱으로 산출한다.

$$1 \times 6.58\,\mu\text{m}$$

(6) 자유도 : 161

높이 게이지의 지시값의 표준불확도에 영향을 미치는 세 가지(반복, 분해능, 정반) 불확도 요인에 대한 각각의 자유도를 Welch-Satterthwaite 공식으로부터 유효자유도 ν_{eff}를 추정한다.

$$\nu_{l_{ix}} = \frac{u_c^4(l_{ix})}{\sum_{i=1}^{3} \frac{[c_i u(x_i)]^4}{\nu_i}} = \frac{(6.58)^4}{\frac{(2.6)^4}{4} + \frac{(5.8)^4}{\infty} + \frac{(1.7)^4}{50}} = 161.2 = 161$$

2.10.6 캘리퍼 검사기의 표준불확도 $u(l_s)$

객관적 · 과학적인 정보를 근거로 하여 추정하는 방식인 B형 불확도로써 교정기기로 사용된 캘리퍼 검사기의 교정성적서를 참조한다. 만일 성적서에 300 mm 구간에서 편차가 −0.9 μm, 측정불확도 U는 0.6 μm(신뢰수준 약 95 %, 포함인자 $k = 2$)라고 명시되어 있다면 이러한 정보를 근거로 하여 표준불확도를 추정한다.

(1) 추정값 : 299.999 1 mm

예에서 캘리퍼 검사기의 성적서에서 300 mm 구간에 −0.9 μm의 편차가 나타났으므로 300 mm+(-0.000 9 mm)로 추정하여 299.999 1 mm이다.

(2) 표준불확도 : 0.3 μm

캘리퍼 검사기의 측정불확도 U가 주어졌으므로 이것을 k로 나누어 추정한다.

$$\frac{U}{k} = \frac{0.6}{2} = 0.3\,\mu\text{m}$$

(3) 확률분포 : 정규분포

B형 불확도의 추정은 A형과 다르다. 일반적으로 교정기관에서 발급된 성적서와 같이 확신의 근거가 충분하다고 여겨지고, 주어진 신뢰수준과 포함인자 k를 고려했을 때 정규분포로 볼 수 있다.

(4) 감도 계수 : −1

감도 계수는 수학적 모델에서 편미분하여 산출한다.

$$c_{l_s} = \frac{\partial E_x}{\partial l_s} = -1$$

(5) 불확도 기여도 : −0.3 μm

감도 계수와 표준불확도의 곱으로 산출한다.

$$(-1) \times 0.3 = -0.3\,\mu\text{m}$$

(6) 자유도 : ∞

B형 불확도의 자유도는

$$\frac{1}{2}\left(\frac{100}{R}\right)^2 = \frac{1}{2}\left(\frac{100}{100 - \text{확신의 정도}}\right)^2$$

로 추정한다. 상대불확도 R은 표준불확도의 확신의 정도에 따라 실무자의 주관적 판단에 근거하여 부여한다. 만일 표준불확도를 추정한 값을 80 % 확신한다면 자유도는

$$\frac{1}{2}\left(\frac{100}{100 - 80}\right)^2 = 12.5 = 12$$

로 계산한다. 여기서 자유도는 정수로 표현하며 반올림 없이 소수점 이하는 버린다.

2.10.7 높이 게이지와 캘리퍼 검사기의 평균 열팽창계수의 표준불확도 $u(\overline{\alpha})$

(1) 추정값 : 11.5 X 10^{-6}/℃

높이 게이지와 캘리퍼 검사기의 재질이 동일한 스틸이므로 스틸의 열팽창계수값을 적용한다.

$$\overline{\alpha} = \frac{11.5 \times 10^{-6}/℃ + 11.5 \times 10^{-6}/℃}{2} = 11.5 \times 10^{-6}/℃$$

(2) 표준불확도 : 0.41 X 10^{-6}/℃

B형 불확도의 표준불확도는 확률분포를 적용하여 추정한다. 확률분포의 종류에는 정규, 직사각, 삼각, 사다리꼴, U자 등이 있다. 직사각 확률분포는 다른 말로 균등분포라고도 한다. 이것은 추정 대상의 확률분포가 전 구간에 걸쳐 동등한 확률로 영향이 미치고 있다고 판단될 때 적용한다. 가장 대표적인 예로, 분해능과 같이 어느 부분을 읽는다고 해도 잘못 읽을 수 있는 확률은 동등하게 발생할 수 있다고 보고 적용하는 것이다. 이뿐 아니라 주어진 정보를 활용하거나 또는 어떤 확률분포인지 모호하거나 알 수 없는 경우 모두 직사각형 확률분포로 간주한다. 추정 방법은 반너비를 $\sqrt{3}$ 으로 나눈 값으로 산출한다. 여기서 $\overline{\alpha} = (\alpha_r + \alpha_x)/2$ 이므로 불확도 전파법칙에 의하여 수식을 변형시켜 계산한다.

$$u^2(\overline{\alpha}) = \frac{1}{4}u^2(\alpha_r) + \frac{1}{4}u^2(\alpha_x)$$

여기에 높이 게이지와 캘리퍼 검사기의 제작회사로부터 얻은 자료(사양, 관련 정보 등)의 자료에서 참조한 열팽창계수의 오차 범위의 값을 적용한다. 예를 들어 제조사의 사양서에 높이 게이지와 캘리퍼 검사기의 열팽창계수의 오차 범위의 값이 각각 $\pm 1.0 \times 10^{-6}/℃$ 라고 가정하면,

$u(\alpha_r) = u(\alpha_x) = \pm 1.0 \times 10^{-6}/℃$ 에 직사각형 확률분포를 적용하여

$$u(\alpha_r) = u(\alpha_x) = \frac{1.0 \times 10^{-6}/℃}{\sqrt{3}} = 0.000\,000\,577\,℃ \fallingdotseq 0.58 \times 10^{-6}/℃$$

가 된다. 따라서

$$u^2(\overline{\alpha}) = \frac{1}{4}u^2(\alpha_r) + \frac{1}{4}u^2(\alpha_x) = \frac{1}{4}u^2(0.58 \times 10^{-6}/℃) + \frac{1}{4}u^2(0.58 \times 10^{-6}/℃)$$

$$\therefore u(\overline{\alpha}) = \sqrt{\frac{1}{4}u^2(0.58 \times 10^{-6}/℃) + \frac{1}{4}u^2(0.58 \times 10^{-6}/℃)} = 0.000\,000\,41$$

$$= 0.41 \times 10^{-6}/℃$$

(3) 확률분포 : 직사각형

B형 불확도의 추정방법은 주로 정보를 근거로 하여 추정하기 때문에 직사각형 확률분포가 가장 많다. 본 예제에서도 제조사로부터 확보한 정보, 즉 오차 범위의 값을 이용하였으며 또한 이 오차 범위 내에서는 균등한 확률로 영향이 미쳤을 것으로 여겨 직사각형 확률분포로 간주한 것이다.

(4) 감도 계수 : 0

감도 계수는 수학적 모델에서 편미분하여 산출한다. 실제 교정 중 온도 변동량을 관찰하고 기록하여 적용한다.

$$c_{\overline{\alpha}} = \frac{\partial E_x}{\partial \overline{\alpha}} = \Delta t \cdot l_0 = 0\,℃ \cdot 300\,\text{mm}$$

(5) 불확도 기여도 : 0

감도 계수와 표준불확도의 곱으로 산출한다.

$$(0\,℃ \cdot \text{mm}) \times (0.41 \times 10^{-6}/℃) = 0$$

(6) 자유도 : 200

예를 들어 추정한 표준불확도의 값에 대해 95 % 확신한다고 가정하면 다음과 같다.

$$\frac{1}{2}\left(\frac{100}{R}\right)^2 = \frac{1}{2}\left(\frac{100}{100-95}\right)^2 = 200$$

2.10.8 높이 게이지와 캘리퍼 검사기의 열팽창계수 차에 의한 표준불확도 $u(\Delta\alpha)$

(1) 추정값 : 0

높이 게이지와 캘리퍼 검사기의 재질이 동일한 스틸이므로 열팽창계수 차이는 없다.

$$\Delta\alpha = 11.5 \times 10^{-6}/℃ - 11.5 \times 10^{-6}/℃ = 0$$

(2) 표준불확도 : 0.82 X 10^{-6}/℃

$\Delta\alpha = (\alpha_x - \alpha_r)$이므로 불확도 전파법칙에 의해

$$u^2(\Delta\alpha) = u^2(\alpha_x) + u^2(\alpha_r)$$

가 된다. 즉, $u(\Delta\alpha)=\sqrt{u^2(\alpha_x)+u^2(\alpha_r)}$로 산출한다. 만일 제조사로부터 얻은 높이 게이지와 캘리퍼 검사기의 열팽창계수에 대한 오차 범위가 $\pm 1.0\times 10^{-6}/℃$ 라고 한다면, 이것은 정보에 근거한 것이므로 직사각 확률분포를 적용하여 $u(\Delta\alpha)$의 식에 대입하여 구하면 된다. 즉,

$$u(\alpha_r)=u(\alpha_x)=\frac{1.0\times 10^{-6}/℃}{\sqrt{3}}=0.000\,000\,577\,℃ \fallingdotseq 0.58\times 10^{-6}/℃$$

을 $u(\Delta\alpha)$의 식에 대입한다.

$$\therefore\ u(\Delta\alpha)=\sqrt{u^2(\alpha_x)+u^2(\alpha_r)}=\sqrt{u^2(0.58\times 10^{-6}/℃)+u^2(0.58\times 10^{-6}/℃)}$$

$$=0.82\times 10^{-6}/℃$$

(3) 확률분포 : 직사각형

제조사로부터 확보한 정보에 근거하여 추정했으므로 직사각형 확률분포로 간주한다.

(4) 감도 계수 : 60 mm℃

감도 계수는 수학적 모델에서 편미분하여 산출한다. 예제에서 표준온도와 실제 교정이 이루어진 측정환경의 온도 차이 δt는 0.2 ℃로 가정하여 캘리퍼 검사기의 명목값 l_0에 해당되는 치수 300 mm를 적용하여 구한다.

$$c_{\Delta\alpha}=\frac{\partial E_x}{\partial\Delta\alpha}=\delta t\cdot l_0=0.2℃\cdot 300\text{ mm}=60\text{ mm}℃$$

(5) 불확도 기여도 : 0.05 μm

감도 계수와 표준불확도의 곱으로 산출한다.

$$(60\,℃\cdot\text{mm})\times(0.82\times 10^{-6}/℃)=0.049\fallingdotseq 0.05\,\mu\text{m}$$

(6) 자유도 : ∞

예를 들어 추정한 표준불확도의 값에 대해 100 % 확신한다고 가정하면 다음과 같이 구한다.

$$\frac{1}{2}\left(\frac{100}{R}\right)^2=\frac{1}{2}\left(\frac{100}{100-100}\right)^2=0=\infty$$

2.10.9 높이 게이지와 캘리퍼 검사기의 온도 차이에 의한 표준불확도 $u(\Delta t)$

충분한 열평형 상태가 이루어졌다고 하더라도 측정 데이터를 확보하는 과정 중에 체온이나 그 밖의 어떠한 원인으로 인한 온도 드리프트가 발생하여 영향을 줄 수 있다. 또는 과거의 경험상 몇 ℃ 이내에서 상호간에 일치하는 것을 적용할 수 있다.

(1) 추정값 : 0 ℃

동일 장소에 일정 시간 두게 되면 열평형이 이루어지기 때문에 온도는 차이가 없는 것으로 간주하여 기댓값을 0으로 본다.

(2) 표준불확도 : 0.17 ℃

충분한 열평형이 이루어진 상태라도 측정 중 체온 또는 알 수 없는 온도 드리프트에 의해 온도가 변할 수 있다. 예를 들어 ±0.3 ℃ 이내에서 열평형이 이루어졌다면, 또는 과거의 경험상 ±0.3 ℃ 이내에서 상호간 열평형이 이루어진 것을 알고 있다면 여기에 직사각형 확률분포를 적용하여 ±0.3 ℃의 반 범위에 $\sqrt{3}$으로 나누어 산출한다.

$$\frac{\pm 0.3℃/2}{\sqrt{3}} = \frac{0.3℃}{\sqrt{3}} = 0.17321 ≒ 0.17\ ℃$$

(3) 확률분포 : 직사각형

온도 변화가 어느 일정 구간에서만 ±0.3 ℃의 변화를 보인 것이 아닌 균등하게 어느 측정환경에서도 동일한 확률분포로 변화가 일어났을 것으로 간주하여 추정한 것이다.

(4) 감도 계수 : 3.45 μm/℃

감도 계수는 수학적 모델에서 편미분하여 산출한다.

$$c_{\Delta t} = \frac{\partial E_x}{\partial \Delta t} = \overline{\alpha} \cdot l_0 = 11.5 \times 10^{-6}/℃ \cdot 300\,\text{mm} = 3.45\,\mu\text{m}/℃$$

(5) 불확도 기여도 : 0.59 μm

감도 계수와 표준불확도의 곱으로 산출한다.

$$(3.45\,\mu\text{m}/℃) \times 0.17\ ℃ = 0.586\,5 ≒ 0.59\,\mu\text{m}$$

(6) 자유도 : 22

예를 들어 추정한 표준불확도의 값에 대해 85 % 확신한다고 가정하면 다음과 같다.

$$\frac{1}{2}\left(\frac{100}{R}\right)^2 = \frac{1}{2}\left(\frac{100}{100-85}\right)^2 = 22.2 = 22$$

2.10.10 높이 게이지와 캘리퍼 검사기의 평균온도와 표준온도와의 차이에 의한 표준불확도 $u(\delta t)$

(1) 추정값 : 0.2 ℃

높이 게이지와 캘리퍼 검사기가 교정이 이루어지는 동안 충분한 열평형 상태이며 이때의 교정 환경 온도가 20.2 ℃였다고 가정한다면 다음과 같이 추정할 수 있다.

$$\delta t = (t_x + t_r)/2 - 20 = (20.2\,℃ + 20.2\,℃)/2 - 20\,℃ = 0.2\,℃$$

(2) 표준불확도 : 0.058 ℃

예를 들어 사용한 온도계의 오차 범위가 ±0.1 ℃ 였다고 한다면 정보를 활용하여 추정하므로 직사각형 확률분포를 적용하여 반범위 / $\sqrt{3}$ 을 적용하여 산출한다.

$$\frac{\pm 0.1℃/2}{\sqrt{3}} = \frac{0.1℃}{\sqrt{3}} = 0.0577 \fallingdotseq 0.058\,℃$$

(3) 확률분포 : 직사각형

사용한 온도계의 오차 범위를 활용한 것으로서 직사각형 확률분포로 간주한다.

(4) 감도 계수 : 0

감도 계수는 수학적 모델에서 편미분하여 산출한다. 예에서는 동일 재질로 열팽창계수 차이는 없다.

$$c_{\delta t} = \frac{\partial E_x}{\partial \delta t} = \Delta\alpha \cdot l_0 = 0\,℃ \cdot 300\,\mathrm{mm} = 0$$

(5) 불확도 기여도 : 0

감도 계수와 표준 불확도의 곱으로 산출한다.

$$0 \times 0.058\,℃ = 0$$

(6) 자유도 : 50

예를 들어 추정한 표준불확도의 값에 대해 90 % 확신한다고 가정하면 다음과 같다.

$$\frac{1}{2}\left(\frac{100}{R}\right)^2 = \frac{1}{2}\left(\frac{100}{100-90}\right)^2 = 50$$

2.10.11 합성표준불확도 $u_c(E_x)$

합성표준불확도는 수학적 모델에 속한 각각의 불확도 요인에 대한 추정값들을 하나로 합성하는 것으로 수식은 '2.10.1 합성표준불확도(u_c)의 수학적 모델'을 이용하여 산출한다. 아래의 식에서 각각의 항목은 감도 계수와 표준불확도를 곱하여 추정한 값, 즉 불확도 기여도를 나타낸다.

$$u_c^2(E_x) = c_{l_x}^2 u^2(l_x) + c_{l_s}^2 u^2(l_s) + c_{\overline{\alpha}}^2 u^2(\overline{\alpha}) + c_{\Delta t}^2 u^2(\Delta t) + c_{\Delta\alpha}^2 u^2(\Delta\alpha) + c_{\delta t}^2 u^2(\delta t)$$

$$u_c(E_x) = \sqrt{(6.58)^2 + (-0.3)^2 + (0)^2 + (0.05)^2 + (0.59)^2 + (0)^2} = 6.613\,\mu\text{m}$$

2.10.12 유효자유도 ν_{eff}

Welch-Satterthwaite 공식으로부터 출력 추정값 E_x에 수반된 표준불확도 $u(E_x)$의 유효자유도 ν_{eff}를 추정한다.

$$\nu_{eff} = \frac{u_c^4(E_x)}{\sum_{i=1}^{N} \frac{[c_i u(x_i)]^4}{\nu_i}} = \frac{u_c^4(E_x)}{\sum_{i=1}^{6} \frac{[c_i u(x_i)]^4}{\nu_i}}$$

$$= \frac{(6.613)^4}{\frac{(6.58)^4}{161} + \frac{(-0.3)^4}{\infty} + \frac{(0)^4}{200} + \frac{(0.05)^4}{\infty} + \frac{(0.59)^4}{200} + \frac{(0)^4}{50}}$$

$$= 164.2 = 164$$

수학적 모델에 속한 각각의 표준불확도 요인들에 대한 자유도를 앞에서 산출했다. 이것을 하나의 자유도로 산출함으로써 이 크기에 따라 추정한 합성표준불확도가 얼마나 타당성이 있는지를 나타낸다. 일반적으로 통계학에서는 자유도가 30 이상이면 표준정규분포의 형태를 지닌다고 가정하여 신뢰구간을 부여하나 교정분야에서는 자유도가 10 이상이면 충분한 것으로 간주하여 신뢰수준 약 95 %에서 포함인자 k는 2값을 적용한다.

2.10.13 불확도 총괄표(Uncertainty budget)

입력량 (Xi)	추정값 (xi)	표준 불확도 u(xi)	확률 분포	감도 계수 (ci)	|불확도 기여량| ui(y)	자유도 ν
l_{ix}	300.02 mm	6.58 μm	정규	1	6.58 μm	161
l_{ix1}	300.02 mm	2.6 μm	t	1	2.6 μm	4
l_{ix2}	0	5.8 μm	직사각	1	5.8 μm	∞
l_{ix3}	0	1.7 μm	직사각	1	1.7 μm	50
l_s	299.999 1 mm	0.3 μm	정규	−1	0.3 μm	∞
$\overline{\alpha}$	11.5×10^{-6}/℃	0.41×10^{-6}/℃	직사각	0 $(\Delta t \cdot l_0)$ =(0 ℃ · l_0 mm)	0	200
$\Delta\alpha$	0	0.82×10^{-6}/℃	직사각	60℃ · mm $(\delta t \cdot l_0)$ =(0.2℃ · l_0 mm)	0.05 μm (0.164×10^{-3}×l_0) μm	∞
Δt	0	0.17 ℃	직사각	3.45 μm/℃ $(\overline{\alpha} \cdot l_0)$ = (11.5×10^{-6}℃ · l_0)	0.59 μm (1.955×10^{-3}×l_0) μm	22
δt	0.2 ℃	0.058 ℃	직사각	0$(\Delta\alpha \cdot l_0)$ =(0 ℃ · l_0 mm)	0	50
E_x	0.020 9 ≒0.02 mm				u_c = 6.613 μm	ν_{eff} = 164

2.10.14 측정불확도(Expanded uncertainty) U

유효자유도의 크기가 10 이상으로 충분히 크므로 정규분포로 간주하고 표준정규분포에서 신뢰수준 약 95 %에서 포함인자 $k=2$를 적용하여 측정불확도를 추정한다(KOLAS-G-002 측정 결과의 불확도 추정 및 표현을 위한 지침).

$$U = k \times u_c(E_x) = 2 \times 6.613 = 13.22 \fallingdotseq 13\,\mu\text{m}$$

또는

$$U = \text{k} \cdot u_c = 2 \cdot \sqrt{6.586\,8^2 + 0.001\,96^2 \times l_0^2}$$

$$= \sqrt{13.17^2 + 0.003\,9^2 \times l_0^2}\ \mu\text{m}$$

로 표현할 수 있다.

측정불확도를 수식으로 표현할 경우 교정을 의뢰한 입장에서는 최대 구간에 대한 측정불확도 하나뿐만 아니라 다른 구간의 측정불확도를 알고자 할 경우 수식으로 표현된 측정불확도의 식에서 l_0에 본인이 알고자 하는 치수를 입력하여 계산하면 쉽고 편리하게 해당 구간의 불확도를 알 수 있다. 수식으로 표현하는 기본적인 방법은 감도 계수에 l_0가 포함된 요인, 즉 $\overline{\alpha}$, $\Delta\alpha$, Δt, δt 에 대한 불확도를 구할 때 l_0는 계산하지 않고 문자 그대로 두어 표현한다. 본 과제의 결과를 예로 들어 풀이하면 다음과 같다.

$$
\begin{aligned}
U &= \mathrm{k} \cdot u_c = 2 \cdot \sqrt{6.586\,8^2 + 0.001\,96^2 \times l_0^2} \\
&= \sqrt{13.17^2 + 0.003\,9^2 \times l_0^2}\ \mu\mathrm{m}
\end{aligned}
$$

의 결과에서 6.586 8은 불확도 총괄표에서 l_0와 관련없이 단독으로 있는 수치들, 즉 6.58 μm와 -0.3μm을 $\sqrt{6.58^2 + (-0.3)^2} = 6.586\,8$ 로 계산하면 된다. 그리고 결과에서 0.001 962는 l_0가 감도 계수인 $\Delta\alpha$의 불확도 기여도 $0.164 \times 10^{-3} l_0$ μm와 Δt의 불확도 기여도 $1.955 \times 10^{-3} l_0$ μm을 제곱하여 더한 값에 루트를 씌운 값이다. 즉, 이에 따라서 $\sqrt{0.000\,164^2 + 0.001\,955^2} = 0.001\,96$가 된다. 그리고 다음으로 여기에 k=2를 곱해주면 $\sqrt{13.17^2 + 0.003\,9^2 \times l_0^2}$ μm가 되는 것을 알 수 있다. 결과적으로 수식에 $l_0 = 300$ mm를 대입하여 계산하면 U가 상수로 계산된 13 μm와 같은 값이 나오는 것을 알 수 있다.

2.10.15 결과 보고

수학적 모델에서 추정한 지시편차 E_x는 약 0.02 mm이며, 이에 대한 측정불확도는 신뢰수준 약 95 %에서 k=2를 적용하여 약 13 μm 추정되었다. 이것을 다음과 같이 표현한다.

$$
E_x = (0.02 \pm 0.013)\,\mathrm{mm}\ (\text{신뢰수준 약 } 95\,\%,\ k = 2)
$$

교정성적서

ABC 교정기관 교정기관 주소 명기 전화번호 및 Fax No. 명기	성적서번호 : 페이지 (1)/(총 2)	KOLAS

1. 의 뢰 자

기 관 명 :
주 소 :

2. 측 정 기

기 기 명 : 높이 게이지
제작회사 및 형식 :
기기번호 :

3. 교정일자 :

4. 교정환경

온 도 : (±)℃ 상대습도 : (±) % R.H.
교정장소 : □ 고정표준실 □ 이동교정 □ 현장교정

5. 측정표준의 소급성

위의 기기는 한국계량측정협회에서 발행된 '높이 게이지/측정기의 표준교정절차(KASTO 11-10216-224)'에 따라 국가측정표준대표기관(KRISS)으로부터 SI 단위로 소급성이 유지된 표준기를 사용하여 교정되었다.

▶ 교정에 사용한 표준장비 명세

사용장비명	제작자 및 형식	기기번호	교정 유효일자	교정기관
캘리퍼 검사기				
정반				

6. 교정결과 : 교정결과 참조

7. 측정불확도 : 교정결과 참조

확 인	작성자 성 명 (서 명)	승인자 직 위 : (기술책임자) 성 명 : (서 명)

위 성적서는 국제시험기관인정협력체(International Laboratory Accreditation Cooperation) 상호인정협정(Mutual Recognition Arrangement)에 서명한 한국인정기구(KOLAS)로부터 공인받은 분야의 교정결과입니다.

20 . . .

한국인정기구 인정 ○○교정기관장 (인)

(주) 이 성적서는 측정기의 정밀정확도에 영향을 미치는 요소(과부하, 온도, 습도 등)의 급격한 변화가 발생한 경우에는 무효가 됩니다.

교 정 결 과	성적서번호 : 페이지 (2)/(총 2)	

· 기 관 명 :

· 기 기 명 : 높이 게이지

· 기기번호 :

1. 교정결과

교정값 = 눈금값 + 보정값

눈금값 (mm)	보정값 (mm)
0	

2. 측정불확도

$$U=\sqrt{\qquad\qquad^2+(\qquad\qquad\times l_0)^2}\ \mu\mathrm{m}$$ (l_0의 단위는 mm)

(신뢰수준 %, $k=$)

끝.

3 외측 마이크로미터

3.1 교정대상기기의 교정 항목, 측정 범위 및 교정 방법

교정 항목	측정 범위	교정 방법
평면도	앤빌면, 스핀들면	옵티컬 플랫, 단색광원
평행도	앤빌면과 스핀들면	옵티컬 패러렐, 단색광원 또는 게이지 블록
눈금	전 구간	게이지 블록

3.2 필요장비 명세 및 최저요구성능

구분	장비명	수량	최저요구성능
표준기	게이지 블록	1 세트	등급 : KS B 5201 2급 범위 : (0.5～100) mm
	옵티컬 플랫	1 개	등급 : KS B 5241(옵티컬 플랫) 1급
	옵티컬 패러렐	1 세트	등급 : KS B 5242(옵티컬 패러렐) 1급
	정밀 정반	1 개	등급 : KS B 5254 (정밀 정반)
	단색광원장치	1 개	파장을 알 수 있는 것
부대장비	마이크로미터 스탠드		측정 범위에 맞을 것

3.3 교정 준비 및 절차

(1) 표준교정절차서를 숙독한다.

(2) 정반, 교정용 표준기, 교정대상 등을 깨끗이 닦고 각 부위에 손상이 없는지 점검한 후 정반 위에 정렬시켜 둔다.

(3) 교정 전 충분한 열평형이 이루어지도록 한다.

(4) 체온이 전달되지 않도록 장갑을 착용한다.

(5) 외측 마이크로미터의 0점 조정을 한다.

(6) 옵티컬 플랫을 이용하여 외측 마이크로미터의 앤빌과 스핀들면의 평면도를 각각 측정한다.

☞ 단색광원 안쪽에서 외측 마이크로미터의 래칫스톱이 위쪽을 향하도록 한 후 옵티컬 플랫을 앤빌면 위에 올려두고 간섭무늬가 3~4개 생기도록 옵티컬 플랫을 움직여 본다. 간섭무늬가 3~4개 생긴 상태의 간섭무늬와 간섭무늬 사이의 간격(a)을 읽는다. 그리고 한 선의 휨 량(b)을 읽는다. 읽는 방법은 목측에 의하여 비율로 읽는다. 스핀들면의 평면도도 같은 방식으로 교정한다.

(7) 옵티컬 패러렐 또는 게이지 블록을 이용하여 외측 마이크로미터의 앤빌면과 스핀들면의 평행도를 교정한다.

☞ 옵티컬 패러렐을 이용하는 경우는 4개의 옵티컬 패러렐을 각각 외측 마이크로미터의 앤빌과 스핀들면 사이에 접촉시켜 래칫스톱을 천천히 '따르륵' 1회전시킨 후 앤빌면과 스핀들면에 생긴 간섭무늬의 개수를 읽어 서로 합한다. 옵티컬 패러렐 4개 중 이와 같은 방법으로 했을 때 간섭무늬의 개수가 가장 많은 것에 반파장을 곱한 값을 평행도로 결정한다. 게이지 블록을 이용하는 방법은 게이지 블록의 5 지점(중앙점과 모서리의 네 지점)을 각각 측정한 후 이들 중 (최댓값-최솟값)을 평행도로 결정한다. 측정범위가 25 mm 이상이 되는 외측 마이크로미터의 평행도는 25 mm 옵티컬 패러렐 세트 또는 게이지 블록을 이용하여 평행도를 구할 수 있다.

(8) 외측 마이크로미터의 눈금의 정확도는 정반 위에서 마이크로미터 스탠드를 이용하여 교정한다. 해당 구간을 교정하기 위하여 게이지 블록을 서로 조합하여 필요한 길이를 생성하여 반복측정을 한다.

☞ 게이지 블록을 조합하기 전 게이지 블록에 돌기의 유무를 살핀 뒤 돌기가 있다면 게이지 블록 돌기 제거용 연마석을 이용하여 제거한 후 조합한다. 또한 오차 발생을 최소화하기 위하여 가능한 최소의 개수로 조합한다.

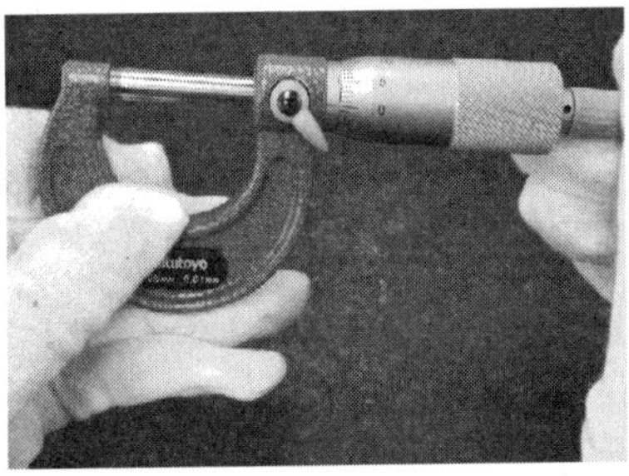

[그림 3.1] 0점 조정

[그림 3.2] 눈금의 정확도 교정

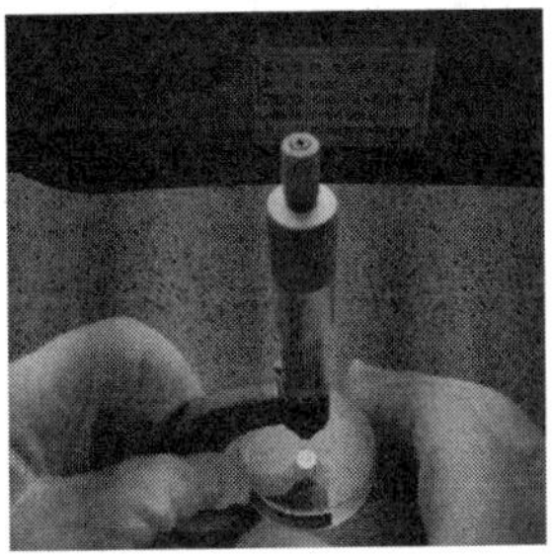

[그림 3.3] 앤빌면 평면도 교정

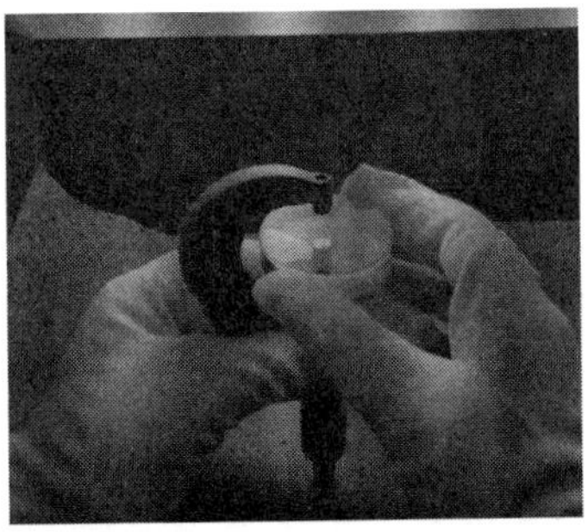

[그림 3.4] 스핀들면 평면도 교정

[그림 3.5] 옵티컬 패러렐 세트

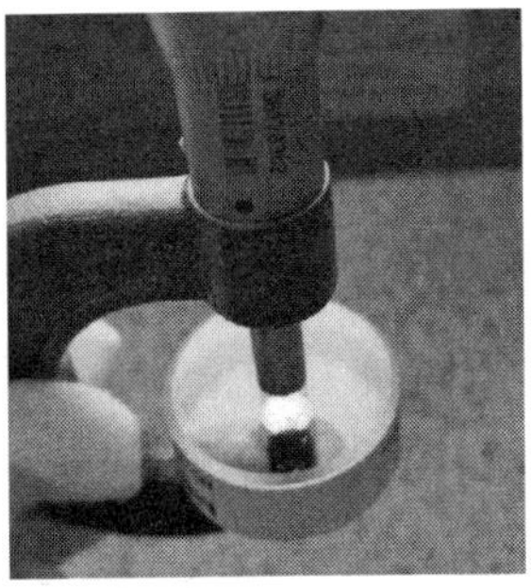

[그림 3.6] 앤빌면 간섭무늬

[그림 3.7] 스핀들면 간섭무늬
(앤빌과 스핀들 개수를 합함)

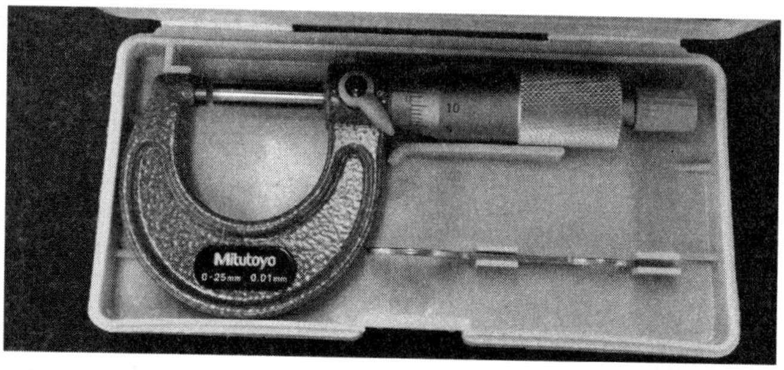

[그림 3.8] 보관 시 앤빌면과 스핀들면은 사이를 띄워 보관
(변형, 부식 발생 방지)

3.4 교정데이터 처리

게이지 블록을 이용하여 측정구간(0~25 mm), 최소눈금(0.01 mm)인 외측 마이크로미터에 대한 교정처리 과정을 예시로 설명하였다.

3.5 평면도 측정

단색광원 장치의 전원을 켜고 약 20분 이상 두면 처음 선홍색에서 주황색으로 안정된 상태가 된다. 단색광원 장치 내에서 옵티컬 플랫을 이용하여 평면도를 교정한다. 간섭무늬가 3~4개 정도 생기게 하여 간섭무늬와 간섭무늬의 간격(a), 간섭무늬 한 개의 휨 량(b)을 목측으로 비율로써 측정한다. 예를 들어, a = 10 mm, b = 2 mm 그리고 사용한 단색광원의 최장파장은 0.59 μm 였다면 다음과 같은 방식으로 산출한다. 앤빌면과 스핀들면의 평면도를 각각 측정한다.

$$\frac{b}{a}\times\frac{\lambda}{2}=\frac{2}{10}\times\frac{0.59}{2}=0.059\ \mu\text{m}$$

3.6 평행도 측정

평행도를 측정하는 방법은 두 가지가 있다. 단색광원과 옵티컬 패러렐을 이용하는 방법과 게이지 블록을 이용하는 방법이 있다. 옵티컬 패러렐의 세트에 있는 4개를 각각 모두 측정하여 앤빌면과 스핀들면에 생긴 간섭무늬의 개수가 가장 많은 것에 반파장(0.59 μm/2)을 곱하여 구한다. 옵티컬 패러렐을 앤빌면과 스핀들면 사이에 두고 래칫스톱을 천천히 1~2회 회전시켜 접촉시킨 다음 앤빌면에 생긴 간섭무늬 수와 스핀들면에 생긴 간섭무늬 수를 합한다. 게이지 블록을 이용하는 경우는 게이지 블록의 5지점(중앙 및 모서리 네 지점)를 각각 측정한 다음 (최대−최소)로 평행도를 측정한다.

	옵티컬 패러렐 (12.00) mm	옵티컬 패러렐 (12.12) mm	옵티컬 패러렐 (12.25) mm	옵티컬 패러렐 (12.37) mm
스핀들면의 간섭 무늬 개수	2	1	0	2
앤빌면의 간섭 무늬 개수	1	1	2	2
합계	3	2	2	4
평행도 (μm)	$3\times\frac{\lambda}{2}=0.89\,\mu m$	$2\times\frac{\lambda}{2}=0.59\,\mu m$	$2\times\frac{\lambda}{2}=0.59\,\mu m$	$4\times\frac{\lambda}{2}=1.18\,\mu m$

∴ 평행도 = 1.18μm

3.7 눈금의 정확도 교정

3.8 수학적 모델

수학적 모델은 보정값, 지시편차, 실제치수 등을 산출하기 위해 수식을 자유롭게 세울 수 있다. 본 절차서에서는 이들 중 하나로 보정값을 구하기 위한 수학적 모델을 수립하여 설명하였다.

$$B = l_r - l_x - (\overline{\alpha}\Delta t + \Delta\alpha\delta t)l_0$$

B	보정값
l_r	게이지 블록의 20 ℃에서의 길이
l_x	외측 마이크로미터의 지시값
$\overline{\alpha}$	외측 마이크로미터와 게이지 블록의 평균 열팽창
Δt	외측 마이크로미터와 게이지 블록의 온도차
$\Delta\alpha$	외측 마이크로미터와 게이지 블록의 열팽창계수 차
δ_t	외측 마이크로미터와 게이지 블록의 평균온도와 기준온도(20 ℃)의 차
l_0	게이지 블록의 명목값

만일 교정 전 충분한 열평형이 이루어졌고, 외측 마이크로미터와 게이지 블록의 재질이 동일하다면 수식에서 $(\overline{\alpha}\Delta t + \Delta\alpha\delta t)l_0$는 0으로 볼 수 있다. 그러므로 수식을 간단하게 표현할 수 있다.

$$B = l_r - l_x$$

3.9 눈금값의 교정

게이지 블록을 조합하여 명목값에 해당되는 길이는 만들고 5회 반복 측정한 지시값, 평균, 표준편차, 보정값을 기록한다(게이지 블록 편차는 교정실습용 참고자료임).

명목값 (mm)	외측 마이크로미터 지시값(mm)								
	1회	2회	3회	4회	5회	평균값	표준편차 (μm)	게이지 블록 편차(μm)	보정값
0.00								0.00	
1.00								0.00	
1.25								−0.06	
1.50								−0.10	
1.70								−0.13	
2.00								−0.01	
5.00								−0.04	
10.00								0.04	
15.00								−0.08	
20.00								−0.26	
25.00	25.002	25.002	25.002	25.001	25.001	25.001 6	0.55	−0.17	

☞ 게이지 블록의 편차는 명목값의 치수에 해당되는 게이지 블록의 성적서에 기록되어 있는 편차를 나타낸다. 위의 표는 예시로 든 것이며, 실제 사용 게이지 블록의 성적서를 참조하여 적용한다. 게이지 블록을 조합했을 경우 두 게이지 블록의 편차는 합하여 적용한다.

3.10 보정값 및 교정값 계산

기준장비는 세라믹 게이지 블록이고 피교정 장비는 스틸 재질의 외측 마이크로미터이다. 교정 시 충분한 열평형이 이루어진 상태에서 교정을 하였다. 측정할 당시의 표준실 온도가 기준 및 피교정기기를 놓아두었던 정반 주위의 온도를 측정한 결과 20.5 ℃였다고 가정하면 다음과 같다.

☞ 실제 본인이 사용한 기준 및 피교정기기의 재질을 확인하고 열팽창계수를 찾아 적용한다. 또한 온도계로 측정환경 온도를 측정하여 적용한다.

$$B = l_r - l_x - (\overline{\alpha}\Delta t + \Delta\alpha\delta t)l_0$$

B	보정값
l_r	기준온도 20 ℃에서의 사용 게이지 블록의 실제 길이(성적서에 제시된 길이) ☞ 예를 들어 25 mm의 게이지 블록이라면 성적서에 명기된 25 mm와 그 편차를 참조. 본 실험에서는 '3.9 눈금값의 교정' 항에 제시된 25 mm 게이지 블록의 편차값 −0.17 μm를 참조하여 적용
l_x	5회 반복 측정한 값의 평균값 ☞ 본 예에서는 25 mm 구간에서의 평균값은 25.001 6 mm
$\overline{\alpha}$	$(\alpha_x + \alpha_r) / 2 = (11.5 \times 10^{-6} / ℃ + 10.0 \times 10^{-6} / ℃) / 2 = 10.75 \times 10^{-6} / ℃$ ☞ α_x = 스틸 재질의 외측 마이크로미터의 열팽창계수. α_r = 세라믹 재질의 게이지 블록의 열팽창계수
Δt	$(t_x - t_r) = 20.5\ ℃ - 20.5\ ℃ = 0\ ℃$ ☞ t_x = 외측 마이크로미터 온도. t_r = 게이지 블록의 온도로 동일 장소에 충분한 시간 두면 열평형을 이룸
$\Delta\alpha$	$(\alpha_x - \alpha_r) = (11.5 \times 10^{-6} / ℃ - 10.0 \times 10^{-6} / ℃) = 1.5 \times 10^{-6} / ℃$
δt	$(t_x + t_r) / 2 - 20\ ℃ = (20.5\ ℃ + 20.5\ ℃) / 2 - 20\ ℃ = 0.5\ ℃$ ☞ 기준온도 20 ℃에서의 차이
l_0	교정에 사용된 게이지 블록의 명목값

$$
\begin{aligned}
\therefore B &= l_r - l_x - (\overline{\alpha}\Delta t + \Delta\alpha\delta t)l_0 \\
&= 24.999\,83 - 25.001\,6 - (10.75 \times 10^{-6}/℃ \cdot 0\ ℃ + 1.5 \times 10^{-6}/℃ \cdot 0.5\ ℃)25\ \text{mm} \\
&= -0.001\,788\ \text{mm} \\
&\fallingdotseq -1.8\,\mu\text{m}
\end{aligned}
$$

보정값 B를 산출한 다음 교정값을 구한다. 교정값 = 눈금값 + 보정값, 즉 교정값은 25 mm + (−0.001 788 mm) = 24.998 212 mm ≒ 24.998 mm로 산출한다.

3.11 불확도 계산

본 예제에서는 25 mm의 외측 마이크로미터의 교정에 대한 불확도의 평가 과정을 상세히 설명하였다.

☞ 불확도 요인은 측정환경에 따라 얼마든지 달라질 수 있으며, 그로 인해 수립되는 수학적 모델도 달라질 수 있다. 본 예제에서 도출된 불확도 요인 이외에 실제 교정환경에서 측정 결과에 영향을 미쳤을 것으로 의심이 되는 요인이 있다면 수학적 모델에 추가하여 수립할 수 있다. 이와는 반대로 충분한 열평형이 이루어진 상태이고, 피교정기기와 교정기기가 동일한 재질로 열팽창계수가 같을 경우 온도 보정값은 수식에서 생략할 수 있다. 즉, 동일한 교정대상 및 항목일지라도 실제 상황을 최대한 고려하여 불확도 요인을 도출하여 수식에 반영하는 것이 바람직하다.

3.11.1 합성표준불확도(u_c)의 수학적 모델

합성표준불확도(Combined standard uncertainty)는 '3.8 수학적 모델' 항에서 수립한 수학적 모델에 불확도 전파 법칙(Law of propagation of uncertainty)을 적용하여 불확도를 추정하기 위한 수식을 새롭게 세운다.

☞ 불확도 전파 법칙은 RSSM(Root Sum Squared Method)으로 이해한다.

$$B = l_r - l_x - (\overline{\alpha} \cdot \Delta t + \Delta\alpha \cdot \delta t) l_0$$

$$\begin{aligned}
u_c^2(B) &= c_{l_r}^2 u^2(l_r) + c_{l_x}^2 u^2(l_x) + c_{\overline{\alpha}}^2 u^2(\overline{\alpha}) + c_{\Delta t}^2 u^2(\Delta t) + c_{\Delta\alpha}^2 u^2(\Delta\alpha) + c_{\delta t}^2 u^2(\delta t) \\
&= \left(\frac{\partial B}{\partial l_r}\right)^2 u^2(l_r) + \left(\frac{\partial B}{\partial l_x}\right)^2 u^2(l_x) + \left(\frac{\partial B}{\partial \overline{\alpha}}\right)^2 u^2(\overline{\alpha}) + \left(\frac{\partial B}{\partial \Delta t}\right)^2 u^2(\Delta t) \\
&\quad + \left(\frac{\partial B}{\partial \Delta\alpha}\right)^2 u^2(\Delta\alpha) + \left(\frac{\partial B}{\partial \delta t}\right)^2 u^2(\delta t) \\
&= (1)^2 \cdot u^2(l_r) + (-1)^2 \cdot u^2(l_x) + (-\Delta t \cdot l_0)^2 u^2(\overline{\alpha}) + (-\overline{\alpha} \cdot l_0)^2 u^2(\Delta t) \\
&\quad + (-\delta t \cdot l_0)^2 u^2(\Delta\alpha) + (-\Delta\alpha \cdot l_0)^2 u^2(\delta t)
\end{aligned}$$

3.11.2 게이지 블록의 표준불확도 $u(l_r)$

객관적 · 과학적인 정보를 근거로 하여 추정하는 방식인 B형 불확도로써 표준 장비기로 사용된 게이지 블록의 교정성적서를 참조한다. 만일 성적서의 25 mm 구간에서 편차가 −0.17 μm, 측정불확도 U는 $U = \sqrt{72^2 + 1.4^2 \times l_0^2}$ nm (신뢰수준 약 95 %, $k = 2$, l_0의 단위는 mm) 라고 기록되어 있다면 이러한 정보를 근거로 하여 표준불확도를 추정한다.

(1) 추정값 : 24.999 83 mm

25 mm 구간에서 −0.17 μm의 편차가 났으므로 실제 길이는 25 mm−0.000 17mm = 24.999 83 mm

(2) 표준불확도 : 0.04 μm [수식 표현 = $\sqrt{(36)^2 + (0.7 \times l_0)^2}$ nm (l_0 = mm)]

성적서에 주어진 측정불확도값을 포함인자 k = 2로 나누어 산출한다. 결과는 상수 또는 수식으로 표현할 수 있다.

$$\frac{U}{k} = \frac{1}{2}\sqrt{72^2 + 1.4^2 \times l_0^2} = \sqrt{\left(\frac{72}{2}\right)^2 + \left(\frac{1.4 \times l_0}{2}\right)^2}$$

$$= \sqrt{(36)^2 + (0.7 \times l_0)^2} = 40.028\ \text{nm} \fallingdotseq 0.04\,\mu\text{m}$$

(3) 확률분포 : 정규분포

B형 불확도의 추정은 A형과 다르다. 일반적으로 교정기관에서 발급된 성적서와 같이 확신의 근거가 충분하다고 여긴다. 즉, 성적서에서 명시된 측정불확도는 표준정규분포의 신뢰수준 약 95%, k=2에 근거하여 추정된 결과값이므로 정규분포로 간주할 수 있다.

(4) 감도 계수 : 1

감도 계수는 수학적 모델에서 편미분하여 산출한 값이다.

$$c_{l_s} = \frac{\partial B}{\partial l_r} = 1$$

(5) 불확도 기여도 : 0.04 μm [수식 표현 = $\sqrt{(36)^2 + (0.7 \times l_0)^2}$ nm (l_0= mm)]

감도 계수와 표준불확도의 곱으로 산출한다.

$$(1) \times 0.04 = 0.04\,\mu\text{m}$$

(6) 자유도 : ∞

B형 불확도의 자유도

$$\frac{1}{2}\left(\frac{100}{R}\right)^2 = \frac{1}{2}\left(\frac{100}{100 - \text{확신의 정도}}\right)^2$$

로 추정한다. R은 표준불확도의 확신의 정도에 따라 실무자의 주관적 판단에 근거하여 부여한다. 만일 표준불확도를 추정한 값을 80 % 확신한다면 자유도는

$$\frac{1}{2}\left(\frac{100}{100 - 80}\right)^2 = 12.5 = 12$$

로 계산한다. 여기서 자유도는 정수로 표현하며 반올림 없이 소수점 이하는 버림(truncated)한다. 본 예제에서 성적서에 근거한 추정결과이므로 확신의 정도를 100 %를 부여하여 ∞로 하였다.

3.11.3 외측 마이크로미터 눈금 읽음값의 표준불확도 $u(l_x)$

l_x의 불확도는 세 가지 요인에 의해 동시에 영향을 받는 것을 고려하여 추정한다. 우연효과로 인한 산포 $u^2(l_{x우})$, 분해능의 한계 $u^2(l_{x분})$ 그리고 앤빌과 스핀들의 기하학적 불완전성 $u^2(l_{x기})$으로부터 기인한다.

$$u^2(l_x) = u^2(l_{x우연효과}) + u^2(l_{x분해능}) + u^2(l_{x기하학적\ 효과})$$

$$\therefore\ u(l_x) = \sqrt{u^2(l_{x우연효과}) + u^2(l_{x분해능}) + u^2(l_{x기하학적\ 효과})}$$

3.11.3.1 우연효과에 의한 표준불확도 $u^2(l_{x우연효과})$

우연효과에 의한 불확도는 N회 반복 측정하여 얻은 결과의 평균의 표준편차에 해당한다. 평균의 표준편차는 표준편차를 측정횟수의 제곱근(본 예에서는 $\sqrt{5}$)으로 나눈 값이다. 눈금마다 이 값이 다를 수 있으므로, 전 구간에 걸쳐서 최댓값을 찾아 적용한다.

(1) 추정값 : 25.001 6 mm

본 예제에서 25 mm 구간의 평균값 25.001 62 mm로 가정한 것이며, 실제 본인의 평균값을 적용한다.

(2) 표준불확도 : 0.246 μm

본 예제에서 최대 표준편차를 0.55 μm로 가정한 것이며, 실제 본인의 최대 표준편차를 적용한다. 이때 최대 표준편차는 0 mm~25 mm 전체 구간에서 가장 큰 표준편차를 적용한다.

$$\frac{s}{\sqrt{반복측정횟수}} = \frac{0.55}{\sqrt{5}} = 0.246\ \mu\text{m}$$

(3) 확률분포 : t-분포

일반적으로 반복측정 횟수가 30회 이상이면 정규분포, 미만이면 t-분포로 간주한다.

(4) 감도 계수 : 1

감도 계수는 수학적 모델에서 편미분하여 산출한다.

$$c_{l_{x우연효과}} = \frac{\partial l_x}{\partial l_{x우연효과}} = 1$$

(5) 불확도 기여도 : 0.246 μm

감도 계수와 표준불확도의 곱으로 산출한다. ▶ $1 \times 0.246 = 0.246\,\mu\text{m}$

(6) 자유도 : 4

자유도는 n−1, 즉 (반복측정횟수-1)로 산출한다. ▶ 5−1

3.11.3.2 분해능 한계에 의한 표준불확도 $u^2(l_{x분해능})$

본 예제에서 다루고 있는 외측 마이크로미터의 최소눈금이 0.01 mm이다. 일반적으로 아날로그 타입의 눈금은 실무자의 숙련도에 따라 목측에 의해 다르게 읽을 수 있다. 초보자의 경우 한 눈금(0.01 mm)을 1/2로 읽을 수도 있고, 숙련된 경우 한 눈금(0.01 mm)을 1/10로 읽어 1 μm까지 읽을 수 있다. 분해능 한계에 의한 불확도는 목측으로 읽을 수 있는 값을 적용하여 직사각형 확률분포를 적용하여 추정한다.

☞ 일반적으로 디지털 타입은 분해능의 반 너비, 즉 평균 변동량에 대하여 $\sqrt{3}$으로 나누어 추정한다.

(1) 추정값 : 0

외측 마이크로미터의 분해능으로 인하여 측정결과에 영향을 미친 정도는 사실상 기댓값을 추정하기 어려우므로 0으로 둔다.

(2) 표준불확도 : 0.58 μm

최소눈금 0.01 mm를 목측으로 1/10까지 나누어 읽는다고 한다면 분해능은 0.001 mm가 되므로 여기에 직사각형 확률분포를 적용하면 다음과 같다.

$$\frac{0.01}{10\sqrt{3}} = 0.000\,577\,\text{mm} \fallingdotseq 0.58\,\mu\text{m}$$

(3) 확률분포 : 직사각형

모든 측정 구간에서 눈금을 읽을 때 실수할 수 있는 확률은 최소눈금 한 눈금으로 동일한 확률을 지닐 것으로 간주하여 직사각형 확률분포로 추정한다.

(4) 감도 계수 : 1

감도 계수는 편미분하여 산출한다.

$$c_{l_{x분해능}} = \frac{\partial l_x}{\partial l_{x분해능}} = 1$$

(5) 불확도 기여도 : 0.58 μm

감도 계수와 표준불확도의 곱으로 산출한다. ▶ $1 \times 0.58\,\mu\text{m}$

(6) 자유도 : 200

예를 들어 추정한 표준불확도의 값에 대해 95 % 확신한다고 가정하면 다음과 같다.

$$\frac{1}{2}\left(\frac{100}{R}\right)^2 = \frac{1}{2}\left(\frac{100}{100-95}\right)^2 = 200$$

3.11.3.3 기하학적 효과에 의한 표준불확도 $u^2(l_{x\text{기하학적 효과}})$

스핀들과 앤빌의 평면도와 평행도의 상태가 양호하지 않으면 길이 측정에 영향을 미치게 된다. 앞서 측정했던 평면도와 평행도를 고려하여 표준불확도를 추정한다. 만일 평면도와 평행도 모두 상태가 좋지 않은 측정결과가 나타났다면 기하학적 효과에 의한 표준불확도의 추정에서 모두 고려해야 한다. 본 예에서 평면도는 0.059 μm, 평행도는 1.18 μm 였으므로 평행도가 주된 영향을 미친 것으로 간주하여 평행도의 결과값에 직사각형 확률분포를 적용하여 불확도를 추정한다.

(1) 추정값 : 0

외측 마이크로미터의 기하학적인 효과로 인하여 측정결과에 영향을 미친 정도는 사실상 기댓값을 추정하기 어려우므로 0으로 둔다.

(2) 표준불확도 : 0.34 μm

예에서 옵티컬 패러렐 4개 중 최대 평행도는 1.18 μm 였으므로 여기에 직사각형 확률분포를 적용하여 산출한다.

$$\frac{1.18}{2\sqrt{3}} = 0.340\,6 \fallingdotseq 0.34\,\mu\text{m}$$

(3) 확률분포 : 직사각형

모든 측정 구간에서 기하학적인 효과로 인하여 측정결과에 영향을 미친 확률이 동등할 것으로 간주하여 직사각형 확률분포로 추정한다.

(4) 감도 계수 : 1

감도 계수는 편미분하여 산출한다.

$$c_{l_{x\text{기하학적 효과}}} = \frac{\partial l_x}{\partial_{l_{x\text{기하학적 효과}}}} = 1$$

(5) 불확도 기여도 : 0.34 μm

감도 계수와 표준불확도의 곱으로 산출한다. ▶ $1 \times 0.34\,\mu\text{m}$

(6) 자유도 : 22

예를 들어 추정한 표준불확도의 값에 대해 85 % 확신한다고 가정하면 다음과 같다.

$$\frac{1}{2}\left(\frac{100}{R}\right)^2 = \frac{1}{2}\left(\frac{100}{100-85}\right)^2 = 22.2 = 22$$

그러므로 외측 마이크로미터의 표준불확도 $u(l_x)$는 다음과 같이 추정할 수 있다.

(1) 추정값 : 25.001 6 mm

본 예제에서 25 mm 구간의 평균값 25.001 62 mm로 가정한 것이며, 실제 본인의 평균값을 적용한다.

(2) 표준불확도 : 0.716 μm

외측 마이크로미터 지시값의 표준불확도는 세 가지(우연효과, 분해능 한계, 기하학적 효과) 영향을 동시에 고려하여 추정한다.

$$u(l_x) = \sqrt{0.246^2 + 0.58^2 + 0.34^2} = 0.715\,9 \fallingdotseq 0.716\,\mu\text{m}$$

(3) 확률분포 : 정규분포

외측 마이크로미터 지시값의 표준불확도에 세 가지(우연효과, 분해능 한계, 기하학적 효과) 요인에 대한 유효자유도를 산출하면 125이다. 즉, 30 이상이 되므로 충분한 횟수로 간주하여 정규분포로 볼 수 있다.

(4) 감도 계수 : −1

감도 계수는 편미분하여 산출한다.

$$c_{l_x} = \frac{\partial B}{\partial_{l_x}} = -1$$

(5) 불확도 기여도 : − 0.716 μm

감도 계수와 표준불확도의 곱으로 산출한다. ▶ $(-1)\times 0.716\,\mu\text{m}$

(6) 자유도 : 125

외측 마이크로미터 지시값의 표준불확도에 영향을 미치는 세 가지 불확도 요인에 대한 각각의 자유도를 Welch-Satterthwaite 공식으로부터 유효자유도 ν_{eff}를 추정한다.

$$\nu_{l_x} = \frac{u_c^4(l_x)}{\sum_{i=1}^{3}\frac{[c_i u(x_i)]^4}{\nu_i}} = \frac{(0.716)^4}{\frac{(0.246)^4}{4}+\frac{(0.58)^4}{200}+\frac{(0.34)^4}{22}} = 125.8 = 125$$

3.11.4 외측 마이크로미터와 게이지 블록의 평균 열팽창계수의 표준불확도 $u(\overline{\alpha})$

(1) 추정값 : 10.75 X 10^{-6}/℃

스틸 재질의 외측 마이크로미터(α_x)와 세라믹 재질의 게이지 블록(α_r)의 평균 열팽창계수를 나타낸다.

$$\overline{\alpha} = \frac{\alpha_x + \alpha_r}{2} = \frac{11.5\times 10^{-6}/℃ + 10.0\times 10^{-6}/℃}{2} = 10.75\times 10^{-6}/℃$$

(2) 표준불확도 : 0.41 X 10^{-6}/℃

B형 불확도의 표준불확도는 확률분포를 적용하여 추정한다. 확률분포의 종류에는 정규, 직사각, 삼각, 사다리꼴, U자 등이 있다. 직사각 확률분포는 다른 말로 균등분포라고도 한다. 이것은 추정 대상의 확률분포가 전 구간에 걸쳐 동등한 확률로 영향이 미치고 있다고 판단될 때 적용한다. 가장 대표적인 예로, 분해능과 같이 어느 부분을 읽는다고 해도 잘못 읽을 확률은 동등하게 발생할 수 있다고 보고 적용하는 것이다. 이뿐 아니라 주어진 정보를 활용하거나 또는 어떤 확률분포인지 모호하거나 알 수 없는 경우 모두 직사각형 확률분포로 간주한다. 추정 방법은 반 너비를 $\sqrt{3}$ 으로 나눈 값으로 산출한다. 여기서 $\overline{\alpha} = (\alpha_x + \alpha_r)/2$ 이므로 불확도 전파법칙에 의하여 수식을 변형시켜 계산한다.

$$u^2(\overline{\alpha}) = \frac{1}{4}u^2(\alpha_x) + \frac{1}{4}u^2(\alpha_r)$$

여기에 외측 마이크로미터와 게이지 블록의 제작회사로부터 얻은 자료(사양, 관련 정보 등)의 자료에서 참조한 열팽창계수의 오차 범위의 값을 적용한다. 예를 들어 제조사의 사양서에 외측 마이크로미터와 게이지 블록의 열팽창계수의 오차 범위의 값이 각각 $\pm 1.0\times 10^{-6}/℃$

라고 가정하면

$$u(\alpha_x) = u(\alpha_r) = \pm 1.0 \times 10^{-6}/℃$$

에 직사각형 확률분포를 적용하여

$$u(\alpha_x) = u(\alpha_r) = \frac{1.0 \times 10^{-6}/℃}{\sqrt{3}} = 0.000\,000\,577\,℃ \fallingdotseq 0.58 \times 10^{-6}/℃$$

가 된다. 따라서

$$u^2(\overline{\alpha}) = \frac{1}{4}u^2(\alpha_x) + \frac{1}{4}u^2(\alpha_r) = \frac{1}{4}u^2(0.58 \times 10^{-6}/℃) + \frac{1}{4}u^2(0.58 \times 10^{-6}/℃)$$

$$\therefore u(\overline{\alpha}) = \sqrt{\frac{1}{4}u^2(0.58 \times 10^{-6}/℃) + \frac{1}{4}u^2(0.58 \times 10^{-6}/℃)} = 0.000\,000\,41 = 0.41 \times 10^{-6}/℃$$

(3) 확률분포 : 직사각형

B형 불확도의 추정방법은 주로 정보를 근거로 하여 추정하기 때문에 직사각형 확률분포가 가장 많다. 본 예제에서도 제조사로부터 확보한 정보, 즉 오차 범위의 값을 이용하여 추정했으며, 이 범위 내에서는 동등한 확률로 영향을 미치므로 직사각형 확률분포로 간주한 것이다.

(4) 감도 계수 : 0 mm℃ [수식 표현 = 0 ℃ · l_0 mm]

감도 계수는 수학적 모델에서 편미분하여 산출한다. 실제 교정 중 온도 변동량을 관찰하고 기록하여 적용한다.

$$c_{\overline{\alpha}} = \frac{\partial B}{\partial \overline{\alpha}} = \Delta t \cdot l_0 = 0\,℃ \cdot 25\,\text{mm} = 0\,\text{mm}\,℃$$

(5) 불확도 기여도 : 0 μm

감도 계수와 표준불확도의 곱으로 산출한다.

(6) 자유도 : 100

예를 들어 추정한 표준불확도의 값에 대해 90 % 확신한다고 가정하면,

$$\frac{1}{2}\left(\frac{100}{R}\right)^2 = \frac{1}{2}\left(\frac{100}{100-90}\right)^2 = 50$$

이다. 여기에서 평균 열팽창계수에 대한 불확도는 두 가지(외측 마이크로미터와 게이지 블록)를 합하여 나눈 식으로 추정되므로 이 두 가지 불확도 요인에 대한 각각의 자유도를

Welch-Satterthwaite 공식에 의해 유효자유도 ν_{eff}를 추정한다.

$$\nu(\overline{\alpha}) = \frac{u^4(\overline{\alpha})}{\frac{\left\{\frac{1}{4}u^2(\alpha_x)\right\}^2}{50} + \frac{\left\{\frac{1}{4}u^2(\alpha_r)\right\}^2}{50}}$$

$$= \frac{(0.41\times10^{-6}\ /℃)^4}{\frac{\left\{\frac{1}{4}\left(\frac{1.0\times10^{-6}\ /℃}{\sqrt{3}}\right)^2\right\}^2}{50} + \frac{\left\{\frac{1}{4}\left(\frac{1.0\times10^{-6}\ /℃}{\sqrt{3}}\right)^2\right\}^2}{50}} = 100$$

3.11.5 외측 마이크로미터와 게이지 블록의 온도 차에 의한 불확도 $u(\Delta t)$

충분한 열평형 상태가 이루어졌다고 하더라도 측정 데이터를 확보하는 과정 중에 체온이나 그 밖의 어떠한 원인으로 인한 온도 드리프트가 발생하여 영향을 줄 수 있다. 또는 과거의 경험상 몇 ℃ 이내에서 상호간에 일치한 것을 적용할 수 있다. 예를 들어 경험적으로 ±0.5 ℃ 이내에서 일치하는 것을 알고 있다고 가정하면 다음과 같이 추정된다.

(1) 추정값 : 0 ℃

동일 장소에 일정 시간 그대로 두게 되면 열평형이 이루어지기 때문에 상호간의 온도는 차이가 없는 것으로 간주하여 기댓값을 0 ℃으로 본다.

(2) 표준불확도 : 0.29 ℃

충분한 열평형이 이루어진 상태라도 측정 중 체온 또는 알 수 없는 온도 드리프트에 의해 온도가 변할 수 있다. 예를 들어 ±0.5 ℃ 이내에서 열평형이 이루어졌다면, 또는 과거의 경험상 ±0.5 ℃ 이내에서 상호간 열평형이 이루어진 것을 알고 있다면 여기에 직사각형 확률분포를 적용하여 ±0.5 ℃의 반 범위, 즉 ±0.5 ℃에 $\sqrt{3}$으로 나누어 산출한다.

$$\frac{\pm0.5\ ℃}{2\sqrt{3}} = \frac{0.5\ ℃}{\sqrt{3}} = 0.288 \fallingdotseq 0.29\ ℃$$

(3) 확률분포 : 직사각형

온도 변화가 어느 일정 구간에서만 ±0.5 ℃의 변화를 보인 것이 아닌 균등하게 어느 측정환경에서도 동일한 확률분포로 변화가 일어났을 것으로 간주하여 추정한 것이다.

(4) 감도 계수 : −0.268 μm/℃ [수식 표현 = (−10.75 X 10^{-3}/℃ · l_0 mm)μm]

감도 계수는 수학적 모델에서 편미분하여 산출한다.

$$c_{\Delta t} = \frac{\partial B}{\partial \Delta t} = -\bar{\alpha} \cdot l_0 = -10.75 \times 10^{-6}/℃ \cdot 25 \text{ mm} = -0.268 \ \mu\text{m}/℃$$

(5) 불확도 기여도 : −0.0777 μm [수식 표현 = (−3.12 X 10^{-3}/℃ · l_0 mm)μm]

감도 계수와 표준불확도의 곱으로 산출한다.

$$(-0.268\,\mu\text{m}/℃) \times 0.29\ ℃ = -0.077\,\mu\text{m}$$

(6) 자유도 : ∞

예를 들어 추정한 표준불확도의 값에 대해 100 % 확신한다고 가정하면 다음과 같이 산출한다.

$$\frac{1}{2}\left(\frac{100}{R}\right)^2 = \frac{1}{2}\left(\frac{100}{100-100}\right)^2 = 0 = \infty$$

3.11.6 외측 마이크로미터와 게이지 블록의 열팽창계수 차에 의한 표준불확도 $u(\Delta\alpha)$

(1) 추정값 : 1.5 X 10^{-6}/℃

스틸 재질의 외측 마이크로미터와 세라믹 재질의 게이지 블록의 열팽창계수의 차이에서 발생할 수 있는 값이다.

$$\Delta\alpha = (\alpha_x - \alpha_r) = (11.5 \times 10^{-6}/℃ - 10.0 \times 10^{-6}/℃) = 1.5 \times 10^{-6}/℃$$

(2) 표준불확도 : 0.82 X 10^{-6}/℃

$\Delta\alpha = (\alpha_x - \alpha_r)$이므로 불확도 전파법칙에 의해 $u^2(\Delta\alpha) = u^2(\alpha_x) + u^2(\alpha_r)$가 된다. 즉,

$$u(\Delta\alpha) = \sqrt{u^2(\alpha_x) + u^2(\alpha_r)}$$

로 산출한다. 만일 제조사로부터 얻은 외측 마이크로미터와 게이지 블록의 열팽창계수에 대한 오차 범위가 $\pm 1.0 \times 10^{-6}/℃$ 라고 한다면, 이것은 정보에 근거한 것이므로 직사각 확률분포를 적용하여 $u(\Delta\alpha)$의 식에 대입하여 구하면 된다. 즉,

$$u(\alpha_x) = u(\alpha_r) = \frac{1.0 \times 10^{-6}/℃}{\sqrt{3}} = 0.000\,000\,577\ ℃ \fallingdotseq 0.58 \times 10^{-6}/℃$$

를 $u(\Delta\alpha)$의 식에 대입한다.

$$\therefore\ u(\Delta\alpha) = \sqrt{u^2(\alpha_x) + u^2(\alpha_r)} = \sqrt{u^2(0.58\times10^{-6}/℃) + u^2(0.58\times10^{-6}/℃)}$$
$$= 0.82\times10^{-6}/℃$$

(3) 확률분포 : 직사각형

제조사로부터 확보한 정보에 근거하여 추정했으므로 직사각형 확률분포로 간주한다.

(4) 감도 계수 : −12.5 mm℃ [수식 표현 = (−0.5 ℃ · l_0 mm)]

감도 계수는 수학적 모델에서 편미분하여 산출한다. 예제에서 표준온도와 실제 교정이 이루어진 측정환경의 온도 차이 δt 는 0.5 ℃로 가정하여 25 mm의 게이지 블록을 명목값 l_0로 하여 산출한다.

$$c_{\Delta\alpha} = \frac{\partial B}{\partial\Delta\alpha} = -\delta t\cdot l_0 = -0.5℃\cdot 25\ \mathrm{mm} = -12.5\ \mathrm{mm℃}$$

(5) 불확도 기여도 : −0.01 μm [수식 표현 = ((−0.41 ℃ X 10^{-3}) X l_0 mm)μm]

감도 계수와 표준불확도의 곱으로 산출한다.

$$-(12.5\ ℃\cdot\mathrm{mm})\times(0.82\times10^{-6}/℃) \fallingdotseq -0.01\,\mu\mathrm{m}$$

(6) 자유도 : ∞

예를 들어 추정한 표준불확도의 값에 대해 상대불확도 R = 0 %로 가정하면 다음과 같이 산출된다.

$$\frac{1}{2}\left(\frac{100}{R}\right)^2 = \frac{1}{2}\left(\frac{100}{0}\right)^2 = \infty$$

3.11.7 외측 마이크로미터와 게이지 블록의 평균온도와 표준온도와의 차이에 의한 불확도 $u(\delta t)$

(1) 추정값 : 0.5 ℃

외측 마이크로미터와 게이지 블록의 교정이 이루어지는 동안 충분한 열평형 상태이며 이때의 교정 환경 온도가 20.5 ℃였다고 가정한다면 다음과 같다.

$$\delta t = (t_r + t_x)/2 - 20℃ = (20.5\ ℃ + 20.5\ ℃)/2 - 20\ ℃ = 0.5\ ℃$$

(2) 표준불확도 : 0.3 ℃

예를 들어 사용한 온도계의 교정성적서에 확장불확도의 값이 0.6 ℃(신뢰수준 약 95 %, k = 2 적용)였다면 다음과 같이 추정할 수 있다.

$$\frac{U}{k} = \frac{0.6}{2} = 0.3\ ℃$$

(3) 확률분포 : 정규분포

사용한 온도계의 성적서를 참조한 것이며 성적서 상에 신뢰수준 약 95 %, k=2를 적용한 것으로서 정규분포로 볼 수 있다.

(4) 감도 계수 : −0.037 μm/℃ [수식 표현 = ((−1.5 ℃ X 10^{-3}) X l_0 mm)μm]

수학적 모델에서 편미분하면 다음과 같이 산출된다.

$$c_{\delta t} = \frac{\partial B}{\partial \delta t} = -\Delta\alpha \cdot l_0 = -1.5 \times 10^{-6}/℃ \cdot 25\ \text{mm} = -0.037\ \mu\text{m}/℃$$

(5) 불확도 기여도 : −0.011 μm [수식 표현 = ((−0.45 ℃ X 10^{-3}) X l_0 mm)μm]

감도 계수와 표준불확도의 곱으로 산출한다.

$$-0.037\,\mu\text{m}/℃ \times 0.3\,℃ = -0.011\,\mu\text{m},$$

$$\text{수식 표현 : } (-1.5 \times 10^{-6}/℃ \cdot l_0\text{mm}) \times 0.3\,℃ = (-0.45 \times 10^{-3} \cdot l_0\text{mm})\,\mu\text{m}$$

(6) 자유도 : ∞

예를 들어 추정한 표준불확도의 값에 대해 100 % 확신한다고 가정하면 다음과 같다.

$$\frac{1}{2}\left(\frac{100}{R}\right)^2 = \frac{1}{2}\left(\frac{100}{100 - \text{확신정도}}\right)^2 = 0 = \infty$$

3.11.8 합성표준불확도 $u_c(B)$

합성표준불확도는 수학적 모델에 속한 각각의 불확도 요인에 대한 추정값들을 하나로 합성한다. 아래의 식에서 각각의 항목은 감도 계수와 표준불확도를 곱하여 추정한 값, 즉 불확도 기여도를 나타낸다.

$$u_c^2(B) = c_{l_r}^2 u^2(l_r) + c_{l_x}^2 u^2(l_x) + c_{\overline{\alpha}}^2 u^2(\overline{\alpha}) + c_{\Delta t}^2 u^2(\Delta t) + c_{\Delta\alpha}^2 u^2(\Delta\alpha) + c_{\delta t}^2 u^2(\delta t)$$

$$u_c(B) = \sqrt{(0.04)^2 + (-0.716)^2 + (0)^2 + (-0.077)^2 + (-0.01)^2 + (-0.011)^2} = 0.72\,\mu\text{m}$$

☞ 수식 표현

$$: u_c^2(B) = (36^2 + (0.7 \times l_{0\,mm})^2)\,\text{nm} + (-0.716)^2\,\mu\text{m} + 0^2\,\mu\text{m}$$
$$+ (-3.12 \times 10^{-3} \times l_{0\,mm})^2\,\mu\text{m} + (-0.41 \times 10^{-3} \times l_{0\,mm})^2\,\mu\text{m}$$
$$+ (-0.45 \times 10^{-3} \times l_{0\,mm})^2\,\mu\text{m}$$
$$\therefore u_c(B) = \sqrt{0.72^2 + (0.003 \times l_0\,\text{mm})^2}$$
$$= \sqrt{0.72^2 + (0.003 \times 25)^2}$$
$$= 0.72\,\mu\text{m}$$

합성표준불확도의 추정 결과에서 상수 또는 수식으로 표현할 수 있다. 수식 표현의 결과에서 루트 안에 있는 0.72는 $\sqrt{(0.036)^2 + (-0.716)^2}$ 에 의해 산출되었고, 0.003은

$$\sqrt{(0.000\,7)^2 + (-3.12 \times 10^{-3})^2 + (-0.41 \times 10^{-3})^2 + (-0.45 \times 10^{-3})^2}$$

로 산출된 것이다.

3.11.9 유효자유도 ν_{eff}

Welch-Satterthwaite 공식으로부터 출력 추정값 B에 수반된 표준불확도 $u(B)$의 유효자유도 ν_{eff}를 추정한다.

$$\nu_{eff} = \frac{u_c^4(B)}{\sum_{i=1}^{N} \frac{[c_i u(x_i)]^4}{\nu_i}} = \frac{u_c^4(B)}{\sum_{i=1}^{6} \frac{[c_i u(x_i)]^4}{\nu_i}}$$
$$= \frac{(0.72)^4}{\frac{(0.04)^4}{\infty} + \frac{(-0.716)^4}{125} + \frac{(0)^4}{100} + \frac{(-0.077)^4}{\infty} + \frac{(-0.01)^4}{\infty} + \frac{(-0.011)^4}{\infty}} = 127.8$$
$$= 127$$

수학적 모델에 속한 각각의 표준불확도 요인들에 대한 자유도를 앞에서 산출했다. 이것을 하나의 자유도로 산출함으로써 이 크기에 따라 추정한 합성표준불확도가 얼마나 타당성이 있는지를 나타낸다. 일반적으로 통계학에서는 자유도가 30 이상이면 표준정규분포의 형태를 지닌다고 가정하여 신뢰구간을 부여하나 교정분야에서는 자유도가 10 이상이면 충분한 것으로 간주한다.

3.11.10 불확도 총괄표(Uncertainty budget)

입력량 (Xi)	추정값 (xi)	표준 불확도 u(xi)	확률 분포	감도 계수 (ci)	|불확도 기여량| ci · u(xi)	자유도 νi
l_r	24.999 83 mm	0.04 μm	정규	1	$\sqrt{(36)^2+(0.7\times l_0\text{mm})^2}$ nm = 0.04 μm	∞
l_x	25.001 6 mm	0.716 μm	정규	−1	0.716 μm	125
$l_{x우}$	25.001 6 mm	0.246 μm	t	1	0.246 μm	4
$l_{x분}$	0	0.58 μm	직사각	1	0.58 μm	200
$l_{x기}$	0	0.34 μm	직사각	1	0.34 μm	22
$\bar{\alpha}$	10.75 × 10^{-6}/℃	0.41 × 10^{-6}/℃	직사각	0 $-(\Delta t \cdot l_0)=$ (0 ℃ · $l_0$mm)	0	100
Δt	0 ℃	0.29 ℃	직사각	$-(\bar{\alpha}\cdot l_0)$ = −(10.75 × 10^{-3} /℃ · $l_0$mm)um = −0.268 μm/℃	(−3.13 × 10^{-3} × $l_0$mm)μm = −0.077 μm	∞
$\Delta\alpha$	1.5 × 10^{-6}/℃	0.82 × 10^{-6}/℃	직사각	$-(\delta t \cdot l_0)$ = −(0.5 ℃ × $l_0$mm)um = −12.5 ℃ · mm	(−0.41 × 10^{-3} × $l_0$mm)μm = 0.01 μm	∞
δt	0.5 ℃	0.3 ℃	정규	$-(\Delta\alpha \cdot l_0)$ = −(1.5 × 10^{-3}/℃ × $l_0$mm)um = 0.037 μm/℃	(−0.45 × 10^{-3} × $l_0$mm)μm = 0.011 μm	∞
B	−1.788μm ≒ −1.8μm				$\sqrt{0.72^2+(0.003\times l_0\text{mm})^2}$ μm u_c = 0.72 μm	ν_{eff} = 127

3.11.11 측정불확도(Expanded uncertainty) U

유효자유도의 크기가 10 이상으로 충분히 크므로 정규분포로 간주하고 표준정규분포에서 신뢰수준 약 95 %, $k=2$를 적용하여 측정불확도를 추정한다(KOLAS-G-002 측정결과의 불확도 추정 및 표현을 위한 지침).

$$U = k \times u_c(B) = 2 \times 0.72 = 1.44 \fallingdotseq 1.5\,\mu\text{m}$$

또는

$$U = \text{k} \cdot u_c = 2 \cdot \sqrt{0.72^2 + 0.003^2 \times l_0^2} = \sqrt{1.44^2 + 0.006^2 \times l_0^2}\,\mu\text{m} \quad (l_0 : \text{mm})$$

로 산출할 수 있다.

3.11.12 결과 보고

수학적 모델에서 추정한 보정값 B는 약 $-1.8\,\mu$m이며, 이에 대한 측정불확도는 신뢰수준 약 95 %에서 $k=2$를 적용하여 약 $1.5\,\mu$m로 추정되었다. 이것을 다음과 같이 표현한다.

$$B = (-1.8 \pm 1.5)\mu\text{m} \qquad (\text{신뢰수준 약 95\%},\ k=2)$$

교정성적서

ABC 교정기관 교정기관 주소 명기 전화번호 및 Fax No. 명기	성적서번호 : 페이지 (1)/(총 2)	KOLAS

1. 의 뢰 자
   기 관 명 :
   주 소 :
2. 측 정 기
   기 기 명 : 외측 마이크로미터
   제작회사 및 형식 :
   기기번호 :
3. 교정일자 :
4. 교정환경 : 온 도 : (±)℃ 상대습도 : (±) % R.H.
   교정장소 : □ 고정표준실 □ 이동교정 □ 현장교정
5. 측정표준의 소급성
   위의 기기는 한국계량측정협회에서 발행된 '외측 마이크로미터의 표준교정절차(KASTO 11-10619-082)'에 따라 국가측정표준대표기관(KRISS)으로부터 SI 단위로 소급성이 유지된 표준기를 사용하여 교정되었다.

▸ 교정에 사용한 표준장비 명세

사용장비명	제작자 및 형식	기기번호	교정 유효일자	교정기관
게이지 블록				
옵티컬 플랫				
옵티컬 패러렐				
단색광원장치				
정밀 정반				
온 · 습도계				

6. 교정결과 : 교정결과 참조
7. 측정불확도 : 교정결과 참조

확 인	작성자 성 명 (서 명)	승인자 직 위 : (기술책임자) 성 명 : (서 명)

위 성적서는 국제시험기관인정협력체(International Laboratory Accreditation Cooperation) 상호인정협정(Mutual Recognition Arrangement)에 서명한 한국인정기구(KOLAS)로부터 공인받은 분야의 교정결과입니다.

20 . . .

한국인정기구 인정 ○○교정기관장 (인)

(주) 이 성적서는 측정기의 정밀정확도에 영향을 미치는 요소(과부하, 온도, 습도 등)의 급격한 변화가 발생한 경우에는 무효가 됩니다.

교 정 결 과	성적서번호 : 페이지 (2)/(총 2)	KOLAS

▸ 장비품명 : 외측 마이크로미터

기기번호 :

1. 평면도 교정결과

앤 빌 :

스핀들 :

2. 평행도 교정결과 :

3. 눈금 교정결과

눈금 (mm)	보정값 (μm)
0 ~ 1.00	
0 ~ 1.25	
0 ~ 1.50	
0 ~ 1.70	
0 ~ 5.00	
0 ~ 15.00	
0 ~ 10.00	
0 ~ 15.00	
0 ~ 20.00	
0 ~ 25.00	

4. 측정불확도 : U = μm

(신뢰수준 %, k =)

끝

4 내측 마이크로미터

4.1 교정대상기기의 교정 항목, 측정 범위 및 교정 방법

교정 항목	측정 범위	교정 방법
눈금의 정확도	전 구간	게이지 블록 이용

4.2 필요장비 명세 및 최저요구성능

장비명	수 량	최저요구성능
게이지 블록(gauge block)	1 세 트	등급 : KS B 5201 2급 범위 : (0 ~ 100) mm
게이지 블록 부속품	1 세 트	홀더, 평형 조

4.3 교정 준비 및 절차

(1) 표준교정절차서를 숙독한다.

(2) 정반, 교정용 표준기, 교정대상 등을 깨끗이 닦고 각 부위에 손상이 없는지 점검한 후 정반 위에 정렬시켜 둔다.

(3) 교정 전 충분한 열평형이 이루어지도록 한다.

(4) 체온이 전달되지 않도록 장갑을 착용한다.

(5) 내측 마이크로미터의 0점 조정을 한다.

☞ 본 실습에서는 25 mm 게이지 블록을 게이지 블록 부속품의 홀더에 삽입하여 0점 조정한다.

(6) 게이지 블록과 게이지 블록 부속품의 홀더를 이용하여 눈금의 정확도를 교정한다. 필요 치수를 생성하기 위해 먼저 게이지 블록을 선택하고 조합한 다음 홀더 사이에 삽입하여 고정한다. 홀더의 양쪽에는 웨어 블록(wear gauge block)이 위치하도록 한다.

(7) 내측 마이크로미터의 측정 시 상하, 좌우의 상태가 수평을 유지하도록 접촉한 상태에서 눈금을 읽는다.

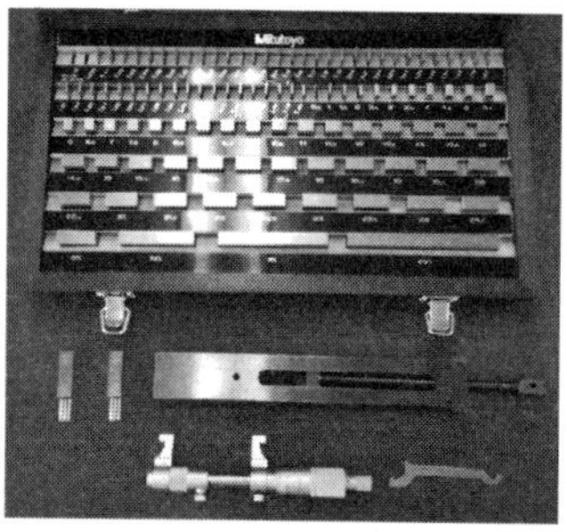

[그림 4.1] 열평형

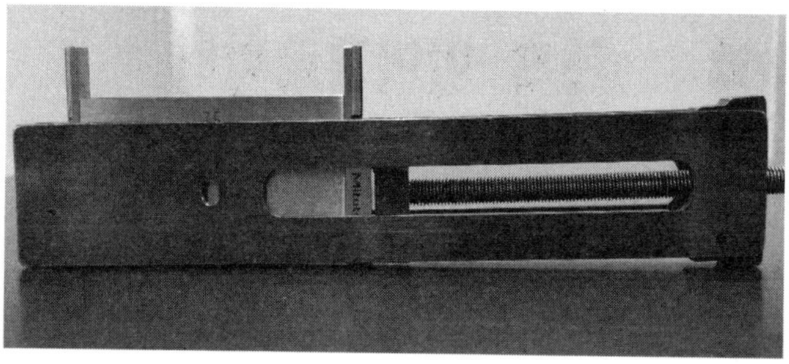

[그림 4.2] 0점 조정을 위한 게이지 블록 조합 시 주의
(고정 시 하단부 들뜸 현상 발생 주의)

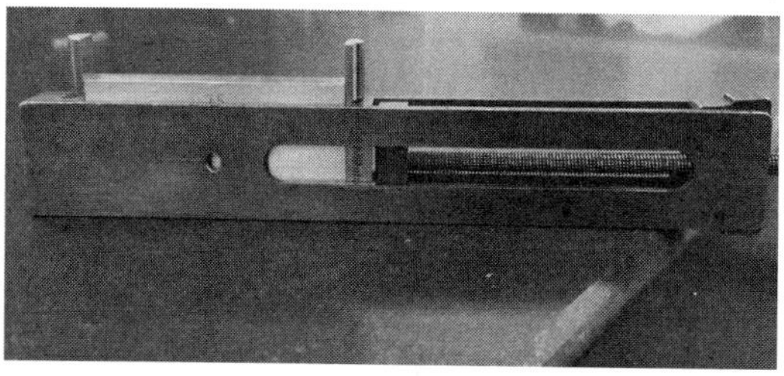

[그림 4.3] 0점 조정을 위한 게이지 블록 바른 조합
(위의 [그림 4.2]의 들뜸 현상 제거 방법)

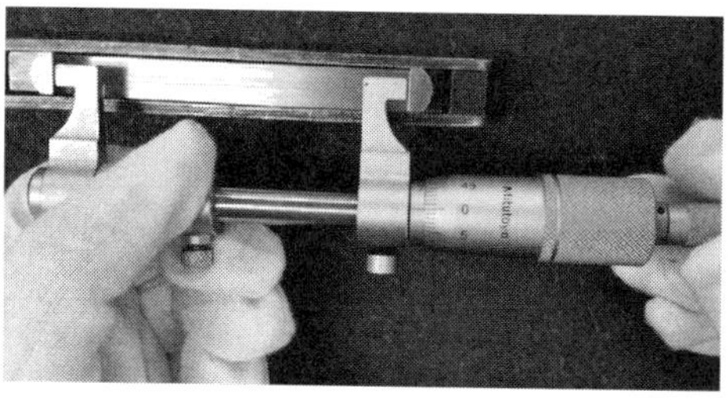

[그림 4.4] 눈금의 정확도 교정
(상하, 좌우로 움직여 최단거리 지점 눈금 읽기)

4.4 교정데이터 처리

게이지 블록을 이용하여 측정구간(25 mm~50 mm), 최소눈금(0.01 mm)인 내측 마이크로미터에 대한 교정처리 과정을 예시로 설명하였다.

4.5 눈금의 정확도 교정

4.6 수학적 모델

수학적 모델은 보정값, 지시편차, 실제치수 등을 산출하기 위해 수식을 자유롭게 세울 수 있다. 본 절차서에서는 이들 중 하나로써 보정값을 구하기 위한 수학적 모델을 수립하여 설명하였다.

$$B = l_r - l_x - (\overline{\alpha}\Delta t + \Delta\alpha\delta t)l_0$$

B	보정값
l_r	게이지 블록의 20 ℃에서의 길이
l_x	내측 마이크로미터의 지시값
$\overline{\alpha}$	내측 마이크로미터와 게이지 블록의 평균 열팽창
Δt	내측 마이크로미터와 게이지 블록의 온도차
Δ_α	내측 마이크로미터와 게이지 블록의 열팽창계수 차
δ_t	내측 마이크로미터와 게이지 블록의 평균온도와 기준온도(20 ℃)의 차
l_0	게이지 블록의 명목값

만일 교정 전 충분한 열평형이 이루어졌고, 내측 마이크로미터와 게이지 블록의 재질이 동일하다면 수식에서 $(\overline{\alpha}\Delta t + \Delta\alpha\delta t)l_0$는 0으로 볼 수 있다. 그러므로 수식을 간단하게 표현할 수 있다.

$$B = l_r - l_x$$

4.7 눈금값의 교정

게이지 블록을 조합하여 명목값에 해당되는 길이는 만들고 5회 반복 측정한 지시값, 평균, 표준편차, 보정값을 기록한다.

명목값 (mm)	내측 마이크로미터 지시값 (mm)								
	1회	2회	3회	4회	5회	평균값	표준편차 (μm)	게이지 블록 편차(μm)	보정값
25.00								−0.01	
30.00								0.03	
35.00								0.01	
40.00								0.03	
45.00								0.05	
50.00	50.002	50.002	50.003	50.002	50.003	50.002 4	0.55	0.07	

(위의 표에서 게이지 블록 편차는 교정실습용 자료이며, 교정기관에서는 해당 성적서를 참조한다.)

☞ 게이지 블록의 편차는 명목값의 치수에 해당되는 게이지 블록의 성적서에 기록되어 있는 편차를 나타낸다. 예로 든 것이므로 실제 사용 게이지 블록의 성적서를 참조하여 적용한다. 게이지 블록을 조합하는 경우 두 게이지 블록의 편차는 합하여 적용한다.

4.8 보정값 및 교정값 계산

기준장비와 피교정 장비는 동일한 스틸 재질이다. 교정 시 충분한 열평형이 이루어진 상태에서 교정을 하였다. 측정할 당시의 표준실 온도가 기준 및 피교정기기를 놓아두었던 정반 주위의 온도를 측정한 결과 20.5 ℃였다고 가정하면 다음과 같다.

☞ 실제 본인이 사용한 기준 및 피교정기기의 재질을 확인하고 열팽창계수를 찾아 적용한다. 또한 온도계로 측정환경 온도를 측정하여 적용한다.

$$B = l_r - l_x - (\overline{\alpha}\Delta t + \Delta\alpha\delta t)l_0$$

B	보정값
l_r	기준온도 20 ℃에서의 사용 게이지 블록의 실제 길이(성적서에 제시된 길이) ☞ 예를 들어 50 mm의 게이지 블록이라면 성적서에 명기된 50 mm와 그 편차를 참조. 본 실험에서는 '4.7 눈금 값의 교정' 항에 제시된 50 mm 게이지 블록의 편차값 0.07 μm를 참조하여 적용
l_x	5회 반복 측정한 값의 평균값 ☞ 본 예에서는 50 mm 구간에서의 평균값은 50.002 4 mm
$\overline{\alpha}$	$(\alpha_x + \alpha_r)$ / 2 = (11.5 X 10^{-6} / ℃ + 11.5 X 10^{-6} / ℃) / 2 = 11.5 X 10^{-6} / ℃ ☞ α_x = 스틸 재질의 외측 마이크로미터의 열팽창계수, α_r = 스틸 재질의 게이지 블록의 열팽창계수
Δt	$(t_x - t_r)$ = 20.5 ℃ − 20.5 ℃ = 0 ℃ ☞ t_x = 내측 마이크로미터 온도, t_r = 게이지 블록의 온도로 동일 장소에 충분한 시간 두면 열평형을 이룸
$\Delta\alpha$	$(\alpha_x - \alpha_r)$ = (11.5 X 10^{-6} / ℃ − 11.5 X 10^{-6} / ℃) = 0
δt	$(t_x + t_r)$ / 2 − 20 ℃ = (20.5 ℃ + 20.5 ℃) / 2 − 20 ℃ = 0.5 ℃ ☞ 기준온도 20 ℃에서의 차이
l_0	교정에 사용된 게이지 블록의 명목값 50 mm

$$\therefore B = l_r - l_x - (\overline{\alpha}\Delta t + \Delta\alpha\delta t)l_0$$

$$= 50.000\,07 - 50.002\,4 - (11.5 \times 10^{-6}/℃ \cdot 0\,℃ + 0 \cdot 0.5\,℃)50 = -0.002\,33\,\text{mm}$$

$$= -2.33\,\mu\text{m}$$

보정값 B를 산출한 다음 교정값을 구한다. 교정값 = 눈금값 + 보정값, 즉 교정값은 50 mm + (−0.002 33 mm) = 49.997 67 mm로 산출한다.

4.9 불확도 계산

본 예제에서는 50 mm의 내측 마이크로미터의 교정에 대한 불확도의 평가 과정을 상세히 설명하였다.

☞ 불확도 요인은 측정환경에 따라 얼마든지 달라질 수 있으며, 그로 인해 수립되는 수학적 모델도 달라질 수 있다. 본 예제에서 도출된 불확도 요인 이외에 실제 교정환경에서 측정 결과에 영향을 미쳤을 것으로 의심이 되는 요인이 있다면 수학적 모델에 추가하여 수립할 수 있다. 이와는 반대로 충분한 열평형이 이루어진 상태이고, 피교정기기와 교정기기가 동일한 재질로 열팽창계수가 같을 경우 온도보정값은 수식에서 생략할 수 있다. 즉, 동일한 교정대상 및 항목일지라도 실제 상황을 최대한 고려하여 불확도 요인을 도출하여 수식에 반영하는 것이 바람직하다.

4.9.1 합성표준불확도(u_c)의 수학적 모델

합성표준불확도(Combined standard uncertainty)는 '4.6 수학적 모델' 항에서 수립한 수학적 모델에 불확도 전파 법칙(Law of propagation of uncertainty)을 적용하여 불확도를 추정하기 위한 수식을 새롭게 세운다.

☞ 불확도 전파 법칙은 RSSM(Root Sum Squared Method)으로 이해한다.

$$B = l_r - l_x - (\overline{\alpha} \cdot \Delta t + \Delta\alpha \cdot \delta t) l_0$$

$$\begin{aligned}
\therefore u_c^2(B) &= c_{l_r}^2 u^2(l_r) + c_{l_x}^2 u^2(l_x) + c_{\overline{\alpha}}^2 u^2(\overline{\alpha}) + c_{\Delta t}^2 u^2(\Delta t) + c_{\Delta\alpha}^2 u^2(\Delta\alpha) + c_{\delta t}^2 u^2(\delta t) \\
&= \left(\frac{\partial B}{\partial l_r}\right)^2 u^2(l_r) + \left(\frac{\partial B}{\partial l_x}\right)^2 u^2(l_x) + \left(\frac{\partial B}{\partial \overline{\alpha}}\right)^2 u^2(\overline{\alpha}) + \left(\frac{\partial B}{\partial \Delta t}\right)^2 u^2(\Delta t) \\
&\quad + \left(\frac{\partial B}{\partial \Delta\alpha}\right)^2 u^2(\Delta\alpha) + \left(\frac{\partial B}{\partial \delta t}\right)^2 u^2(\delta t) \\
&= (1)^2 \cdot u^2(l_r) + (-1)^2 \cdot u^2(l_x) + (-\Delta t \cdot l_0)^2 u^2(\overline{\alpha}) + (-\overline{\alpha} \cdot l_0)^2 u^2(\Delta t) \\
&\quad + (-\delta t \cdot l_0)^2 u^2(\Delta\alpha) + (-\Delta\alpha \cdot l_0)^2 u^2(\delta t)
\end{aligned}$$

4.9.2 게이지 블록의 표준불확도 $u(l_r)$

객관적 · 과학적인 정보를 근거로 하여 추정하는 방식인 B형 불확도로써 표준 장비기로 사용된 게이지 블록의 교정성적서를 참조한다. 만일 성적서의 50 mm 구간에서 편차가 0.07 μm, 측정불확도 U는 $U = \sqrt{52^2 + 1.06^2 \times l_0^2}$ nm (신뢰수준 약 95 %, $k=2$, l_0의 단위는 mm)라고 기록되어 있다면 이러한 정보를 근거로 하여 표준불확도를 추정한다.

(1) 추정값 : 50.000 07 mm

50 mm 구간에서 0.07 μm의 편차가 났으므로 실제 길이는 50 mm + 0.000 07 mm = 50.000

07 mm이다.

(2) 표준불확도 : 0.037 μm [수식 표현 = $\sqrt{(26)^2+(0.53\times l_0)^2}$ nm, l_0 단위는 mm]

성적서에 주어진 측정불확도값을 포함인자 k=2로 나누어 산출한다. 결과는 상수 또는 수식으로 표현할 수 있다.

$$\frac{U}{k}=\frac{1}{2}\sqrt{52^2+1.06^2\times l_0^2}=\sqrt{\left(\frac{52}{2}\right)^2+\left(\frac{1.06\times l_0}{2}\right)^2}$$

$$=\sqrt{(26)^2+(0.53\times l_0)^2}=37.71\ \text{nm}\fallingdotseq 0.037\,\mu\text{m}$$

(3) 확률분포 : 정규분포

B형 불확도의 추정은 A형과 다르다. 일반적으로 교정기관에서 발급된 성적서와 같이 확신의 근거가 충분하다고 여긴다. 즉, 성적서에서 명시된 측정불확도는 표준정규분포의 신뢰수준 약 95.45 %, k = 2에 근거하여 추정된 결과값이므로 정규분포로 볼 수 있다.

(4) 감도 계수 : 1

감도 계수는 수학적 모델에서 편미분하여 산출한 값이다.

$$c_{l_r}=\frac{\partial B}{\partial l_r}=1$$

(5) 불확도 기여도 : 0.037 μm [수식 표현 = $\sqrt{(26)^2+(0.53\times l_0)^2}$ nm (l_0 = mm)]

감도 계수와 표준불확도의 곱으로 산출한다.

$$(1)\times 0.037=0.037\,\mu\text{m}$$

(6) 자유도 : ∞

B형 불확도의 자유도

$$\frac{1}{2}\left(\frac{100}{R}\right)^2=\frac{1}{2}\left(\frac{100}{100-\text{확신의 정도}}\right)^2$$

로 추정한다. R은 표준불확도의 확신의 정도에 따라 실무자의 주관적 판단에 근거하여 부여한다. 만일 표준불확도를 추정한 값을 80 % 확신한다면 자유도는

$$\frac{1}{2}\left(\frac{100}{100-80}\right)^2=12.5=12$$

로 계산한다. 여기서 자유도는 정수로 표현하며 반올림 없이 소수점 이하는 버림(truncated)한다. 본 예제에서 성적서에 근거한 추정결과이므로 확신의 정도는 100 %를 부여하여 ∞로 하였다.

4.9.3 내측 마이크로미터 눈금 읽음값의 표준불확도 $u(l_x)$

l_x의 불확도는 세 가지 요인에 의해 동시에 영향을 받는 것을 고려하여 추정한다. 우연효과로 인한 산포 $u^2(l_{x우})$, 분해능의 한계 $u^2(l_{x분})$ 그리고 앤빌과 스핀들의 기하학적 불완전성 $u^2(l_{x기})$으로부터 기인한다.

$$u^2(l_x) = u^2(l_{x우연효과}) + u^2(l_{x분해능}) + u^2(l_{x기하학적\ 효과})$$

$$\therefore\ u(l_x) = \sqrt{u^2(l_{x우연효과}) + u^2(l_{x분해능}) + u^2(l_{x기하학적\ 효과})}$$

4.9.3.1 우연효과에 의한 표준불확도 $u^2(l_{x우연효과})$

우연효과에 의한 불확도는 N회 반복 측정하여 얻은 결과의 평균의 표준편차에 해당한다. 평균의 표준편차는 표준편차를 측정횟수의 제곱근(본 예에서는 $\sqrt{5}$)으로 나눈 값이다. 눈금마다 이 값이 다를 수 있으므로 전 구간에 걸쳐서 최댓값을 찾아 적용한다.

(1) 추정값 : 50.002 4 mm

본 예제에서 50 mm 구간의 평균값 50.002 4 mm로 가정한 것이며, 실제 본인의 평균값을 적용한다.

(2) 표준불확도 : 0.246 μm

본 예제에서 최대 표준편차를 0.55 μm로 가정한 것이며, 실제 본인의 최대 표준편차를 적용한다. 이때 최대 표준편차는 25 mm~50 mm 전체 구간에서 가장 큰 표준편차를 적용한다.

$$\frac{s}{\sqrt{반복측정횟수}} = \frac{0.55}{\sqrt{5}} = 0.246\ \mu\text{m}$$

(3) 확률분포 : t – 분포

일반적으로 반복측정 횟수가 30회 이상이면 정규분포, 미만이면 t-분포로 간주한다.

(4) 감도 계수 : 1

감도 계수는 수학적 모델에서 편미분하여 산출한다.

$$c_{l_{x\text{우연효과}}} = \frac{\partial l_x}{\partial l_{x\text{우연효과}}} = 1$$

(5) 불확도 기여도 : 0.246 μm

감도 계수와 표준불확도의 곱으로 산출한다. ▶ $1 \times 0.246 = 0.246\ \mu\text{m}$

(6) 자유도 : 4

자유도는 n−1, 즉 (반복측정횟수 − 1)로 산출한다. ▶ 5 − 1

4.9.3.2 분해능 한계에 의한 표준불확도 $u^2(l_{x\text{분해능}})$

본 예제에서 다루고 있는 내측 마이크로미터의 최소눈금이 0.01 mm이다. 일반적으로 아날로그 타입의 눈금은 실무자의 숙련도에 따라 목측에 의해 다르게 읽을 수 있다. 초보자의 경우 한 눈금(0.01 mm)을 1/2로 읽을 수도 있고, 숙련된 경우 한 눈금(0.01 mm)을 1/10로 읽어 1 μm까지 읽을 수 있다. 분해능 한계에 의한 불확도는 목측으로 읽을 수 있는 값을 적용하여 직사각형 확률분포를 적용하여 추정한다.

☞ 일반적으로 디지털 타입은 분해능의 반 너비에 $\sqrt{3}$ 으로 나누어 추정한다.

(1) 추정값 : 0

내측 마이크로미터의 분해능으로 인하여 측정결과에 영향을 미친 정도는 사실상 기댓값을 추정하기 어려우므로 0으로 둔다.

(2) 표준불확도 : 0.58 μm

최소눈금 0.01 mm를 목측으로 1/10 까지 나누어 읽는다면 분해능은 0.001 mm가 되므로 여기에 직사각형 확률분포를 적용한다. 즉, 0.01 mm의 1/10에 $\sqrt{3}$ 으로 나누어 추정한다.

$$\frac{0.01}{10\sqrt{3}} = 0.000\,577 \fallingdotseq 0.58\,\mu\text{m}$$

(3) 확률분포 : 직사각형

모든 측정 구간에서 눈금을 읽을 때 실수할 수 있는 확률은 최소눈금 한 눈금으로 동일한 확률을 지닐 것으로 간주하여 직사각형 확률분포로 추정한다.

(4) 감도 계수 : 1

감도 계수는 편미분하여 산출한다.

$$c_{l_{x\text{분해능}}} = \frac{\partial l_x}{\partial_{l_{x\text{분해능}}}} = 1$$

(5) 불확도 기여도 : 0.58 μm

감도 계수와 표준불확도의 곱으로 산출한다. ▶ $1 \times 0.58\,\mu\text{m} = 0.29\,\mu\text{m}$

(6) 자유도 : 200

예를 들어 추정한 표준불확도의 값에 대해 95 % 확신한다고 가정하면 다음과 같다.

$$\frac{1}{2}\left(\frac{100}{R}\right)^2 = \frac{1}{2}\left(\frac{100}{100-95}\right)^2 = 200$$

4.9.3.3 기하학적 효과에 의한 표준불확도 $u^2(l_{x\text{기하학적 효과}})$

교정에 사용한 평형 조의 평면도가 이상적이지 않다면 게이지 블록 부속품을 사용하여 형성한 기준 길이는 실제 게이지 블록의 길이보다 크거나 작아질 수 있다. 예를 들어 홀더의 양쪽에 사용한 평형 조의 평면도가 각각 0.5 μm가 이내로 추정된다면 직사각형 확률분포를 적용하여 다음과 같이 불확도를 추정한다.

(1) 추정값 : 0

내측 마이크로미터의 기하학적인 효과로 인하여 측정결과에 영향을 미친 정도는 사실상 기댓값을 추정하기 어려우므로 0으로 둔다.

(2) 표준불확도 : 0.29 μm

예에서 홀더의 양쪽에 평형 조 두 개를 사용하였으며, 평면도는 각각 0.5 μm 이므로 다음과 같이 산출할 수 있다.

$$\frac{\pm 0.5}{2\sqrt{3}} = \frac{0.5}{\sqrt{3}} = 0.288 \fallingdotseq 0.29\,\mu\text{m}$$

(3) 확률분포 : 직사각형

모든 측정 구간에서 기하학적 효과로 인하여 측정결과에 영향을 미친 확률이 동등하다고 간주하여 직사각형 확률분포로 추정한다.

(4) 감도 계수 : 1

감도 계수는 편미분하여 산출한다.

$$c_{l_{x\text{기하학적 효과}}} = \frac{\partial l_x}{\partial_{l_{x\text{기하학적 효과}}}} = 1$$

(5) 불확도 기여도 : 0.29 μm

감도 계수와 표준불확도의 곱으로 산출한다. ▶ $1 \times 0.29\,\mu\text{m} = 0.29\,\mu\text{m}$

(6) 자유도 : 22

예를 들어 추정한 표준불확도의 값에 대해 85 % 확신한다고 가정하면 다음과 같이 산출된다.

$$\frac{1}{2}\left(\frac{100}{R}\right)^2 = \frac{1}{2}\left(\frac{100}{100-85}\right)^2 = 22.2 = 22$$

그러므로 내측 마이크로미터의 표준불확도 $u(l_x)$는 다음과 같이 추정할 수 있다.

(1) 추정값 : 50.002 4 mm

본 예제에서 50 mm 구간의 평균값 50.002 4 mm로 가정한 것이며, 실제 본인의 평균값을 적용한다.

(2) 표준불확도 : 0.69 μm

내측 마이크로미터 지시값의 표준불확도는 세 가지(우연효과, 분해능 한계, 기하학적 효과) 영향을 동시에 고려하여 추정한다.

$$u(l_x) = \sqrt{0.246^2 + 0.58^2 + 0.29^2} = 0.693 \fallingdotseq 0.69\ \mu\text{m}$$

(3) 확률분포 : 정규분포

내측 마이크로미터 지시값의 표준불확도에 세 가지(우연효과, 분해능 한계, 기하학적 효과) 요인에 대한 유효자유도를 산출하면 125이다. 즉, 30 이상이 되므로 충분한 횟수로 간주하여 정규분포로 한다.

(4) 감도 계수 : −1

감도 계수는 편미분하여 산출한다.

$$c_{l_x} = \frac{\partial B}{\partial_{l_x}} = -1$$

(5) 불확도 기여도 : −0.69 μm

감도 계수와 표준불확도의 곱으로 산출한다.

$$(-1)\times 0.69\,\mu\text{m} = -0.69\,\mu\text{m}$$

(6) 자유도 : 125

내측 마이크로미터 지시값의 표준불확도에 영향을 미치는 세 가지 불확도 요인에 대한 각각의 자유도를 Welch-Satterthwaite 공식으로부터 유효자유도 ν_{eff}를 추정한다.

$$\nu_{l_x} = \frac{u_c^4(l_x)}{\sum_{i=1}^{3}\frac{[c_i u(x_i)]^4}{\nu_i}} = \frac{(-0.69)^4}{\frac{(0.246)^4}{4}+\frac{(0.58)^4}{200}+\frac{(0.29)^4}{22}} = 125.7 = 125$$

4.9.4 내측 마이크로미터와 게이지 블록의 평균 열팽창계수의 표준불확도 $u(\overline{\alpha})$

(1) 추정값 : 11.5 X 10^{-6}/℃

스틸 재질의 내측 마이크로미터(α_x)와 동일한 스틸 재질의 게이지 블록(α_r)의 평균 열팽창계수를 나타낸다.

$$\overline{\alpha} = \frac{\alpha_x+\alpha_r}{2} = \frac{11.5\times10^{-6}/℃ + 11.5\times10^{-6}/℃}{2} = 11.5\times10^{-6}/℃$$

(2) 표준불확도 : 0.41 X 10^{-6}/℃

B형 불확도의 표준불확도는 확률분포를 적용하여 추정한다. 확률분포의 종류에는 정규, 직사각, 삼각, 사다리꼴, U자 등이 있다. 직사각 확률분포는 다른 말로 균등분포라고도 한다. 이것은 추정 대상의 확률분포가 전 구간에 걸쳐 동등한 확률로 영향이 미치고 있다고 판단될 때 적용한다. 가장 대표적인 예로, 분해능과 같이 어느 부분을 읽는다 해도 잘못 읽을 확률은 동등하게 발생할 수 있다고 보고 적용하는 것이다. 이뿐 아니라 주어진 정보를 활용하거나 또는 어떤 확률분포인지 모호하거나 알 수 없는 경우 모두 직사각형 확률분포로 간주한다. 추정 방법은 반 너비를 $\sqrt{3}$ 으로 나눈 값으로 산출한다. 여기서 $\overline{\alpha} = (\alpha_x+\alpha_r)/2$ 이므로 불확도 전파법칙에 의하여 수식을 변형시켜 계산한다.

$$u^2(\overline{\alpha}) = \frac{1}{4}u^2(\alpha_x) + \frac{1}{4}u^2(\alpha_r)$$

여기에 내측 마이크로미터와 게이지 블록의 제작회사로부터 얻은 자료(사양, 관련 정보 등)의 자료에서 참조한 열팽창계수의 오차 범위의 값을 적용한다. 예를 들어 제조사의 사양서에 내측 마이크로미터와 게이지 블록의 열팽창계수의 오차 범위의 값이 각각 $\pm 1.0 \times 10^{-6}/℃$ 라고 가정하면,

$$u(\alpha_x) = u(\alpha_r) = \pm 1.0 \times 10^{-6}/℃$$

에 직사각형 확률분포를 적용하여

$$u(\alpha_x) = u(\alpha_r) = \frac{1.0 \times 10^{-6}/℃}{\sqrt{3}} = 0.000\,000\,577\,℃ \fallingdotseq 0.58 \times 10^{-6}/℃$$

가 된다. 따라서

$$u^2(\overline{\alpha}) = \frac{1}{4}u^2(\alpha_x) + \frac{1}{4}u^2(\alpha_r) = \frac{1}{4}u^2(0.58 \times 10^{-6}/℃) + \frac{1}{4}u^2(0.58 \times 10^{-6}/℃)$$

$$\therefore u(\overline{\alpha}) = \sqrt{\frac{1}{4}u^2(0.58 \times 10^{-6}/℃) + \frac{1}{4}u^2(0.58 \times 10^{-6}/℃)}$$

$$= 0.000\,000\,41 = 0.41 \times 10^{-6}/℃$$

(3) 확률분포 : 직사각형

B형 불확도의 추정방법은 주로 정보를 근거로 하여 추정하기 때문에 직사각형 확률분포가 가장 많다. 본 예제에서도 제조사로부터 확보한 정보, 즉 오차 범위의 값을 이용하여 추정하였으며 또한 오차 범위 내에서는 동등한 확률로 영향을 미쳤을 것으로 추정되므로 직사각형 확률분포로 간주한 것이다.

(4) 감도 계수 : 0

감도 계수는 수학적 모델에서 편미분하여 산출한다. 실제 교정 중 온도 변동량을 관찰하고 기록하여 적용한다.

$$c_{\overline{\alpha}} = \frac{\partial B}{\partial \overline{\alpha}} = \Delta t \cdot l_0 = 0\,℃ \cdot 50\text{ mm} = 0$$

(5) 불확도 기여도 : 0 μm

감도 계수와 표준불확도의 곱으로 산출한다.

$$(0\,℃ \cdot \text{mm}) \times (0.41 \times 10^{-6}/℃) = 0\,\mu\text{m}$$

(6) 자유도 : 100

예를 들어 추정한 표준불확도의 값에 대해 90% 확신한다고 가정하면,

$$\frac{1}{2}\left(\frac{100}{R}\right)^2 = \frac{1}{2}\left(\frac{100}{100-90}\right)^2 = 50$$

이다. 여기에서 평균 열팽창계수에 대한 불확도는 두 가지(내측 마이크로미터와 게이지 블록)를 합하여 나눈 식으로 추정되므로 이 두 가지 불확도 요인에 대한 각각의 자유도를 Welch-Satterthwaite 공식에 의해 유효자유도 ν_{eff}를 추정한다.

$$\nu(\overline{\alpha}) = \frac{u^4(\overline{\alpha})}{\dfrac{\left\{\dfrac{1}{4}u^2(\alpha_x)\right\}^2}{50} + \dfrac{\left\{\dfrac{1}{4}u^2(\alpha_r)\right\}^2}{50}}$$

$$= \frac{(0.41\times10^{-6}\ /℃)^4}{\dfrac{\left\{\dfrac{1}{4}\left(\dfrac{1.0\times10^{-6}\ /℃}{\sqrt{3}}\right)^2\right\}^2}{50} + \dfrac{\left\{\dfrac{1}{4}\left(\dfrac{1.0\times10^{-6}\ /℃}{\sqrt{3}}\right)^2\right\}^2}{50}} = 100$$

4.9.5 내측 마이크로미터와 게이지 블록의 온도 차에 의한 불확도 $u(\Delta t)$

충분한 열평형 상태가 이루어졌다고 하더라도 측정 데이터를 확보하는 과정 중에 체온이나 그 밖의 어떠한 원인으로 인한 온도 드리프트가 발생하여 영향을 줄 수 있다. 또는 과거의 경험상 몇 ℃ 이내에서 상호간에 일치한 것을 적용할 수 있다. 예를 들어 경험적으로 ±0.5℃ 이내에서 일치하는 것을 알고 있다고 가정하면 다음과 같이 추정된다.

(1) 추정값 : 0 ℃

동일 장소에 일정 시간 두게 되면 열평형이 이루어지기 때문에 온도는 차이가 없는 것으로 간주하여 기댓값을 0으로 본다.

(2) 표준불확도 : 0.29 ℃

충분한 열평형이 이루어진 상태라도 측정 중 체온 또는 알 수 없는 온도 드리프트에 의해 온도가 변할 수 있다. 예를 들어 ±0.5 ℃ 이내에서 열평형이 이루어졌다면 또는 과거의 경험상 ±0.5 ℃ 이내에서 상호간 열평형이 이루어진 것을 알고 있다면 여기에 직사각형 확률분포를 적용하여 ±0.5 ℃의 반 범위, 즉 ±0.5 ℃에 $\sqrt{3}$으로 나누어 산출한다.

$$\frac{\pm 0.5\ ℃}{2\sqrt{3}} = \frac{0.5\ ℃}{\sqrt{3}} = 0.288 ≒ 0.29\ ℃$$

(3) 확률분포 : 직사각형

온도 변화가 어느 일정 구간에서만 ±0.5 ℃의 변화를 보인 것이 아닌 균등하게 어느 측정환경에서도 동일한 확률분포로 변화가 일어났을 것으로 간주하여 추정한 것이다.

(4) 감도 계수 : −0.575 μm/℃ [수식 표현 = (−11.5 X 10⁻³/℃ · l_0 mm)μm]

감도 계수는 수학적 모델에서 편미분하여 산출한다.

$$c_{\Delta t} = \frac{\partial B}{\partial \Delta t} = -\overline{\alpha} \cdot l_0 = -11.5 \times 10^{-6}/℃ \cdot 50\,\text{mm} = -0.575\,\mu\text{m}/℃$$

(5) 불확도 기여도 : −0.166 7 μm [수식 표현 = (−3.3335 X 10^{-3} X l_0 mm)μm]

감도 계수와 표준불확도의 곱으로 산출한다.

$$(-0.575\ \mu\text{m}/℃) \times 0.29\ ℃ = -0.166\,7\,\mu\text{m}$$

(6) 자유도 : ∞

예를 들어 추정한 표준불확도의 값에 대해 100 % 확신한다고 가정하면 다음과 같다.

$$\frac{1}{2}\left(\frac{100}{R}\right)^2 = \frac{1}{2}\left(\frac{100}{100-100}\right)^2 = 0 = \infty$$

4.9.6 내측 마이크로미터와 게이지 블록의 열팽창계수 차에 의한 표준불확도 $u(\Delta\alpha)$

(1) 추정값 : 0

스틸 재질의 내측 마이크로미터와 동일한 스틸 재질의 게이지 블록의 열팽창계수의 차이에서 발생할 수 있는 값이다.

$$\Delta\alpha = (\alpha_x - \alpha_r) = (11.5 \times 10^{-6}/℃ - 11.5 \times 10^{-6}/℃) = 0$$

(2) 표준불확도 : 0.82 X 10^{-6}/℃

$\Delta\alpha = (\alpha_x - \alpha_r)$이므로 불확도 전파법칙에 의해 $u^2(\Delta\alpha) = u^2(\alpha_x) + u^2(\alpha_r)$가 된다. 즉,

$$u(\Delta\alpha) = \sqrt{u^2(\alpha_x) + u^2(\alpha_r)}$$

로 산출한다. 만일 제조사로부터 얻은 내측 마이크로미터와 게이지 블록의 열팽창계수에 대한 오차 범위가 $\pm 1.0 \times 10^{-6}$/℃라고 한다면, 이것은 정보에 근거한 것이므로 직사각 확률분

포를 적용하여 $u(\Delta\alpha)$의 식에 대입하여 구하면 된다. 즉,

$$u(\alpha_x) = u(\alpha_r) = \frac{1.0 \times 10^{-6}/℃}{\sqrt{3}} = 0.000\,000\,577\,℃ \fallingdotseq 0.58 \times 10^{-6}/℃$$

를 $u(\Delta\alpha)$의 식에 대입한다.

$$\therefore\ u(\Delta\alpha) = \sqrt{u^2(\alpha_x) + u^2(\alpha_r)} = \sqrt{u^2(0.58 \times 10^{-6}/℃) + u^2(0.58 \times 10^{-6}/℃)}$$
$$= 0.82 \times 10^{-6}/℃$$

(3) 확률분포 : 직사각형

제조사로부터 확보한 정보에 근거하여 추정했으므로 직사각형 확률분포로 간주한다.

(4) 감도 계수 : −25 mm℃ [수식 표현 = (−0.5 · l_0 mm)μm]

감도 계수는 수학적 모델에서 편미분하여 산출한다. 예제에서 표준온도와 실제 교정이 이루어진 측정환경의 온도 차이 δt는 0.5 ℃로 가정하여 50 mm의 게이지 블록을 명목값 l_0로 하여 산출한다.

$$c_{\Delta\alpha} = \frac{\partial B}{\partial \Delta\alpha} = -\delta t \cdot l_0 = 0.5℃ \cdot 50\ \text{mm} = -25\ \text{mm}\,℃$$

(5) 불확도 기여도 : −0.02 μm [수식 표현 = ((−0.41 X 10^{-3} X l_0 mm)μm]

감도 계수와 표준불확도의 곱으로 산출한다.

$$-(25\,℃ \cdot \text{mm}) \times (0.82 \times 10^{-6}/℃) \fallingdotseq -0.02\ \mu\text{m}$$

(6) 자유도 : ∞

예를 들어 추정한 표준불확도의 값에 대해 상대불확도 R = 0 %로 가정하면 다음과 같이 산출된다.

$$\frac{1}{2}\left(\frac{100}{R}\right)^2 = \frac{1}{2}\left(\frac{100}{100-100}\right)^2 = 0 = \infty$$

4.9.7 내측 마이크로미터와 게이지 블록의 평균온도와 표준온도와의 차이에 의한 표준불확도 $u(\delta t)$를 구하시오.

(1) 추정값 : 0.5 ℃

내측 마이크로미터와 게이지 블록의 교정이 이루어지는 동안 충분한 열평형 상태이며 이때의 교정 환경 온도가 20.5 ℃였다고 가정한다면 다음과 같이 산출할 수 있다.

$$\delta t = (t_r + t_x)/2 - 20℃ = (20.5\,℃ + 20.5\,℃)/2 - 20℃ = 0.5\,℃$$

(2) 표준불확도 : 0.3 ℃

예를 들어 사용한 온도계의 교정성적서에 측정불확도의 값이 0.6 ℃(신뢰수준 약 95 %, k=2 적용)였다면 다음과 같이 추정한다.

$$\frac{U}{k} = \frac{0.6}{2} = 0.3\,℃$$

(3) 확률분포 : 정규분포

사용한 온도계의 성적서를 참조한 것이며 성적서 상에 신뢰수준 약 95 %, k=2를 적용한 것으로서 정규분포임을 추정할 수 있다.

(4) 감도 계수 : 0

수학적 모델에서 편미분하면 다음과 같다.

$$c_{\delta t} = \frac{\partial B}{\partial \delta t} = -\Delta\alpha \cdot l_0 = -0℃ \cdot 50\,\mathrm{mm} = 0$$

(5) 불확도 기여도 : 0

감도 계수와 표준불확도의 곱으로 산출한다.

$$(-0℃ \cdot l_0\,\mathrm{mm}) \times 0.3\,℃ = 0$$

(6) 자유도 : ∞

예를 들어 추정한 표준불확도의 값에 대해 100 % 확신한다고 가정하면 다음과 같다.

$$\frac{1}{2}\left(\frac{100}{R}\right)^2 = \frac{1}{2}\left(\frac{100}{100-100}\right)^2 = 0 = \infty$$

4.9.8 합성표준불확도 $u_c(B)$

합성표준불확도는 수학적 모델에 속한 각각의 불확도 요인에 대한 추정값들을 하나로 합성한다. 아래의 식에서 각각의 항목은 감도 계수와 표준불확도를 곱하여 추정한 값, 즉 불확도 기여도를 나타낸다.

$$u_c^2(B) = c_{l_r}^2 u^2(l_r) + c_{l_x}^2 u^2(l_x) + c_{\overline{\alpha}}^2 u^2(\overline{\alpha}) + c_{\Delta t}^2 u^2(\Delta t) + c_{\Delta\alpha}^2 u^2(\Delta\alpha) + c_{\delta t}^2 u^2(\delta t)$$

$$u_c(B) = \sqrt{(0.037)^2 + (-0.69)^2 + (0)^2 + (-0.166\,7)^2 + (-0.02)^2 + (0)^2} = 0.71\ \mu\text{m}$$

◆ 수식 표현

$$u_c^2(B) = (26^2 + (0.53 \times l_{0\,mm})^2)\,\text{nm} + (-0.69)^2\,\mu\text{m} + 0^2\mu\text{m}$$

$$+ (-3.333\,5 \times 10^{-3} \times l_{0\,mm})^2 \mu\text{m}$$

$$+ (-0.41 \times 10^{-3} \times l_{0\,mm})^2\,\mu\text{m} + (0)^2\,\mu\text{m}$$

$$\therefore\ u_c(B) = \sqrt{0.69^2 + (0.003\,4 \times l_0\,\text{mm})^2} = \sqrt{0.69^2 + (0.003\,4 \times 50)^2}$$

$$= 0.71\,\mu\text{m}$$

☞ 합성표준불확도의 추정 결과에서 상수 또는 수식으로 표현할 수 있다. 수식 표현의 결과에서 0.69는

$$\sqrt{(0.026)^2 + (-0.69)^2}$$

에 의해 산출되었고, 0.003 4는

$$\sqrt{(0.000\,53)^2 + (-3.333\,5 \times 10^{-3})^2 + (-0.41 \times 10^{-3})^2}$$

로 산출된 것이다.

4.9.9 유효자유도 ν_{eff}

Welch-Satterthwaite 공식으로부터 출력 추정값 B에 수반된 표준불확도 $u(B)$의 유효자유도 ν_{eff}를 추정한다.

$$\nu_{eff} = \frac{u_c^4(B)}{\displaystyle\sum_{i=1}^{N} \frac{[c_i u(x_i)]^4}{\nu_i}} = \frac{u_c^4(B)}{\displaystyle\sum_{i=1}^{6} \frac{[c_i u(x_i)]^4}{\nu_i}}$$

$$= \frac{(0.71)^4}{\frac{(0.037)^4}{\infty} + \frac{(-0.69)^4}{125} + \frac{(0)^4}{100} + \frac{(-0.166\ 7)^4}{\infty} + \frac{(-0.02)^4}{\infty} + \frac{(0)^4}{\infty}} = 140.1 = 140$$

4.9.10 불확도 총괄표(Uncertainty budget)

입력량 (Xi)	추정값 (xi)	표준 불확도 u(xi)	확률 분포	감도 계수 (ci)	|불확도 기여량| ci · u(xi)	자유도 νi
l_r	50.000 07 mm	0.037 μm	정규	1	$\sqrt{(26)^2+(0.53\times l_0\text{mm})^2}$ nm =0.037 μm	∞
l_x	50.002 4 mm	0.69 μm	정규	−1	0.69 μm	125
$l_{x우}$	50.002 4 mm	0.246 μm	t	1	0.246 μm	4
$l_{x분}$	0	0.69 μm	직사각	1	0.69 μm	200
$l_{x기}$	0	0.29 μm	직사각	1	0.29 μm	22
$\overline{\alpha}$	11.5×10⁻⁶/℃	0.41×10⁻⁶/℃	직사각	0 $-(\Delta t\cdot l_0)$ = (0℃ · $l_0$mm)	0	100
Δt	0 ℃	0.29 ℃	직사각	$-(\overline{\alpha}\cdot l_0)$ =−(11.5×10⁻³/℃ $l_0$mm) um =−0.575 μm/℃	(−3.333 5×10⁻³×$l_0$mm) μm =0.166 7μm	∞
$\Delta\alpha$	0	0.82×10⁻⁶/℃	직사각	$-(\delta t\cdot l_0)$ =−(0.5℃×$l_0$mm) =−25mm℃	(−0.41×10⁻³×$l_0$mm) μm =0.02 μm	∞
δt	0.5 ℃	0.3 ℃	정규	$-(\Delta\alpha\cdot l_0)$ =−(0×$l_0$mm) um =0μm/℃	0	∞
B	−2.33μm ≒−2.3μm	−			$\sqrt{0.69^2+(0.003\,4\times l_0\,\text{mm})^2}$ μm u_c=0.71 μm	ν_{eff}= 140

4.9.11 측정불확도(Expanded uncertainty) U

유효자유도의 크기가 10 이상으로 충분히 크므로 정규분포로 간주하고, 표준정규분포에서 신뢰수준 약 95 %, $k=2$를 적용하여 측정불확도를 추정한다(KOLAS-G-002 측정결과의 불확도 추정 및 표현을 위한 지침).

$$U = k \times u_c(B) = 2 \times 0.71 = 1.42 \fallingdotseq 1.5 \ \ \mu\text{m}$$

또는

$$U = \text{k} \cdot u_c = 2 \cdot \sqrt{0.69^2 + 0.003\,4^2 \times l_0^2} \ \ \mu\text{m}$$

$$= \sqrt{1.38^2 + 0.006\,8^2 \times l_0^2} \ \ \mu\text{m}$$

(l_0 단위는 mm) (신뢰수준 약 95.45 %, k=2)

4.9.12 결과 보고

수학적 모델에서 추정한 보정값 B는 약 -2.3 μm 이며, 이에 대한 측정불확도는 신뢰수준 약 95 %에서 k=2를 적용하여 약 1.5 μm로 추정되었다. 이것을 다음과 같이 표현한다.

$$B = (-2.3 \pm 1.5)\mu\text{m}$$

(신뢰수준 약 95 %, k=2)

교정성적서

ABC 교정기관 교정기관 주소 명기 전화번호 및 Fax No. 명기	성적서번호 : 페이지 (1)/(총 2)	KOLAS

1. 의 뢰 자
   기 관 명 :
   주　　소 :
2. 측 정 기
   기 기 명 : 내측 마이크로미터
   제작회사 및 형식 :
   기기번호 :
3. 교정일자 :
4. 교정환경 : 온　　도 : (　　　±　　)℃　　상대습도 : (　　　±　　) % R.H.
   교정장소　: □ 고정표준실　　　□ 이동교정　　　□ 현장교정
5. 측정표준의 소급성
   위의 기기는 한국계량측정협회에서 발행된 '내측 마이크로미터의 표준교정절차(KASTO 11-10619-082)'에 따라 국가측정표준대표기관(KRISS)으로부터 SI 단위로 소급성이 유지된 표준기를 사용하여 교정되었다.

▸ 교정에 사용한 표준장비 명세

사용장비명	제작자 및 형식	기기번호	교정 유효일자	교정기관
게이지 블록				
게이지 블록 부속품				
정밀 정반				
온·습도계				

6. 교정결과 : 교정결과 참조
7. 측정불확도 : 교정결과 참조

확　인	작성자 성　명　　　　　(서 명)	승인자 직　위 : (기술책임자) 성　명 :　　　　(서 명)

위 성적서는 국제시험기관인정협력체(International Laboratory Accreditation Cooperation) 상호인정협정(Mutual Recognition Arrangement)에 서명한 한국인정기구(KOLAS)로부터 공인받은 분야의 교정결과입니다.

20　　.　　.　　.

한국인정기구 인정　○○교정기관장　　(인)

(주) 이 성적서는 측정기의 정밀정확도에 영향을 미치는 요소(과부하, 온도, 습도 등)의 급격한 변화가 발생한 경우에는 무효가 됩니다.

교 정 결 과	성적서번호 : 페이지 (2)/(총 2)	KOLAS

▸ 장비품명 : 내측 마이크로미터

기기번호 :

1. 눈금의 정확도 교정결과

눈금 (mm)	보정값 (μm)
25 ~ 30	
25 ~ 35	
25 ~ 40	
25 ~ 45	
25 ~ 50	

2. 측정불확도 : U = μm

(신뢰수준 %, k =)

끝.

5 깊이 마이크로미터

5.1 교정대상기기의 교정 항목, 측정 범위 및 교정 방법

교정 항목	측정 범위	교정 방법
눈금의 정확도	전 구간	게이지 블록 이용
기준면의 평면도	기준면 전체	옵티컬 플랫 사용(옵티컬 플랫의 표준교정절차 참조

☞ 기준면의 평면도는 교정항목이 아니라 불확도 추정을 위해 측정해야 하는 항목이다. 특별한 요구가 없으면 교정성적서에 별도 기록하는 것을 생략할 수 있다.

5.2 필요장비 명세 및 최저요구성능

장비명	수 량	최저요구성능
게이지 블록	3 세트	등급 : KS B 5201 (게이지 블록) 1급
정밀정반	1 대	등급 : KS B 5254 (정밀 정반) 1급
옵티컬 플랫	1 세트	등급 : KS B 5241 (옵티컬 플랫) 1급

5.3 교정 준비 및 절차

(1) 표준교정절차서를 숙독한다.

(2) 정반, 교정용 표준기, 교정대상 등을 깨끗이 닦고 각 부위에 손상이 없는지 점검 후 정반 위에 정렬시켜 둔다.

(3) 교정 전 충분한 열평형이 이루어지도록 한다.

(4) 체온이 전달되지 않도록 장갑을 착용한다.

(5) 깊이 마이크로미터의 0점 조정을 한다.

☞ 깊이 마이크로미터는 단일체형과 교환형이 있다. 교환형은 25 mm 이상의 치수부터는 스핀들을 교환하여 사용할 수 있다. 본 실습에서는 측정범위 0 mm ~ 25 mm의 단일체형을 이용하여 교정하는 방법으로 진행하며 정반 바닥을 기준으로 0점을 조정한다.

(6) 깊이 마이크로미터의 눈금의 정확도를 측정한다.

☞ 해당 구간의 치수를 게이지 블록으로 조합하여 생성하여 측정한다. 방법은 일단 25 mm의 받침 게이지 블록을 1쌍 마련하여 깊이 마이크로미터의 베이스면 양쪽 부분에 고여 놓은 다음 해당 구간의 길이를 측정하기 위해 베이스면 중앙에 위치시켜 스핀들이 닿게 하여 측정한다. 측정 중 깊이 마이크로미터의 베이스면이 들뜨지 않도록 주의한다.

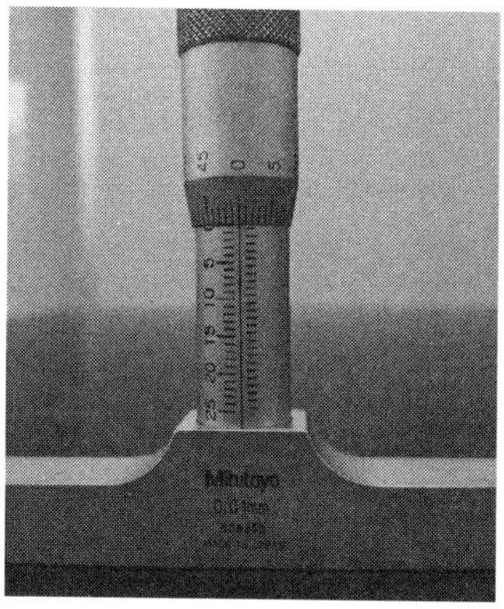

[그림 5.1] 0점 조정
(정반 바닥을 기준으로 0점 조정)

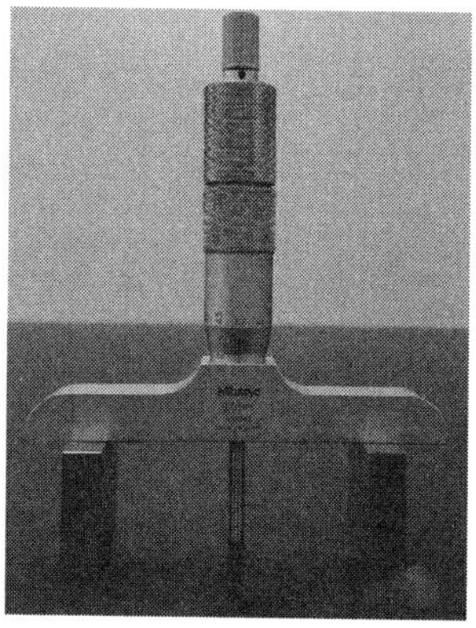

[그림 5.2] 눈금의 정확도 교정 준비
(양쪽에 25 mm 받침 게이지 블록)

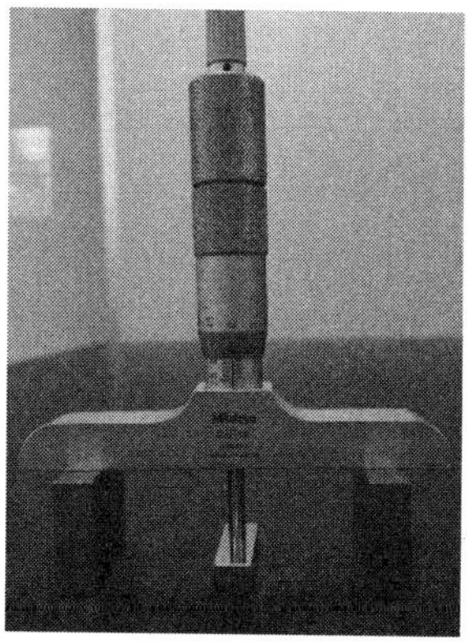

[그림 5.3] 눈금의 정확도 교정
(구간별 중앙 게이지 블록 교체)

5.4 교정데이터 처리

게이지 블록을 이용하여 측정구간(0 mm~25 mm), 최소눈금(0.01 mm)인 깊이 마이크로미터에 대한 교정처리 과정을 예시로 설명하였다.

5.5 눈금의 정확도 교정

5.6 수학적 모델

수학적 모델은 보정값, 지시편차, 실제치수 등을 산출하기 위해 수식을 자유롭게 세울 수 있다. 본 실습에서는 이들 중 하나로 보정값을 구하기 위한 수학적 모델을 수립하여 설명하였다.

$$B = d - l_x - (\overline{\alpha}\Delta t + \Delta\alpha\delta t)d$$

B	보정값
d	교정할 눈금의 크기(교정 눈금 값에 해당되는 실제 게이지 블록의 높이)
l_x	깊이 마이크로미터의 지시값
L_1	받침 게이지 블록의 20 ℃에서 길이
L_2	받침 게이지 블록의 20 ℃에서 길이
L_3	중앙 게이지 블록의 길이
$\overline{\alpha}$	깊이 마이크로미터와 게이지 블록의 평균 열팽창
Δt	깊이 마이크로미터와 게이지 블록의 온도차
Δ_α	깊이 마이크로미터와 게이지 블록의 열팽창계수 차
δ_t	깊이 마이크로미터와 게이지 블록의 평균온도와 기준온도(20 ℃)의 차

만일 교정 전 충분한 열평형이 이루어졌고, 내측 마이크로미터와 게이지 블록의 재질이 동일하다면 수식에서 $(\overline{\alpha}\Delta t + \Delta\alpha\delta t)d$는 0으로 볼 수 있다. 그러므로 수식을 간단하게 표현하여 보정값을 산출할 수 있다.

$$B = d - l_x$$

5.7 눈금값의 교정

게이지 블록을 조합하여 명목값에 해당되는 길이는 만들고 5회 반복 측정한 지시값, 평균, 표준편차, 보정값을 기록한다.

명목값 (mm)	깊이 마이크로미터 지시값 (mm)								
	1회	2회	3회	4회	5회	평균값	표준편차 (μm)	게이지 블록 편차(μm)	보정값
1.0 (24.0)								0.03	
2.0 (23.0)								−0.03	
3.0 (22.0)								0.04	
4.0 (21.0)								0.02	
5.0 (20.0)								0.05	
10.0 (15.0)								−0.04	
15.0 (10.0)								−0.06	
20.0 (5.0)	20.001	20.002	20.001	20.001	20.001	20.001 2	0.45	0.01	
25.0 (0.0)								0.00	

☞ 주어진 게이지 블록 편차는 교정실습용 자료로써 성적서에 기록된 값으로 가정하였다. 또한 교정 처음 시점부터 마칠 때까지 깊이 마이크로미터의 베이스면 양쪽에 받침 게이지로 사용하게 되는 25 mm 게이지 블록은 실습 편의상 각각 편차가 $L_1 = 0.02\mu\text{m}$, $L_2 = -0.02\mu\text{m}$였다고 가정하였다. 실제 교정기관에서는 성적서를 반드시 참조하여 적용해야 한다. 위의 표에서 명목값 옆의 괄호 안의 치수는 중앙에 놓여야 할 필요한 치수를 의미한다. 예를 들어 25 mm를 측정하기 위해서는 스핀들이 닿는 부위에는 게이지 블록이 필요 없음을 의미한다.

5.8 보정값 및 교정값 계산

기준장비와 피교정 장비는 동일한 스틸 재질이다. 교정 시 충분한 열평형이 이루어진 상태에서 교정을 하였다. 측정할 당시의 표준실 온도가 기준 및 피교정기기를 놓아두었던 정반 주위의 온도를 측정한 결과 20.5 ℃였다고 가정하면 다음과 같다.

☞ 실제 본인이 사용한 기준 및 피교정기기의 재질을 확인하고 열팽창계수를 찾아 적용한다. 또한 온도계로 측정환경 온도를 측정하여 적용한다.

$$B = d - l_x - (\overline{\alpha}\Delta t + \Delta\alpha\delta t)d$$

B	보정값
d	교정할 눈금의 크기(교정할 실제 해당 구간의 게이지 블록의 높이) $d=(L_1+L_2)/2-L_3$ $=\{(25\ mm+0.02\mu m)+25\ mm-0.02\mu m\}/2-(5\ mm+0.01\mu m)$ $=(25.000\ 02\ mm+24.999\ 98\ mm)/2-5.000\ 01\ mm$ $=19.999\ 99\ mm$
l_x	5회 반복측정한 값의 평균값 ☞ 본 예에서는 20 mm 구간에서의 평균값은 20.001 2 mm
L_1	받침 게이지 블록의 20 ℃에서 길이 ☞ 본 실험을 위해 예로써 받침 게이지 블록의 편차는 성적서에 0.02 μm 의 편차가 있는 것으로 가정하고 진행한다. 즉, $L_1=25.000\ 02$ mm
L_2	받침 게이지 블록의 20 ℃에서 길이 ☞ 본 실험을 위해 예로써 받침 게이지 블록의 편차는 성적서에 −0.02 μm 의 편차가 있는 것으로 가정하고 진행한다. 즉, $L_2=24.999\ 98$ mm
L_3	중앙 게이지 블록의 길이 ☞ 본 교정실습에서 20 mm를 교정하기 위해서는 중앙 게이지 블록은 5 mm를 놓아야 한다. 이때, 5 mm는 성적서에 편차가 0.01 μm 있다고 가정하여 산출한다. 즉, 5.000 01 mm이다. '5.7 눈금값의 교정'에 있는 표 참조(교정 자료 참조).
$\overline{\alpha}$	$(\alpha_x+\alpha_r)/2=(11.5\times10^{-6}/℃+11.5\times10^{-6}/℃)/2=11.5\times10^{-6}/℃$ ☞ α_x = 스틸 재질의 깊이 마이크로미터의 열팽창계수, α_r = 스틸 재질의 게이지 블록의 열팽창계수
Δt	$(t_x-t_r)=20.5\ ℃-20.5\ ℃=0\ ℃$ ☞ t_x = 깊이 마이크로미터 온도, t_r = 게이지 블록의 온도로 동일 장소에 충분한 시간 두면 열평형
$\Delta\alpha$	$(\alpha_x-\alpha_r)=(11.5\times10^{-6}/℃-11.5\times10^{-6}/℃)=0$
δt	$(t_x+t_r)/2-20\ ℃=(20.5\ ℃+20.5\ ℃)/2-20\ ℃=0.5\ ℃$ ☞ 기준온도 20 ℃에서의 차이

$$\therefore B=d-l_x-(\overline{\alpha}\Delta t+\Delta\alpha\delta t)d$$
$$=19.999\ 99-20.001\ 2-(11.5\times10^{-6}/℃\cdot0℃+0℃\cdot0.5\ ℃)\times19.999\ 99$$
$$=-0.001\ 21\ \text{mm}\fallingdotseq-1.21\ \mu\text{m}$$

보정값 B를 산출한 다음 교정값을 구한다. 교정값 = 눈금값 + 보정값 즉, 교정값은 20 mm + (−0.001 21 mm) = 19.998 79 mm로 산출한다.

5.9 불확도 계산

본 예제에서는 20 mm의 길이 마이크로미터의 교정에 대한 불확도의 평가 과정을 상세히 설명하였다.

☞ 불확도 요인은 측정환경에 따라 얼마든지 달라질 수 있으며, 그로 인해 수립되는 수학적 모델도 달라질 수 있다. 본 예제에서 도출된 불확도 요인 이외에 실제 교정환경에서 측정 결과에 영향을 미쳤을 것으로 의심이 되는 요인이 있다면 수학적 모델에 추가하여 수립할 수 있다. 이와는 반대로 충분한 열평형이 이루어진 상태이고, 피교정기기와 교정기기가 동일한 재질로 열팽창계수가 같을 경우 온도 보정값은 수식에서 생략할 수 있다. 즉, 동일한 교정대상 및 항목일지라도 실제 상황을 최대한 고려하여 불확도 요인을 도출하여 수식에 반영하는 것이 바람직하다.

5.9.1 합성표준불확도(u_c)의 수학적 모델

합성표준불확도(Combined standard uncertainty)는 '5.6 수학적 모델' 항에서 수립한 수학적 모델에 불확도 전파 법칙(Law of propagation of uncertainty)을 적용하여 불확도를 추정하기 위한 수식을 새롭게 세운다.

☞ 불확도 전파 법칙은 RSSM(Root Sum Squared Method)으로 이해한다.

$$B = d - l_x - (\overline{\alpha} \cdot \Delta t + \Delta\alpha \cdot \delta t)d$$

$$\begin{aligned}
u_c^2(B) &= c_d^2 u^2(d) + c_{l_x}^2 u^2(l_x) + c_{\overline{\alpha}}^2 u^2(\overline{\alpha}) + c_{\Delta t}^2 u^2(\Delta t) + c_{\Delta\alpha}^2 u^2(\Delta\alpha) + c_{\delta t}^2 u^2(\delta t) \\
&= \left(\frac{\partial B}{\partial d}\right)^2 u^2(d) + \left(\frac{\partial B}{\partial l_x}\right)^2 u^2(l_x) + \left(\frac{\partial B}{\partial \overline{\alpha}}\right)^2 u^2(\overline{\alpha}) + \left(\frac{\partial B}{\partial \Delta t}\right)^2 u^2(\Delta t) \\
&\quad + \left(\frac{\partial B}{\partial \Delta\alpha}\right)^2 u^2(\Delta\alpha) + \left(\frac{\partial B}{\partial \delta t}\right)^2 u^2(\delta t) \\
&= (1)^2 \cdot u^2(d) + (-1)^2 \cdot u^2(l_x) + (-\Delta t \cdot d)^2 u^2(\overline{\alpha}) + (-\overline{\alpha} \cdot d)^2 u^2(\Delta t) \\
&\quad + (-\delta t \cdot d)^2 u^2(\Delta\alpha) + (-\Delta\alpha \cdot d)^2 u^2(\delta t)
\end{aligned}$$

5.9.2 받침 게이지 블록과 중앙 게이지 블록 길이 차의 표준불확도 $u(d)$

게이지 블록 길이 차의 표준불확도는 각 게이지 블록의 불확도 성분의 조합으로 구성된다. 불확도 전파법칙을 적용하여 L_1, L_2, L_3 세 개의 게이지 블록 길이에 대한 표준불확도를 각각 구하여 합성한다.

$$d = (L_1 + L_2)/2 - L_3$$

$$u^2(d) = c_{L_1}^2 u^2(L_1) + c_{L_2}^2 u^2(L_2) + c_{L_3}^2 u^2(L_3)$$
$$= \frac{1}{4} u^2(L_1) + \frac{1}{4} u^2(L_2) + u^2(L_3)$$
$$\therefore\ u(d) = \sqrt{c_{L_1}^2 u^2(L_1) + c_{L_2}^2 u^2(L_2) + c_{L_3}^2 u^2(L_3)}$$
$$= \sqrt{\left(\frac{1}{2} \times u(L_1)\right)^2 + \left(\frac{1}{2} \times u(L_2)\right)^2 + (1 \times u(L_3))^2}$$

성적서에 $U = \sqrt{52^2 + 1.03^2 \times L_0^2}$ nm (신뢰수준 약 95 %, $k = 2$, L_0의 단위는 mm)라고 나타나 있고 명목값이 25 mm인 받침 게이지 블록의 경우에는 명목값인 25 mm 불확도 식에 대입하고 성적서에 기재되어 있는 k 값으로 나누어 표준불확도를 얻는다.

5.9.2.1 받침 게이지 블록의 불확도 성분 $u(L_1)$

(1) 추정값 : 25.000 02 mm

교정에 사용된 받침 게이지 블록 25 mm에 대해 성적서 상에 편차가 0.02 μm를 고려한 값이다.

(2) 표준불확도 : 0.029 μm

성적서에 주어진 측정불확도값을 k = 2로 나누어 산출한다.

$$u(L_1) = u(L_2) = \frac{U}{k} = \frac{1}{2} \sqrt{52^2 + 1.03^2 \times 25^2}\,\mathrm{nm}$$

(3) 확률분포 : 정규분포

성적서에서 명시된 측정불확도는 표준정규분포의 신뢰수준 약 95 %, k = 2에 근거하여 추정된 결과값이므로 정규분포로 추정한다.

(4) 감도 계수 : $\frac{1}{2}$

감도 계수는 수학적 모델에서 편미분하여 산출한 값이다.

$$c_{L_1} = \frac{\partial d}{\partial L_1} = \frac{1}{2}$$

(5) 불확도 기여도 : 0.014 5 μm

감도 계수와 표준불확도의 곱으로 산출한다.

$$\frac{1}{2} \times 0.029 = 0.014\,5\ \mu\text{m}$$

(6) 자유도 : ∞

B형 불확도의 자유도

$$\frac{1}{2}\left(\frac{100}{R}\right)^2 = \frac{1}{2}\left(\frac{100}{100 - \text{확신의 정도}}\right)^2$$

로 추정한다. R은 표준불확도의 확신의 정도에 따라 실무자의 주관적 판단에 근거하여 부여한다. 만일 표준 불활도를 추정한 값을 80 % 확신한다면 자유도는

$$\frac{1}{2}\left(\frac{100}{100 - 80}\right)^2 = 12.5 = 12$$

로 계산한다. 여기서 자유도는 정수로 표현하며 반올림 없이 소수점 이하는 버림(truncated)한다. 본 예제에서 성적서에 근거한 추정결과이므로 확신의 정도는 100 %를 부여하여 ∞로 한다.

5.9.2.2 받침 게이지 블록의 불확도 성분 $u(L_2)$

(1) 추정값 : 24.999 98 mm

교정에 사용된 받침 게이지 블록 25 mm에 대해 성적서 상에 편차가 −0.02 μm를 고려한 값이다.

(2) 표준불확도 : 0.029 μm

성적서에 주어진 측정불확도 값을 포함인자 k=2로 나누어 산출한다.

$$u(L_1) = u(L_2) = \frac{1}{2}\sqrt{52^2 + 1.03^2 \times 25^2} = 0.029\,\mu\text{m}$$

(3) 확률분포 : 정규분포

성적서에서 명시된 측정불확도는 표준정규분포의 신뢰수준 약 95 %, k=2에 근거하여 추정된 결과값이므로 정규분포로 추정한다.

(4) 감도 계수 : $\frac{1}{2}$

감도 계수는 수학적 모델에서 편미분하여 산출한 값이다.

$$c_{L_2} = \frac{\partial d}{\partial L_2} = \frac{1}{2}$$

(5) 불확도 기여도 : 0.014 5 μm

감도 계수와 표준불확도의 곱으로 산출한다.

$$\frac{1}{2} \times 0.029 = 0.014\,5\,\mu\text{m}$$

(6) 자유도 : ∞

B형 불확도의 자유도는

$$\frac{1}{2}\left(\frac{100}{R}\right)^2 = \frac{1}{2}\left(\frac{100}{100 - \text{확신의 정도}}\right)^2$$

로 추정한다. R은 표준불확도의 확신의 정도에 따라 실무자의 주관적 판단에 근거하여 부여한다. 만일 표준 불확도를 추정한 값을 80 % 확신한다면 자유도는

$$\frac{1}{2}\left(\frac{100}{100 - 80}\right)^2 = 12.5 = 12$$

로 계산한다. 여기서 자유도는 정수로 표현하며 반올림 없이 소수점 이하는 버림(truncated)한다. 본 예제에서 성적서에 근거한 추정결과이므로 확신의 정도는 100 %를 부여하여 ∞로 한다.

5.9.2.3 중앙 게이지 블록의 불확도 성분 $u(L_3)$

(1) 추정값 : 5.000 01 mm

교정에 사용된 받침 게이지 블록 5 mm에 대해 성적서 상에 편차가 0.01 μm를 고려한 값이다.

(2) 표준불확도 : 0.026 μm

성적서에 주어진 측정불확도 값을 포함인자 k = 2로 나누어 산출한다.

$$u(L_3) = \frac{1}{2}\sqrt{52^2 + 1.03^2 \times 5^2} = 0.026 \quad \mu\text{m}$$

(3) 확률분포 : 정규분포

성적서에서 명시된 측정불확도는 표준정규분포의 신뢰수준 약 95 %, k = 2에 근거하여 추정된 결과값이므로 정규분포로 추정한다.

(4) 감도 계수 : −1

감도 계수는 수학적 모델에서 편미분하여 산출한 값이다.

$$c_{L_3} = \frac{\partial d}{\partial L_3} = -1$$

(5) 불확도 기여도 : −0.026 μm

감도 계수와 표준불확도의 곱으로 산출한다.

$$-1 \times 0.026 = -0.026$$

(6) 자유도 : ∞

본 예제에서 성적서에 근거한 추정결과이므로 확신의 정도는 100 %를 부여하여 ∞로 한다. 따라서 L_1, L_2, L_3 세 개의 게이지 블록을 합성하여 $u(d)$의 불확도를 다음과 같이 구한다.

$$u(d) = \sqrt{c_{L_1}^2 u^2(L_1) + c_{L_2}^2 u^2(L_2) + c_{L_3}^2 u^2(L_3)}$$

(1) 추정값 : 19.999 99 mm

20 mm 구간에서 받침 게이지 블록 25 mm에 대해 각각 0.02 μm, −0.02 μm, 중앙 게이지 블록 5 mm는 0.01 μm의 편차가 있으므로 이들을 모두 고려하여 얻은 결과이다.

$$d = (L_1 + L_2)/2 - L_3 = \{(25\ \text{mm} + 0.02\ \mu\text{m}) + (25\ \text{mm} - 0.02\ \mu\text{m})\}/2 - (5\ \text{mm} + 0.01\ \mu\text{m})$$

$$= (25.000\ 02\ \text{mm} + 24.999\ 98\ \text{mm})/2 - 5.000\ 01\ \text{mm} = 19.999\ 99\ \text{mm}$$

(2) 표준불확도 : 0.033 μm

성적서에 주어진 측정불확도 값을 포함인자 k=2로 나누어 산출한다. L_1, L_2, L_3 세 개의 게이지 블록 길이는 각각 추정한 불확도를 합성하여 추정한다.

$$u(d) = \sqrt{c_{L_1}^2 u^2(L_1) + c_{L_2}^2 u^2(L_2) + c_{L_3}^2 u^2(L_3)}$$

$$= \sqrt{(0.014\ 5)^2 + (0.014\ 5)^2 + (-0.026)^2} = 0.033$$

(3) 확률분포 : 정규분포

성적서에서 명시된 측정불확도는 표준정규분포의 신뢰수준 약 95 %, k=2에 근거하여 추정된 결과값이므로 정규분포로 추정한다.

(4) 감도 계수 : 1

감도 계수는 수학적 모델에서 편미분하여 산출한 값이다.

$$c_d = \frac{\partial B}{\partial d} = 1$$

(5) 불확도 기여도 : 0.033 μm

감도 계수와 표준불확도의 곱으로 산출한다.

$$(1) \times 0.033 = 0.033\ \mu\text{m}$$

(6) 자유도 : ∞

L_1, L_2, L_3 세 개의 게이지 블록에 대한 각각의 자유도를 Welch-Satterthwaite 공식으로부터 유효자유도 ν_{eff}를 추정한다.

$$\nu_d = \frac{u_c^4(d)}{\displaystyle\sum_{i=1}^{3} \frac{[c_i u(x_i)]^4}{\nu_i}} = \frac{(0.033)^4}{\dfrac{(0.014\,5)^4}{\infty} + \dfrac{(0.014\,5)^4}{\infty} + \dfrac{(-0.026)^4}{\infty}} = \infty$$

5.9.3 깊이 마이크로미터 눈금 읽음값의 표준불확도 $u(l_x)$

l_x의 불확도는 세 가지 요인에 의해 동시에 영향을 받는 것을 고려하여 추정한다. 우연효과로 인한 산포 $u^2(l_{x우})$, 분해능의 한계 $u^2(l_{x분})$ 그리고 앤빌과 스핀들의 기하학적 불완전성 $u^2(l_{x기})$으로부터 기인한다.

$$u^2(l_x) = u^2(l_{x우연효과}) + u^2(l_{x분해능}) + u^2(l_{x기하학적\ 효과})$$

$$\therefore\ u(l_x) = \sqrt{u^2(l_{x우연효과}) + u^2(l_{x분해능}) + u^2(l_{x기하학적\ 효과})}$$

5.9.3.1 우연효과에 의한 표준불확도 $u^2(l_{x우연효과})$

우연효과에 의한 불확도는 N회 반복 측정하여 얻은 결과의 평균의 표준편차에 해당한다. 평균의 표준편차는 표준편차를 측정횟수의 제곱근(본 예에서는 $\sqrt{5}$)으로 나눈 값이다. 눈금마다 이 값이 다를 수 있으므로, 전 구간에 걸쳐서 최댓값을 찾아 적용한다.

(1) 추정값 : 20.001 2 mm

본 예제에서 20 mm 구간의 평균값 20.001 2 mm로 가정한 것이며, 실제 본인의 평균값을 적용한다.

(2) 표준불확도 : 0.20 μm

본 예제에서 최대 표준편차를 0.45 μm로 가정한 것이며, 실제 본인의 최대 표준편차를 적용한다. 이때 최대 표준편차는 0 mm~25 mm 전체 구간에서 가장 큰 표준편차를 적용한다.

$$\frac{s}{\sqrt{\text{반복측정횟수}}} = \frac{0.45}{\sqrt{5}} = 0.20\ \ \mu\text{m}$$

(3) 확률분포 : t－분포

일반적으로 반복측정 횟수가 30회 이상이면 정규분포, 미만이면 t-분포로 간주한다.

(4) 감도 계수 : 1

감도 계수는 수학적 모델에서 편미분하여 산출한다.

$$c_{l_{x\text{우연효과}}} = \frac{\partial l_x}{\partial l_{x\text{우연효과}}} = 1$$

(5) 불확도 기여도 : 0.20 μm

감도 계수와 표준불확도의 곱으로 산출한다. ▶ $1 \times 0.20 = 0.20\,\mu\text{m}$

(6) 자유도 : 4

자유도는 n−1, 즉 (반복측정횟수 −1)로 산출한다. ▶ $5-1$

5.9.3.2 분해능 한계에 의한 표준불확도 $u^2(l_{x\text{분해능}})$

본 예제에서 다루고 있는 깊이 마이크로미터의 최소눈금이 0.01 mm이다. 일반적으로 아날로그 타입의 눈금은 실무자의 숙련도에 따라 목측에 의해 다르게 읽을 수 있다. 초보자의 경우 한 눈금(0.01 mm)을 1/2로 읽을 수도 있고, 숙련된 경우 한 눈금(0.01 mm)을 1/10로 읽어 1 μm까지 읽을 수 있다. 분해능 한계에 의한 불확도는 목측으로 읽을 수 있는 값을 적용하여 직사각형 확률분포를 적용하여 추정한다.

☞ 일반적으로 디지털 타입은 분해능의 반 너비에 $\sqrt{3}$으로 나누어 추정한다.

(1) 추정값 : 0 mm

깊이 마이크로미터의 분해능으로 인하여 측정결과에 영향을 미친 정도는 사실상 기댓값을 추정하기 어려우므로 0으로 둔다.

(2) 표준불확도 : 0.58 μm

최소눈금 0.01 mm를 목측으로 1/10까지 나누어 읽는다면 분해능은 0.001 mm가 되므로 여기에 직사각형 확률분포를 적용하여 다음과 같이 구한다.

$$\frac{0.01}{10\sqrt{3}} = 0.000\,577 \fallingdotseq 0.58\ \mu\text{m}$$

(3) 확률분포 : 직사각형

모든 측정 구간에서 눈금을 읽을 때 실수할 수 있는 확률은 최소눈금 한 눈금으로 동일한 확률을 지닐 것으로 간주하여 직사각형 확률분포로 추정한다.

(4) 감도 계수 : 1

감도 계수는 편미분하여 산출한다.

$$c_{l_{x\text{분해능}}} = \frac{\partial l_x}{\partial_{l_{x\text{분해능}}}} = 1$$

(5) 불확도 기여도 : 0.58 μm

감도 계수와 표준불확도의 곱으로 산출한다.

$$1 \times 0.58\,\mu\text{m} = 0.58\,\mu\text{m}$$

(6) 자유도 : 200

예를 들어 추정한 표준불확도의 값에 대해 95 % 확신한다고 가정하면 다음과 같다.

$$\frac{1}{2}\left(\frac{100}{R}\right)^2 = \frac{1}{2}\left(\frac{100}{100-95}\right)^2 = 200$$

5.9.3.3 기하학적 효과에 의한 표준불확도 $u^2(l_{x\text{기하학적 효과}})$

정반 면의 평면도, 두 받침 게이지 블록간의 길이 차이, 기준면의 평면도, 측정면(스핀들면)의 평면도 등이 d에 미치는 영향을 말한다. 이 항의 크기는 매우 작으므로 본 교정실습에서는 생략한다.

(1) 추정값 : 0 mm

(2) 표준불확도 : 0 μm

(3) 확률분포 : 직사각형

(4) 감도 계수 : $c_{l_x 기하학적\ 효과} = \dfrac{\partial l_x}{\partial_{l_x 기하학적\ 효과}} = 1$

(5) 불확도 기여도 : 0 μm

(6) 자유도 : ∞

그러므로 깊이 마이크로미터의 표준불확도 $u(l_x)$는 세 가지 요인을 합성하면 다음과 같다.

(1) 추정값 : 20.001 2 mm

본 예제에서 20 mm 구간의 평균값 20.001 2 mm로 가정한 것이며, 실제 본인의 평균값을 적용한다.

(2) 표준불확도 : 0.613 μm

깊이 마이크로미터 지시값의 표준불확도는 세 가지(우연효과, 분해능 한계, 기하학적 효과) 영향을 동시에 고려하여 추정한다.

$$u(l_x) = \sqrt{0.20^2 + 0.58^2 + 0^2} = 0.613 \ \ \mu\text{m}$$

(3) 확률분포 : 정규분포

깊이 마이크로미터 지시값의 표준불확도에 세 가지(우연효과, 분해능 한계, 기하학적 효과) 요인에 대한 유효자유도를 산출하면 146이다. 즉, 30 이상이므로 충분한 횟수로 간주하여 정규분포로 한다.

(4) 감도 계수 : –1

감도 계수는 편미분하여 산출한다.

$$c_{l_x} = \frac{\partial B}{\partial_{l_x}} = -1$$

(5) 불확도 기여도 : −0.613 μm

감도 계수와 표준불확도의 곱으로 산출한다.

$$(-1)\times 0.613 = -0.613\,\mu\text{m}$$

(6) 자유도 : 146

깊이 마이크로미터 지시값의 표준불확도에 영향을 미치는 세 가지 불확도 요인에 대한 각각의 자유도를 Welch-Satterthwaite 공식으로부터 유효자유도 ν_{eff}를 추정한다.

$$\nu_{l_x} = \frac{u_c^4(l_x)}{\sum_{i=1}^{3}\frac{[c_i u(x_i)]^4}{\nu_i}} = \frac{(-0.613)^4}{\frac{(0.20)^4}{4}+\frac{(0.58)^4}{200}+\frac{(0)^4}{\infty}} = 146.1 = 146$$

5.9.4 깊이 마이크로미터와 게이지 블록의 평균 열팽창계수의 표준불확도 $u(\overline{\alpha})$

(1) 추정값 : 11.5 X 10⁻⁶ /℃

스틸 재질의 내측 마이크로미터(α_x)와 동일한 스틸 재질의 게이지 블록(α_r)의 평균 열팽창계수를 나타낸다.

$$\overline{\alpha} = \frac{\alpha_x + \alpha_r}{2} = \frac{11.5\times 10^{-6}/℃ + 11.5\times 10^{-6}/℃}{2} = 11.5\times 10^{-6}/℃$$

(2) 표준불확도 : 0.41 X 10⁻⁶ /℃

B형 불확도의 표준불확도는 확률분포를 적용하여 추정한다. 확률분포의 종류에는 정규, 직사각, 삼각, 사다리꼴, U자 등이 있다. 직사각 확률분포는 다른 말로 균등분포라고도 한다. 이것은 추정 대상의 확률분포가 전 구간에 걸쳐 동등한 확률로 영향이 미치고 있다고 판단될 때 적용한다. 가장 대표적인 예로 분해능과 같이 어느 부분을 읽는다고 해도 잘못 읽을 확률은 동등하게 발생할 수 있다고 보고 적용하는 것이다. 이뿐만 아니라 주어진 정보를 활용하거나 또는 어떤 확률분포인지 모호하거나 알 수 없는 경우 모두 직사각형 확률분포로 간주한다. 추정 방법은 반 너비를 $\sqrt{3}$으로 나눈 값으로 산출한다. 여기서 $\overline{\alpha} = (\alpha_x + \alpha_r)/2$이므로 불확도 전파법칙에 의하여 수식을 변형시켜 계산한다.

$$u^2(\overline{\alpha}) = \frac{1}{4}u^2(\alpha_x) + \frac{1}{4}u^2(\alpha_r)$$

여기에 깊이 마이크로미터와 게이지 블록의 제작회사로부터 얻은 자료(사양, 관련 정보 등)의 자료에서 참조한 열팽창계수의 오차 범위의 값을 적용한다. 예를 들어 제조사의 사양서에 깊이 마이크로미터와 게이지 블록의 열팽창계수의 오차 범위의 값이 각각 $\pm 1.0 \times 10^{-6}$/℃ 라고 가정하면,

$$u(\alpha_x) = u(\alpha_r) = \pm 1.0 \times 10^{-6}/℃$$

에 직사각형 확률분포를 적용하여

$$u(\alpha_x) = u(\alpha_r) = \frac{1.0 \times 10^{-6}/℃}{\sqrt{3}} = 0.000\,000\,577\,℃ \fallingdotseq 0.58 \times 10^{-6}/℃$$

가 된다. 따라서

$$u^2(\overline{\alpha}) = \frac{1}{4}u^2(\alpha_x) + \frac{1}{4}u^2(\alpha_r) = \frac{1}{4}u^2(0.58 \times 10^{-6}/℃) + \frac{1}{4}u^2(0.58 \times 10^{-6}/℃)$$

$$\therefore u(\overline{\alpha}) = \sqrt{\frac{1}{4}u^2(0.58 \times 10^{-6}/℃) + \frac{1}{4}u^2(0.58 \times 10^{-6}/℃)} = 0.000\,000\,41$$

$$= 0.41 \times 10^{-6}/℃$$

(3) 확률분포 : 직사각형

B형 불확도의 추정방법은 주로 정보를 근거로 하여 추정하기 때문에 직사각형 확률분포가 가장 많다. 본 예제에서도 제조사로부터 확보한 정보, 즉 오차 범위의 값을 이용하여 추정하므로 직사각형 확률분포로 간주한 것이다.

(4) 감도 계수 : 0

감도 계수는 수학적 모델에서 편미분하여 산출한다. 실제 교정 중 온도 변동량을 관찰하고 기록하여 적용한다.

$$c_{\overline{\alpha}} = \frac{\partial B}{\partial \overline{\alpha}} = \Delta t \cdot d = 0\,℃ \cdot 19.999\,99\ \text{mm} = 0$$

(5) 불확도 기여도 : 0

감도 계수와 표준불확도의 곱으로 산출한다.

$$(0) \times (0.41 \times 10^{-6}/℃) = 0\ \mu\text{m}$$

(6) 자유도 : 100

예를 들어 추정한 표준불확도의 값에 대해 90 % 확신한다고 가정하면,

$$\frac{1}{2}\left(\frac{100}{R}\right)^2 = \frac{1}{2}\left(\frac{100}{100-90}\right)^2 = 50$$

이다. 여기에서 평균 열팽창계수에 대한 불확도는 두 가지(깊이 마이크로미터와 게이지 블록)를 합하여 나눈 식으로 추정되므로 이 두 가지 불확도 요인에 대한 각각의 자유도를 Welch-Satterthwaite 공식에 의해 유효자유도 ν_{eff}를 추정한다.

$$\nu(\overline{\alpha}) = \frac{u^4(\overline{\alpha})}{\dfrac{\left\{\dfrac{1}{4}u^2(\alpha_x)\right\}^2}{50} + \dfrac{\left\{\dfrac{1}{4}u^2(\alpha_r)\right\}^2}{50}}$$

$$= \frac{(0.41 \times 10^{-6}\ /℃)^4}{\dfrac{\left\{\dfrac{1}{4}\left(\dfrac{1.0 \times 10^{-6}\ /℃}{\sqrt{3}}\right)^2\right\}^2}{50} + \dfrac{\left\{\dfrac{1}{4}\left(\dfrac{1.0 \times 10^{-6}\ /℃}{\sqrt{3}}\right)^2\right\}^2}{50}} = 100$$

5.9.5 깊이 마이크로미터와 게이지 블록의 온도 차에 의한 불확도 $u(\Delta t)$

충분한 열평형 상태가 이루어졌다고 하더라도 측정 데이터를 확보하는 과정 중에 체온이나 그 밖의 어떠한 원인으로 인한 온도 드리프트가 발생하여 영향을 줄 수 있다. 또는 과거의 경험상 몇 ℃ 이내에서 상호간에 일치한 것을 적용할 수 있다. 예를 들어 경험적으로 ±0.5 ℃ 이내에서 일치하는 것을 알고 있다고 가정하면 다음과 같이 추정된다.

(1) 추정값 : 0 ℃

동일 장소에 일정 시간 두게 되면 열평형이 이루어지기 때문에 온도는 차이가 없는 것으로 간주하여 기댓값을 0으로 본다.

(2) 표준불확도 : 0.29 ℃

충분한 열평형이 이루어진 상태라도 측정 중 체온 또는 알 수 없는 온도 드리프트에 의해 온도가 변할 수 있다. 예를 들어 ±0.5 ℃ 이내에서 열평형이 이루어졌다면, 또는 과거의 경험상 ±0.5 ℃ 이내에서 상호간 열평형이 이루어진 것을 알고 있다면 여기에 직사각형 확률분포를 적용하여 ±0.5 ℃의 반 범위 즉, ±0.5 ℃에 $\sqrt{3}$으로 나누어 산출한다.

$$\frac{\pm 0.5\ ℃}{2\sqrt{3}} = \frac{0.5\ ℃}{\sqrt{3}} = 0.29\ ℃$$

(3) 확률분포 : 직사각형

온도 변화가 어느 일정 구간에서만 ±0.5 ℃의 변화를 보인 것이 아닌 균등하게 어느 측정환경에서도 동일한 확률분포로 변화가 일어났을 것으로 간주하여 추정한 것이다.

(4) 감도 계수 : −0.23 μm/℃ [수식 표현 = (−11.5 X 10^{-3} /℃ · d mm) μm]

감도 계수는 수학적 모델에서 편미분하여 산출한다.

$$c_{\Delta t} = \frac{\partial B}{\partial \Delta t} = -\bar{\alpha} \cdot d = -11.5 \times 10^{-6}/℃ \cdot 19.999\,99\text{ mm} = -0.23\,\mu\text{m}/℃$$

(5) 불확도 기여도 : −0.06 μm [수식 표현 = (−3.333 5 X 10^{-3} X d mm) μm]

감도 계수와 표준불확도의 곱으로 산출한다.

$$(-0.23\,\mu\text{m}/℃) \times 0.29\,℃ = -0.06\,\mu\text{m}$$

(6) 자유도 : ∞

예를 들어 추정한 표준불확도의 값에 대해 100 % 확신한다고 가정하면 다음과 같다.

$$\frac{1}{2}\left(\frac{100}{R}\right)^2 = \frac{1}{2}\left(\frac{100}{100-\text{확신정도}}\right)^2 = 0 = \infty$$

5.9.6 깊이 마이크로미터와 게이지 블록의 열팽창계수 차에 의한 표준불확도 $u(\Delta\alpha)$

(1) 추정값 : 0

스틸 재질의 깊이 마이크로미터와 동일한 스틸 재질의 게이지 블록의 열팽창계수의 차이에 의한 추정값이다.

$$\Delta\alpha = (\alpha_x - \alpha_r) = (11.5 \times 10^{-6}/℃ - 11.5 \times 10^{-6}/℃) = 0$$

(2) 표준불확도 : 0.82 X 10^{-6} /℃

$\Delta\alpha = (\alpha_x - \alpha_r)$이므로 불확도 전파법칙에 의해 $u^2(\Delta\alpha) = u^2(\alpha_x) + u^2(\alpha_r)$가 된다. 즉,

$$u(\Delta\alpha) = \sqrt{u^2(\alpha_x) + u^2(\alpha_r)}$$

로 산출한다. 만일 제조사로부터 얻은 깊이 마이크로미터와 게이지 블록의 열팽창계수에 대한 오차 범위가 $\pm 1.0 \times 10^{-6}/℃$ 라고 한다면, 이것은 정보에 근거한 것이므로 직사각 확률분포를 적용하여 $u(\Delta\alpha)$의 식에 대입하여 구하면 된다. 즉,

$$u(\alpha_x) = u(\alpha_r) = \frac{1.0 \times 10^{-6}/℃}{\sqrt{3}} = 0.000\,000\,577\,℃ \fallingdotseq 0.58 \times 10^{-6}/℃$$

를 $u(\Delta\alpha)$의 식에 대입한다.

$$\therefore\ u(\Delta\alpha) = \sqrt{u^2(\alpha_x) + u^2(\alpha_r)} = \sqrt{u^2(0.58 \times 10^{-6}/℃) + u^2(0.58 \times 10^{-6}/℃)}$$

$$= 0.82 \times 10^{-6}/℃$$

(3) 확률분포 : 직사각형

제조사로부터 확보한 정보에 근거하여 추정했으므로 직사각형 확률분포로 간주한다.

(4) 감도 계수 : −10 mm ℃ [수식 표현 = (−0.5 ℃ · d mm)]

감도 계수는 수학적 모델에서 편미분하여 산출한다. 예제에서 표준온도와 실제 교정이 이루어진 측정환경의 온도 차이 δt는 0.5 ℃로 가정하면 다음과 같이 산출할 수 있다.

$$c_{\Delta\alpha} = \frac{\partial B}{\partial \Delta\alpha} = -\delta t \cdot d = -0.5℃ \cdot 19.999\,99\ \text{mm} = -9.999\,99\ \text{mm}℃ \fallingdotseq -10\ \text{mm}℃$$

(5) 불확도 기여도 : $-0.008\,2\ \mu\text{m}$ [수식 표현 = ((−0.41 X 10^{-3}) X d mm) μm]

감도 계수와 표준불확도의 곱으로 산출한다.

$$(-10\ \text{mm}℃) \times (0.82 \times 10^{-6}/℃) = -0.000\,008\,2\,\text{mm} \fallingdotseq -8.2 \times 10^{-3}\ \mu\text{m}$$

(6) 자유도 : ∞

예를 들어 추정한 표준불확도의 값에 상대불확도 R = 0 %라면 다음과 같이 산출한다.

$$\frac{1}{2}\left(\frac{100}{R}\right)^2 = \frac{1}{2}\left(\frac{100}{100-100}\right)^2 = 0 = \infty$$

5.9.7 깊이 마이크로미터와 게이지 블록의 평균온도와 표준온도와의 차이에 의한 표준불확도 $u(\delta t)$를 구하시오.

(1) 추정값 : 0.5 ℃

깊이 마이크로미터와 게이지 블록의 교정이 이루어지는 동안 충분한 열평형 상태이며 이때의 교정 환경 온도가 20.5 ℃였다고 가정한다면 다음과 같이 구할 수 있다.

$$\delta t = (t_r + t_x)/2 - 20℃ = (20.5℃ + 20.5℃)/2 - 20℃ = 0.5\ ℃$$

(2) 표준불확도 : 0.3 ℃

예를 들어 사용한 온도계의 교정성적서에 측정불확도의 값이 0.6 ℃(신뢰수준 약 95 %, k=2 적용)였다면 다음과 같이 구할 수 있다.

$$\frac{U}{k} = \frac{0.6}{2} = 0.3\ ℃$$

(3) 확률분포 : 정규분포

사용한 온도계의 성적서를 참조한 것이며 성적서 상에 신뢰수준 약 95.45 %, k=2를 적용한 것으로써 정규분포임을 추정할 수 있다.

(4) 감도 계수 : 0

수학적 모델에서 편미분하면 다음과 같이 산출된다.

$$c_{\delta t} = \frac{\partial B}{\partial \delta t} = -\Delta\alpha \cdot d = -0\ ℃ \cdot 19.999\ 99\ \mathrm{mm} = 0$$

(5) 불확도 기여도 : 0

감도 계수와 표준불확도의 곱으로 산출한다.

$$0 \times 0.3\ ℃ = 0$$

(6) 자유도 : ∞

예를 들어 추정한 표준불확도의 값에 대해 100 % 확신한다고 가정하면 다음과 같다.

$$\frac{1}{2}\left(\frac{100}{R}\right)^2 = \frac{1}{2}\left(\frac{100}{100-100}\right)^2 = 0 = \infty$$

5.9.8 합성표준불확도 $u_c(B)$

합성표준불확도는 수학적 모델에 속한 각각의 불확도 요인에 대한 추정값들을 하나로 합성한다. 아래의 식에서 각각의 항목은 감도 계수와 표준불확도를 곱하여 추정한 값, 즉 불확도 기여도를 나타낸다.

$$u_c^2(B) = c_{l_r}^2 u^2(d) + c_{l_x}^2 u^2(l_x) + c_{\overline{\alpha}}^2 u^2(\overline{\alpha}) + c_{\Delta t}^2 u^2(\Delta t) + c_{\Delta\alpha}^2 u^2(\Delta\alpha) + c_{\delta t}^2 u^2(\delta t)$$

$$u_c(B) = \sqrt{(0.033)^2 + (-0.613)^2 + (0)^2 + (-0.06)^2 + (-0.008\ 2)^2 + (0)^2} \fallingdotseq 0.617\ \mu\mathrm{m}$$

◆ 수식 표현

: $u_c^2(B) = (0.033)^2\,\mu\mathrm{m} + (-0.613)^2\,\mu\mathrm{m} + 0^2\,\mu\mathrm{m} + (-3.333\ 5 \times 10^{-3} \times d_{mm})^2\,\mu\mathrm{m}$

$$+(-0.41\times 10^{-3}\times d_{mm})^2\,\mu\text{m}+(0)^2\,\mu\text{m}$$

$$\therefore u_c(B)=\sqrt{0.613\,9^2+(0.0033\times d_{mm})^2}$$

$$=\sqrt{0.613\,9^2+(0.003\,3\times 19.999\,99)^2}$$

$$=0.617\,\mu\text{m}$$

합성표준불확도의 추정 결과에서 상수 또는 수식으로 표현할 수 있다. 수식 결과와 상수식으로 표현된 결과를 비교해보면 약간의 차이가 발생할 수도 있다. 이것은 산출하는 과정에서 반올림에 의한 차이가 원인이 된다. 그러므로 반올림을 지나치게 적은 자릿수에서 각 단계마다 하게 되면 오차가 발생되므로 주의한다. 가능한 최종 확장불확도에서 유효자릿수 1개 또는 2개의 자릿수를 정리하는 것이 바람직하다.

5.9.9 유효자유도 ν_{eff}

Welch-Satterthwaite 공식으로부터 출력 추정값 B에 수반된 표준불확도 $u(B)$의 유효자유도 ν_{eff}를 추정한다.

$$\nu_{eff}=\frac{u_c^4(B)}{\sum_{i=1}^{N}\frac{[c_iu(x_i)]^4}{\nu_i}}=\frac{u_c^4(B)}{\sum_{i=1}^{6}\frac{[c_iu(x_i)]^4}{\nu_i}}$$

$$=\frac{(0.617)^4}{\frac{(0.033)^4}{\infty}+\frac{(-0.613)^4}{146}+\frac{(0)^4}{100}+\frac{(-0.06)^4}{\infty}+\frac{(-0.008\,2)^4}{\infty}+\frac{(0)^4}{\infty}}$$

$=149.8=149$ (소수점 이하는 버림)

☞ 수학적 모델에 속한 각각의 표준불확도 요인들에 대한 자유도를 앞에서 산출했다. 이것을 하나의 자유도로 산출함으로써 이 크기에 따라 추정한 합성표준불확도가 얼마나 타당성이 있는지를 나타낸다. 일반적으로 통계학에서는 자유도가 30 이상이 되어야 표준정규분포의 형태를 지닌다고 가정하여 신뢰구간을 부여하나 교정분야에서는 자유도가 10 이상이면 충분한 것으로 간주한다.

5.9.10 불확도 총괄표(Uncertainty budget)

입력량 (Xi)	추정값 (xi)	표준 불확도 u(xi)	확률 분포	감도 계수 (ci)	|불확도 기여량| ci · u(xi)	자유도 νi
d	19.999 99 mm	0.033 μm	정규	1	0.033 μm	∞
L_1	25.000 02 mm	0.029 μm	정규	1/2	0.014 5 μm	∞
L_2	24.999 98 mm	0.029 μm	정규	1/2	0.014 5 μm	∞
L_3	5.000 01 mm	0.026 μm	정규	−1	0.026 μm	∞
l_x	20.001 2 mm	0.613 μm	정규	−1	0.613 μm	146
$l_{x우}$	20.001 2 mm	0.20 μm	t	1	0.2 μm	4
$l_{x분}$	0 mm	0.58 μm	직사각	1	0.58 μm	200
$l_{x기}$	0 mm	0 μm	직사각	1	0 μm	∞
$\overline{\alpha}$	11.5×10^{-6}/℃	0.41×10^{-6}/℃	직사각	$0-(\Delta t \cdot l_0)$ $=(0$ ℃ $\cdot\ d_{mm})$	0	100
Δt	0 ℃	0.29 ℃	직사각	$-(\overline{\alpha} \cdot d)$ $=-(11.5 \times 10^{-3}$ /℃ $\cdot\ d_{mm})$um $=-0.23$ μm/℃	$(-3.333\ 5 \times 10^{-3}$ $\times\ d_{mm})\mu$m $=0.06$ μm	∞
$\Delta\alpha$	0 ℃	0.82×10^{-6}/℃	직사각	$-(\delta t \cdot d)$ $=-(0.5$℃ $\times\ d_{mm})$ $=-10$ mm℃	$(-0.41 \times 10^{-3} \times d_{mm})\mu$m $=0.008\ 2$ μm	∞
δt	0.5 ℃	0.3 ℃	정규	$-(\Delta\alpha \cdot d)$ $=-(0 \times d_{mm})$ $=0$ μm/℃	$(-3.45 \times 10^{-3} \times d_{mm})\mu$m $=0.172\ 5$ μm	∞
B	−1.21 μm	–			$\sqrt{0.613\ 9^2+(0.003\ 3 \times d_{mm})^2}$ μm $u_c=0.617\mu$m	$\nu_{eff}=$ 149

5.9.11 측정불확도(Expanded uncertainty) U

유효자유도의 크기가 10 이상으로 충분히 크므로 정규분포로 간주하고 신뢰수준 약 95%, k=2를 적용하여 측정불확도를 추정한다(KOLAS-G-002 측정결과의 불확도 추정 및 표현을 위한 지침).

$$U = k \times u_c(B) = 2 \times 0.617 = 1.234 \fallingdotseq 1.3\,\mu\text{m}$$

또는

$$U = 2 \cdot \sqrt{0.613\,9^2 + 0.003\,3^2 \times \text{d}_{\text{mm}}^2}\,\mu\text{m}$$

$$= \sqrt{1.227\,8^2 + 0.006\,6^2 \times \text{d}_{\text{mm}}^2}\,\mu\text{m} \qquad (\text{신뢰수준 약 95\%, } k=2)$$

5.9.12 결과 보고

수학적 모델에서 추정한 보정값 B는 약 -1.21 μm이며, 이에 대한 측정불확도는 신뢰수준 약 95 %에서 $k=2$를 적용하여 약 1.3μm로 추정되었다. 이것을 다음과 같이 표현한다.

$$B = (-1.21 \pm 1.3)\mu\text{m} \qquad (\text{신뢰수준 약 95 \%, k = 2})$$

교정성적서

ABC 교정기관 교정기관 주소 명기 전화번호 및 Fax No. 명기	성적서번호 : 페이지 (1)/(총 2)	KOLAS

1. 의 뢰 자
   기 관 명 :
   주 소 :
2. 측 정 기
   기 기 명 : 깊이 마이크로미터
   제작회사 및 형식 :
   기기번호 :
3. 교정일자 :
4. 교정환경 : 온 도 : (±)℃ 상대습도 : (±) % R.H.
   교정장소 : □ 고정표준실 □ 이동교정 □ 현장교정
5. 측정표준의 소급성
   위의 기기는 한국계량측정협회에서 발행된 '깊이 마이크로미터의 표준교정절차(KASTO 11-10617-123)'에 따라 국가측정표준대표기관(KRISS)으로부터 SI 단위로 소급성이 유지된 표준기를 사용하여 교정되었다.

▸ 교정에 사용한 표준장비 명세

사용장비명	제작자 및 형식	기기번호	교정 유효일자	교정기관
게이지 블록				
정밀 정반				
온.습도계				

6. 교정결과 : 교정결과 참조
7. 측정불확도 : 교정결과 참조

확 인	작성자 성 명 (서 명)	승인자 직 위 : (기술책임자) 성 명 : (서 명)

위 성적서는 국제시험기관인정협력체(International Laboratory Accreditation Cooperation) 상호인정협정(Mutual Recognition Arrangement)에 서명한 한국인정기구(KOLAS)로부터 공인받은 분야의 교정결과입니다.

20 . . .

한국인정기구 인정 ○○교정기관장 (인)

(주) 이 성적서는 측정기의 정밀정확도에 영향을 미치는 요소(과부하, 온도, 습도 등)의 급격한 변화가 발생한 경우에는 무효가 됩니다.

교 정 결 과	성적서번호 : 페이지 (2)/(총 2)	KOLAS

▸ 장비품명 : 깊이 마이크로미터

기기번호 :

1. 눈금의 정확도 교정결과

눈금 (mm)	보정값 (μm)
0	
1	
2	
3	
4	
5	
10	
15	
20	
25	

2. 측정불확도 : U = μm

(신뢰수준 %, k =)

끝

6 3점식 마이크로미터

6.1 교정대상기기의 교정 항목, 측정 범위 및 교정 방법

교정 항목	측정 범위	교정 방법
외형확인	–	육안검사
눈금의 정확도	전 구간에서 실시	기준 링 게이지

☞ 기준면의 평면도는 교정 항목이 아니라 불확도 추정을 위해 반드시 측정해야 하는 항목이다. 그러므로 특별한 요구가 없으면 교정성적서에 별도 기록하는 것을 생략할 수 있다.

6.2 필요장비 명세 및 최저요구성능

장비명	수량	최저요구성능
기준 링 게이지(master ring gauge)	1 set	범위 : (1∼100) mm (진원도, 원통도 : 1 μm 이하)
정반(surface plate)	1 대	등급 : KS B 5254(정밀정반)
표면 온도계(surface thermometer)	1 대	끝이 평평하며 표면에 부착할 수 있으며, 20 ℃ 부근에서 교정된 것

6.3 교정 준비 및 절차

(1) 표준교정절차서를 숙독한다.

(2) 정반, 교정용 표준기, 교정대상 등을 깨끗이 닦고 각 부위에 손상이 없는지 점검 후 정반 위에 정렬시켜 둔다.

(3) 교정 전 충분한 열평형이 이루어지도록 한다.

(4) 체온이 전달되지 않도록 장갑을 착용한다.

(5) 링 게이지를 이용하여 3점식 마이크로미터의 0점 조정을 한다.

☞ 정반 위에 올려놓은 상태에서 기준 링 게이지를 이용하여 0점을 조정한다. 0점은 기준 링의 치수에 맞추어 세팅하며 시차가 발생하지 않도록 주의한다.

(6) 3점식 마이크로미터의 눈금의 정확도를 측정한다.

☞ 해당 구간에 대한 기준 링 게이지를 이용하여 링 게이지 면에 잘 접촉되도록 상하, 좌우를 움직여 안정된 상태일 때 래칫 스톱을 3회 회전시킨 후 눈금을 읽는다.

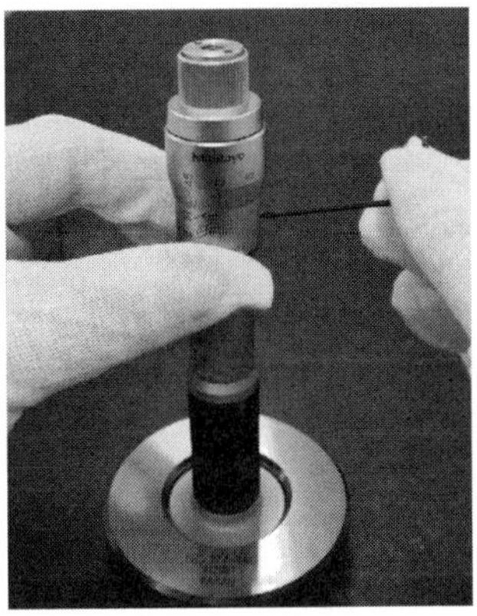

[그림 6.1] 0점 조정
(3회 래칫 회전 후 L렌치를 이용)

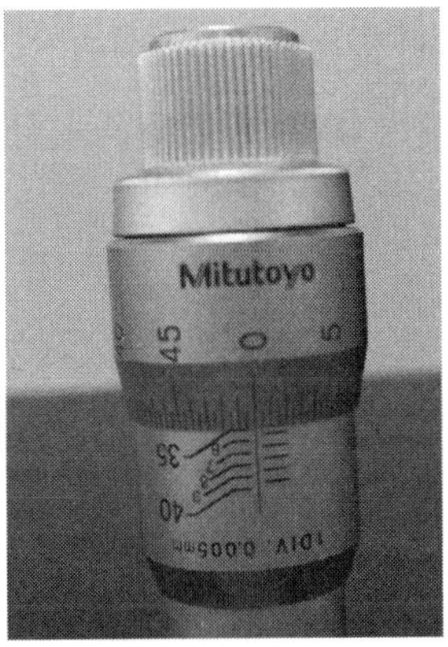

[그림 6.2] 교정 준비
(슬리브와 딤블 눈금선의 정렬 상태)

[그림 6.3] 눈금의 정확도
(구간별 링 게이지 이용)

6.4 교정데이터 처리

기준 링게이지 블록을 이용하여 측정구간(20 mm~50 mm), 최소눈금(0.005 mm)인 3점식 마이크로미터에 대한 교정처리 과정을 예시로 설명하였다.

6.5 눈금의 정확도 교정

6.6 수학적 모델

수학적 모델은 보정값, 지시편차, 실제치수 등을 산출하기 위해 수식을 자유롭게 세울 수 있다. 본 교정실습서에서는 이들 중 하나로써 지시편차 E_x를 구하기 위한 수학적 모델을 수립하여 설명하였다.

$$E_x = l_x - l_s + (\overline{\alpha} \cdot \Delta t + \Delta\alpha \cdot \delta t) l_0$$

E_x	3점식 마이크로미터 측정값의 편차
l_x	3점식 마이크로미터 지시값
l_s	기준 링 게이지 교정값
$\overline{\alpha}$	3점식 마이크로미터와 기준 링 게이지의 열팽창계수 평균값
Δt	3점식 마이크로미터와 기준 링 게이지 온도 차이값
$\Delta\alpha$	3점식 마이크로미터와 기준 링 게이지의 열팽창계수 차이값
δt	3점식 마이크로미터와 기준 링 게이지의 평균온도가 20 ℃에서 벗어난 차이값
l_0	기준 링 게이지 명목값

만일 교정 전 충분한 열평형이 이루어졌고, 3점식 마이크로미터와 기준 링 게이지 블록의 재질이 동일하다면 수식에서 $(\bar{\alpha}\Delta t + \Delta\alpha\delta t)l_0$는 0으로 볼 수 있다. 그러므로 수식을 간단히 하여 지시편차를 구할 수 있다.

$$E_x = l_x - l_s$$

6.7 눈금값의 교정

기준 링 게이지 블록을 이용하여 반복 측정한 값, 평균, 표준편차, 보정값을 기록한다.

명목값 (mm)	3점식 마이크로미터 지시값(mm)							
	1회	2회	3회	4회	5회	평균값	표준편차 (μm)	기준 링 게이지 블록 편차(μm)
20.0								−0.01
30.0								0.03
40.0								0.01
50.0	50.000	50.000	50.005	50.005	50.000	50.002	2.74	0.03

☞ 표에서 기준 링 게이지 블록 편차는 성적서에 기록되어 있는 기준 링 게이지 블록의 편차를 나타낸다. 교정실습용으로 제시한 것이며 실제 현업에서는 해당 성적서를 반드시 참조하여 적용해야 한다.

6.8 지시편차 및 교정값 계산

기준장비와 피교정 장비는 동일한 스틸 재질이다. 교정 시 충분한 열평형이 이루어진 상태에서 교정을 하였다. 측정할 당시의 표준실 온도가 기준 및 피교정기기를 놓아두었던 정반 주위의 온도를 측정한 결과 20.5 ℃였다고 가정하면 다음과 같다.

☞ 실제 본인이 사용한 기준 및 피교정기기의 재질을 확인하고 열팽창계수를 찾아 적용한다. 또한 온도계로 측정환경 온도를 측정하여 적용한다.

$$E_x = l_x - l_s + (\bar{\alpha} \cdot \Delta t + \Delta\alpha \cdot \delta t)l_0$$

E_x	3점식 마이크로미터 측정값의 편차
l_x	3점식 마이크로미터 지시값 ☞ 5회 반복 측정한 값의 평균값 50.002 mm
l_s	기준 링 게이시 교정값 ☞ 기준 링 게이지 블록의 성적서 참조 50.000 03 mm
$\overline{\alpha}$	3점식 마이크로미터와 기준 링 게이지의 열팽창계수 평균값 ☞ 동일한 스틸 재질이므로 (11.5 X 10^{-6}/℃) + 11.5 X 10^{-6}/℃)/2 = 11.5 X 10^{-6}/℃
Δt	3점식 마이크로미터와 기준 링 게이지 온도 차이값 ☞ 일정 시간 충분히 동일 장소에 두었다면 열평형을 이루므로 차이는 없다.
$\Delta\alpha$	3점식 마이크로미터와 기준 링 게이지의 열팽창계수 차이값 ☞ 동일한 스틸 재질이므로 차이는 없다. (11.5 X 10^{-6}/℃ − 11.5 X 10^{-6}/℃) = 0
δt	3점식 마이크로미터와 기준 링 게이지의 평균온도가 20 ℃에서 벗어난 차이값 ☞ 예를 들어 교정 환경의 온도가 20.5 ℃였다면 (20.5 ℃ + 20.5 ℃) / 2 − 20℃ = 0.5℃
l_0	기준 링 게이지 명목값

본 예에서 충분한 열평형과 동일 재질이므로 수학적 모델에서 온도 보정항은 고려하지 않아도 되므로 다음의 식으로 지시편차를 구한다.

$$E_x = l_x - l_s \ = 50.002 - 50.000\,03 \ = 1.97\,\mu\text{m}$$

지시편차 E_x를 산출한 다음 교정값을 구한다. 보정값은 지시편차의 반대 부호 값이다. 교정값 = 눈금값 + 보정값, 즉 교정값은 50 mm + (−0.001 97 mm) = 49.998 03 ≒ 49.998 mm로 산출한다.

6.9 불확도 계산

본 예제에서는 50 mm의 3점식 마이크로미터의 교정에 대한 불확도의 평가 과정을 상세히 설명하였다.

☞ 불확도 요인은 측정환경에 따라 얼마든지 달라질 수 있으며, 그로 인해 수립되는 수학적 모델도 달라질 수 있다. 본 예제에서 도출된 불확도 요인 이외에 실제 교정환경에서 측정 결과에 영향을 미쳤을 것으로 의심이 되는 요인이 있다면 수학적 모델에 추가하여 수립할 수 있다. 이와는 반대로 충분한 열평형이 이루어진 상태이고, 피교정기기와 교정기기가 동일한 재질로 열팽창계수가 같을 경우 온도 보정값은 수식에서 생략할 수 있다. 즉, 동일한 교정대상 및 항목일지라도 실제 상황을 최대한 고려하여 불확도 요인을 도출하여 수식에 반영하는 것이 바람직하다.

6.9.1 합성표준불확도(u_c)의 수학적 모델

합성표준불확도(Combined standard uncertainty)는 '6.6 수학적 모델' 항에서 수립한 수학적 모델에 불확도 전파 법칙(Law of propagation of uncertainty)을 적용하여 불확도를 추정하기 위한 수식을 새롭게 세운다.

☞ 불확도 전파 법칙은 RSSM(Root Sum Squared Method)으로 이해한다.

$$E_x = l_x - l_s + (\overline{\alpha} \cdot \Delta t + \Delta\alpha \cdot \delta t) l_0$$

$$\begin{aligned}
u_c^2(E_x) &= c_{l_x}^2 u^2(l_x) + c_{l_s}^2 u^2(l_s) + c_{\overline{\alpha}}^2 u^2(\overline{\alpha}) + c_{\Delta t}^2 u^2(\Delta t) + c_{\Delta\alpha}^2 u^2(\Delta\alpha) + c_{\delta t}^2 u^2(\delta t) \\
&= \left(\frac{\partial E_x}{\partial l_x}\right)^2 u^2(l_x) + \left(\frac{\partial E_x}{\partial l_s}\right)^2 u^2(l_s) + \left(\frac{\partial E_x}{\partial \overline{\alpha}}\right)^2 u^2(\overline{\alpha}) + \left(\frac{\partial E_x}{\partial \Delta t}\right)^2 u^2(\Delta t) \\
&\quad + \left(\frac{\partial E_x}{\partial \Delta\alpha}\right)^2 u^2(\Delta\alpha) + \left(\frac{\partial E_x}{\partial \delta t}\right)^2 u^2(\delta t) \\
&= (1)^2 \cdot u^2(l_x) + (-1)^2 \cdot u^2(l_s) + (\Delta t \cdot l_0)^2 u^2(\overline{\alpha}) + (\overline{\alpha} \cdot l_0)^2 u^2(\Delta t) \\
&\quad + (\delta t \cdot l_0)^2 u^2(\Delta\alpha) + (\Delta\alpha \cdot l_0)^2 u^2(\delta t)
\end{aligned}$$

6.9.2 3점식 마이크로미터 눈금 읽음값의 표준불확도 $u(l_x)$

l_x의 불확도는 세 가지 요인에 의해 동시에 영향을 받는 것을 고려하여 추정한다. 우연효과로 인한 산포 $u^2(l_{x우})$, 분해능의 한계 $u^2(l_{x분})$ 그리고 앤빌과 스핀들의 기하학적 불완전성 $u^2(l_{x기})$으로부터 기인한다.

$$u^2(l_x) = u^2(l_{x우연효과}) + u^2(l_{x분해능}) + u^2(l_{x기하학적\ 효과})$$

$$\therefore u(l_x) = \sqrt{u^2(l_{x우연효과}) + u^2(l_{x분해능}) + u^2(l_{x기하학적\ 효과})}$$

6.9.2.1 우연효과에 의한 표준불확도 $u^2(l_{x우연효과})$

우연효과에 의한 불확도는 N회 반복 측정하여 얻은 결과의 평균의 표준편차에 해당한다. 평균의 표준편차는 표준편차를 측정횟수의 제곱근(본 예에서는 $\sqrt{5}$)으로 나눈 값이다. 눈금마다 이 값이 다를 수 있으므로 전 구간에 걸쳐서 최댓값을 찾아 적용한다.

(1) 추정값 : 50.002 mm

본 예제에서 50 mm 구간의 평균값 50.002 mm로 가정한 것이며, 실제 본인의 평균값을 적용한다.

(2) 표준불확도 : 1.225 ㎛

본 예제에서 최대 표준편차를 2.74 ㎛로 가정한 것이며, 실제 본인의 최대 표준편차를 적용한다. 이때 최대 표준편차는 25 mm~50 mm 전체 구간에서 가장 큰 표준편차를 적용한다.

$$\frac{s}{\sqrt{\text{반복측정횟수}}} = \frac{2.74}{\sqrt{5}} = 1.225$$

(3) 확률분포 : t – 분포

일반적으로 반복측정 횟수가 30회 이상이면 정규분포, 미만이면 t-분포로 간주한다.

(4) 감도 계수 : 1

감도 계수는 수학적 모델에서 편미분하여 산출한다.

$$c_{l_{x\text{우연효과}}} = \frac{\partial l_x}{\partial l_{x\text{우연효과}}} = 1$$

(5) 불확도 기여도 : 1.225 ㎛

감도 계수와 표준불확도의 곱으로 산출한다. ▶ $1 \times 1.225 = 1.225$ ㎛

(6) 자유도 : 4

자유도는 n−1, 즉 (반복측정횟수 −1)로 산출한다. ▶ 5−1

6.9.2.2 분해능 한계에 의한 표준불확도 $u^2(l_{x\text{분해능}})$

본 예제에서 다루고 있는 3점식 마이크로미터의 최소눈금은 5 ㎛이다. 일반적으로 아날로그 타입의 눈금은 실무자의 숙련도에 따라 목측에 의해 다르게 읽을 수 있다. 즉, 숙련도에 따라 한 눈금을 1/2, 1/4, 1/5, 1/10 등 다양하게 나누어 읽을 수 있다. 본 실습에서 3점식 마이크로미터가 지닌 분해능 5 ㎛의 반 너비에 대한 직사각형 확률분포를 적용하여 추정하였다.

(1) 추정값 : 0

3점식 마이크로미터의 분해능으로 인하여 측정결과에 영향을 미친 정도는 사실상 기댓값을 추정하기 어려우므로 0으로 둔다.

(2) 표준불확도 : 1.443 μm

최소눈금 5μm 에 직사각형 확률분포를 적용하여 추정한다. ▶ $\frac{5}{2\sqrt{3}}=1.443\ \ \mu\text{m}$

(3) 확률분포 : 직사각형

모든 측정 구간에서 눈금을 읽을 때 실수할 수 있는 확률은 최소눈금 한 눈금으로 동일한 확률을 지닐 것으로 간주하여 직사각형 확률분포로 추정한다.

(4) 감도 계수 : 1

감도 계수는 편미분하여 산출한다.

$$c_{l_{x\text{분해능}}} = \frac{\partial l_x}{\partial_{l_{x\text{분해능}}}} = 1$$

(5) 불확도 기여도 : 1.443 μm

감도 계수와 표준불확도의 곱으로 산출한다.

(6) 자유도 : 50

예를 들어 추정한 표준불확도의 값에 대해 90% 확신한다고 가정하면 다음과 같다.

$$\frac{1}{2}\left(\frac{100}{R}\right)^2 = \frac{1}{2}\left(\frac{100}{100-90}\right)^2 = 50$$

6.9.2.3 기하학적 효과에 의한 표준불확도 $u^2(l_{x\text{기하학적 효과}})$

3점식 마이크로미터의 3개의 측정자(앤빌면)의 상태가 양호하지 않으면 링 게이지에 접촉이 제대로 이루어지지 않을 수 있다. 이에 대하여 최대 1 눈금 크기의 양이 영향을 미칠 수 있음을 가정하여 불확도를 추정한다.

(1) 추정값 : 0

3점식 마이크로미터의 기하학적인 효과로 인하여 측정결과에 영향을 미친 정도는 사실상 기댓값을 추정하기 어려우므로 0으로 둔다.

(2) 표준불확도 : 1.443 μm

최소눈금 5μm 에 직사각형 확률분포를 적용하여 추정한다. ▶ $\frac{5}{2\sqrt{3}}=1.443\ \ \mu\text{m}$

(3) 확률분포 : 직사각형

모든 측정 구간에서 기하학적 효과로 인하여 측정결과에 영향을 미친 확률이 동등하다고 간주하여 직사각형 확률분포로 추정한다.

(4) 감도 계수 : 1

감도 계수는 편미분하여 산출한다.

$$c_{l_{x\text{기하학적 효과}}} = \frac{\partial l_x}{\partial_{l_{x\text{기하학적 효과}}}} = 1$$

(5) 불확도 기여도 : 1.443 μm

감도 계수와 표준불확도의 곱으로 산출한다.

(6) 자유도 : 50

예를 들어 추정한 표준불확도의 값에 대해 90% 확신한다고 가정하면 다음과 같다.

$$\frac{1}{2}\left(\frac{100}{R}\right)^2 = \frac{1}{2}\left(\frac{100}{100-90}\right)^2 = 50$$

그러므로 3점식 마이크로미터의 표준불확도 $u(l_x)$는 다음과 같이 추정할 수 있다.

(1) 추정값 : 50.002 mm

본 예제에서 50 mm 구간의 평균값 50.002 mm로 가정한 것이며, 실제 본인의 평균값을 적용한다.

(2) 표준불확도 : 2.38 μm

3점식 마이크로미터 지시값의 표준불확도는 세 가지(우연효과, 분해능 한계, 기하학적 효과) 영향을 동시에 고려하여 추정한다.

$$u(l_x) = \sqrt{1.225^2 + 1.443^2 + 1.443^2} = 2.38 \quad \mu\text{m}$$

(3) 확률분포 : 정규 분포

3점식 마이크로미터 지시값의 표준불확도에 세 가지(우연효과, 분해능 한계, 기하학적 효과) 요인에 대한 유효자유도를 산출하면 43이다. 즉, 30 이상이므로 정규분포로 본다.

(4) 감도 계수 : 1

감도 계수는 편미분하여 산출한다. ▶ $c_{l_x} = \frac{\partial E_x}{\partial_{l_x}} = 1$

(5) 불확도 기여도 : 2.38 μm

감도 계수와 표준불확도의 곱으로 산출한다.

(6) 자유도 : 43

3점식 마이크로미터 지시값의 표준불확도에 영향을 미치는 세 가지 불확도 요인에 대한 각각의 자유도를 Welch-Satterthwaite 공식으로부터 유효자유도 ν_{eff}를 추정한다.

$$\nu_{l_x} = \frac{u_c^4(l_x)}{\sum_{i=1}^{3} \frac{[c_i u(x_i)]^4}{\nu_i}} = \frac{(2.38)^4}{\frac{(1.225)^4}{4} + \frac{(1.443)^4}{50} + \frac{(1.443)^4}{50}} = 43.5 = 43$$

6.9.3 기준 링 게이지 블록의 표준불확도 $u(l_s)$

객관적 · 과학적인 정보를 근거로 하여 추정하는 방식인 B형 불확도로써 표준 장비기로 사용된 게이지 블록의 교정성적서를 참조한다. 만일 성적서의 50 mm 구간에서 편차가 0.03 μm, 측정불확도 U는 $U = \sqrt{52^2 + 1.06^2 \times l_0^2}$ nm (신뢰수준 약 95 %, $k = 2$, l_0의 단위는 mm) 라고 기록되어 있다면 이러한 정보를 근거로 하여 표준불확도를 추정한다.

(1) 추정값 : 50.000 03 mm

50 mm 구간에서 0.03 μm의 편차가 났으므로 실제 길이는 50 mm + 0.000 03 mm = 50.000 03 mm이다.

(2) 표준불확도 : 0.038μm [수식 표현 = $\sqrt{(26)^2 + (0.53 \times l_0)^2}$ nm, l_0 단위는 mm]

성적서에 주어진 측정불확도 값을 포함인자 k=2로 나누어 산출한다. 결과는 상수 또는 수식으로 표현할 수 있다.

$$\frac{U}{k} = \frac{1}{2}\sqrt{52^2 + 1.06^2 \times l_0^2} = \sqrt{\left(\frac{52}{2}\right)^2 + \left(\frac{1.06 \times l_0}{2}\right)^2}$$
$$= \sqrt{(26)^2 + (0.53 \times l_0)^2} = 0.038\,\mu\text{m}$$

(3) 확률분포 : 정규분포

B형 불확도의 추정은 A형과 다르다. 일반적으로 교정기관에서 발급된 성적서와 같이 확신의

근거가 충분하다고 여긴다. 즉, 성적서에서 명시된 측정불확도는 표준정규분포의 신뢰수준 약 95 %, k=2에 근거하여 추정된 결과값이므로 정규분포로 추정한다.

(4) 감도 계수 : −1

감도 계수는 수학적 모델에서 편미분하여 산출한 값이다.

$$c_{l_s} = \frac{\partial E_x}{\partial l_s} = -1$$

(5) 불확도 기여도 : −0.038 μm [수식 표현 = $\sqrt{(26)^2 + (0.53 \times l_0)^2}$ nm (l_0 = mm)]

감도 계수와 표준불확도의 곱으로 산출한다.

(6) 자유도 : ∞

B형 불확도의 자유도

$$\frac{1}{2}\left(\frac{100}{R}\right)^2 = \frac{1}{2}\left(\frac{100}{100 - \text{확신의 정도}}\right)^2$$

로 추정한다. R은 표준불확도의 확신의 정도에 따라 실무자의 주관적 판단에 근거하여 부여한다. 만일 표준불확도를 추정한 값을 80 % 확신한다면 자유도는

$$\frac{1}{2}\left(\frac{100}{100-80}\right)^2 = 12.5 = 12$$

로 계산한다. 여기서 자유도는 정수로 표현하며 반올림 없이 소수점 이하는 버림(truncated)한다. 본 예제에서 성적서에 근거한 추정결과이므로 확신의 정도는 100 %를 부여하여 ∞로 한다.

6.9.4 3점식 마이크로미터와 기준 링 게이지 블록의 평균 열팽창계수의 표준불확도 $u(\overline{\alpha})$

(1) 추정값 : 11.5 X 10^{-6}/℃

스틸 재질의 3점식 마이크로미터(α_x)와 동일한 스틸 재질의 기준 링 게이지 블록(α_r)의 평균 열팽창계수를 나타낸다.

$$\overline{\alpha} = \frac{\alpha_x + \alpha_r}{2} = \frac{11.5 \times 10^{-6}/℃ + 11.5 \times 10^{-6}/℃}{2} = 11.5 \times 10^{-6}/℃$$

(2) 표준불확도 : 0.41 X 10^{-6}/℃

B형 불확도의 표준불확도는 확률분포를 적용하여 추정한다. 확률분포의 종류에는 정규, 직사각, 삼각, 사다리꼴, U자 등이 있다. 직사각 확률분포는 다른 말로 균등분포라고도 한다. 이것은 추정 대상의 확률분포가 전 구간에 걸쳐 동등한 확률로 영향이 미치고 있다고 판단될 때 적용한다. 가장 대표적인 예로, 분해능과 같이 어느 부분을 읽는다고 해도 잘못 읽을 확률은 동등하게 발생할 수 있다고 보고 적용하는 것이다. 이뿐 아니라 주어진 정보를 활용하거나 또는 어떤 확률분포인지 모호하거나 알 수 없는 경우 모두 직사각형 확률분포로 간주한다. 추정 방법은 반 너비를 $\sqrt{3}$ 으로 나눈 값으로 산출한다. 여기서 $\overline{\alpha}=(\alpha_x+\alpha_r)/2$ 이므로 불확도 전파법칙에 의하여 수식을 변형시켜 계산한다.

$$u^2(\overline{\alpha})=\frac{1}{4}u^2(\alpha_x)+\frac{1}{4}u^2(\alpha_r)$$

여기에 3점식 마이크로미터와 게이지 블록의 제작회사로부터 얻은 자료(사양, 관련 정보 등)의 자료에서 참조한 열팽창계수의 오차 범위의 값을 적용한다.

예를 들어 제조사의 사양서에 3점식 마이크로미터와 게이지 블록의 열팽창계수의 오차 범위의 값이 각각 $\pm 1.0\times 10^{-6}/℃$ 라고 가정하면,

$$u(\alpha_x)=u(\alpha_r)=\pm 1.0\times 10^{-6}/℃$$

에 직사각형 확률분포를 적용하여

$$u(\alpha_x)=u(\alpha_r)=\frac{1.0\times 10^{-6}/℃}{\sqrt{3}}=0.000\,000\,577\,℃ \fallingdotseq 0.58\times 10^{-6}/℃$$

가 된다. 따라서

$$u^2(\overline{\alpha})=\frac{1}{4}u^2(\alpha_x)+\frac{1}{4}u^2(\alpha_r)=\frac{1}{4}u^2(0.58\times 10^{-6}/℃)+\frac{1}{4}u^2(0.58\times 10^{-6}/℃)$$

$$\therefore u(\overline{\alpha})=\sqrt{\frac{1}{4}u^2(0.58\times 10^{-6}/℃)+\frac{1}{4}u^2(0.58\times 10^{-6}/℃)}=0.000\,000\,41$$
$$=0.41\times 10^{-6}/℃$$

(3) 확률분포 : 직사각형

B형 불확도의 추정방법은 주로 정보를 근거로 하여 추정하기 때문에 직사각형 확률분포가 가장 많다. 본 예제에서도 제조사로부터 확보한 정보, 즉 오차 범위의 값을 이용하며 이 범위 내에서는 동등한 확률의 영향을 받았을 것으로 여겨 직사각형 확률분포로 간주한 것이다.

(4) 감도 계수 : 0 mm ℃　　　　　　[수식 표현 = 0 ℃ · l_0]

감도 계수는 수학적 모델에서 편미분하여 산출한다. 실제 교정 중 온도 변동량을 관찰하고 기록하여 적용한다.

$$c_{\overline{\alpha}} = \frac{\partial E_x}{\partial \overline{\alpha}} = \Delta t \cdot l_0 = 0\,℃ \cdot 50\,\text{mm} = 0\ \text{mm}℃$$

(5) 불확도 기여도 : 0 μm　　　　　　[수식표현 = 0 X l_0 X (0.41 X 10^{-6})]

감도 계수와 표준불확도의 곱으로 산출한다.

$$(0\,℃ \cdot \text{mm}) \times (0.41 \times 10^{-6}/℃) = 0\,\mu\text{m}$$

(6) 자유도 : 100

예를 들어 추정한 표준불확도의 값에 대해 90% 확신한다고 가정하면,

$$\frac{1}{2}\left(\frac{100}{R}\right)^2 = \frac{1}{2}\left(\frac{100}{100-90}\right)^2 = 50$$

이다. 여기에서 평균 열팽창계수에 대한 불확도는 두 가지(3점식 마이크로미터와 기준 링 게이지 블록)를 합하여 나눈 식으로 추정되므로 이 두 가지 불확도 요인에 대한 각각의 자유도를 Welch- Satterthwaite 공식에 의해 유효자유도 ν_{eff}를 추정한다.

$$\nu(\overline{\alpha}) = \frac{u^4(\overline{\alpha})}{\frac{\left\{\frac{1}{4}u^2(\alpha_x)\right\}^2}{50} + \frac{\left\{\frac{1}{4}u^2(\alpha_r)\right\}^2}{50}}$$

$$\frac{(0.41 \times 10^{-6}\ /℃)^4}{\frac{\left\{\frac{1}{4}\left(\frac{1.0 \times 10^{-6}\ /℃}{\sqrt{3}}\right)^2\right\}^2}{50} + \frac{\left\{\frac{1}{4}\left(\frac{1.0 \times 10^{-6}\ /℃}{\sqrt{3}}\right)^2\right\}^2}{50}} = 100$$

6.9.5 3점식 마이크로미터와 기준 링 게이지 블록의 온도 차에 의한 불확도 $u(\Delta t)$

충분한 열평형 상태가 이루어졌다고 하더라도 측정 데이터를 확보하는 과정 중에 체온이나 그 밖의 어떠한 원인으로 인한 온도 드리프트가 발생하여 영향을 줄 수 있다. 또는 과거의 경험상 몇 ℃ 이내에서 상호간에 일치한 것을 적용할 수 있다. 예를 들어 경험적으로 ±0.5 ℃ 이내에서 일치하는 것을 알고 있다고 가정하면 다음과 같이 추정된다.

(1) 추정값 : 0 ℃

동일 장소에 일정 시간 두게 되면 열평형이 이루어지기 때문에 온도는 차이가 없는 것으로 간주하여 기댓값을 0으로 본다.

(2) 표준 불확도 : 0.29 ℃

충분한 열평형이 이루어진 상태라도 측정 중 체온 또는 알 수 없는 온도 드리프트에 의해 온도가 변할 수 있다. 예를 들어 ±0.5 ℃ 이내에서 열평형이 이루어졌다면 또는 과거의 경험상 ±0.5 ℃ 이내에서 상호간 열평형이 이루어진 것을 알고 있다면 여기에 직사각형 확률분포를 적용하여 ±0.5 ℃ 의 반 범위 즉, ±0.5 ℃ 에 $\sqrt{3}$ 으로 나누어 산출한다.

$$\frac{\pm 0.5\ ℃}{2\sqrt{3}} = \frac{0.5\ ℃}{\sqrt{3}} = 0.288 \fallingdotseq 0.29\ ℃$$

(3) 확률분포 : 직사각형

온도 변화가 어느 일정 구간에서만 ±0.5 ℃ 의 변화를 보인 것이 아닌 균등하게 어느 측정환경에서도 동일한 확률분포로 변화가 일어났을 것으로 간주하여 추정한 것이다.

(4) 감도 계수 : 0.575 μm/℃ [수식 표현 = (11.5 X 10^{-3}/℃ · l_0 mm)μm]

감도 계수는 수학적 모델에서 편미분하여 산출한다.

$$c_{\Delta t} = \frac{\partial E_x}{\partial \Delta t} = \overline{\alpha} \bullet l_0 = 11.5 \times 10^{-6}/℃ \cdot 50\,\text{mm} = 0.575\,\mu\text{m}/℃$$

(5) 불확도 기여도 : 0.166 7 μm [수식 표현 = (3.333 5 X 10^{-3} X l_0 mm)μm]

감도 계수와 표준불확도의 곱으로 산출한다.

$$(0.575\,\mu\text{m}/℃) \times 0.29\ ℃ = 0.166\,7\,\mu\text{m}$$

(6) 자유도 : ∞

예를 들어 추정한 표준불확도의 값에 대해 100 % 확신한다고 가정하면 다음과 같이 산출한다.

$$\frac{1}{2}\left(\frac{100}{R}\right)^2 = \frac{1}{2}\left(\frac{100}{100-100}\right)^2 = 0 = \infty$$

6.9.6 3점식 마이크로미터와 기준 링 게이지 블록의 열팽창계수 차에 의한 표준불확도 $u(\Delta\alpha)$

(1) 추정값 : 0

스틸 재질의 3점식 마이크로미터와 동일한 스틸 재질의 기준 링 게이지 블록의 열팽창계수의 차이에서 발생할 수 있는 값이다.

$$\Delta\alpha = (\alpha_x - \alpha_r) = (11.5\times10^{-6}/℃ - 11.5\times10^{-6}/℃) = 0$$

(2) 표준불확도 : $0.82\times10^{-6}/℃$

$\Delta\alpha = (\alpha_x - \alpha_r)$이므로 불확도 전파법칙에 의해 $u^2(\Delta\alpha) = u^2(\alpha_x) + u^2(\alpha_r)$가 된다. 즉,

$$u(\Delta\alpha) = \sqrt{u^2(\alpha_x) + u^2(\alpha_r)}$$

로 산출한다. 만일 제조사로부터 얻은 3점식 마이크로미터와 기준 링 게이지 블록의 열팽창계수에 대한 오차 범위가 $\pm1.0\times10^{-6}/℃$ 라고 한다면, 이것은 정보에 근거한 것이므로 직사각 확률분포를 적용하여 $u(\Delta\alpha)$의 식에 대입하여 구하면 된다. 즉,

$$u(\alpha_x) = u(\alpha_r) = \frac{1.0\times10^{-6}/℃}{\sqrt{3}} = 0.000\,000\,577\,℃ \fallingdotseq 0.58\times10^{-6}/℃$$

를 $u(\Delta\alpha)$의 식에 대입한다.

$$\therefore u(\Delta\alpha) = \sqrt{u^2(\alpha_x) + u^2(\alpha_r)} = \sqrt{u^2(0.58\times10^{-6}/℃) + u^2(0.58\times10^{-6}/℃)}$$
$$= 0.82\times10^{-6}/℃$$

(3) 확률분포 : 직사각형

제조사로부터 확보한 정보에 근거하여 추정했으므로 직사각형 확률분포로 간주한다.

(4) 감도 계수 : 25mm ℃ [수식 표현 = (0.5 ℃ · l_0 mm)]

감도 계수는 수학적 모델에서 편미분하여 산출한다. 예제에서 표준온도와 실제 교정이 이루어진 측정환경의 온도 차이 δt 는 0.5 ℃로 가정하여 50 mm의 기준 링 게이지 블록을 명목값 l_0로 하여 산출한다.

$$c_{\Delta\alpha} = \frac{\partial E_x}{\partial\Delta\alpha} = \delta t\cdot l_0 = 0.5℃\cdot 50\,\text{mm} = 25\ \text{mm}\,℃$$

(5) 불확도 기여도 : 0.02 μm　　[수식 표현 = ((0.41 X 10^{-3}) X l_0 mm) μm]

감도 계수와 표준불확도의 곱으로 산출한다.

$$(25\ ℃ \cdot \mathrm{mm}) \times (0.82 \times 10^{-6}/℃) \fallingdotseq 0.02\ \mu\mathrm{m}$$

(6) 자유도 : 102

예를 들어 추정한 표준불확도의 값에 대해 상대불확도 R = 7 %를 적용하면 다음과 같이 산출된다.

$$\frac{1}{2}\left(\frac{100}{R}\right)^2 = \frac{1}{2}\left(\frac{100}{7}\right)^2 = 102.0 = 102$$ (본인의 확신의 정도에 따라 R값을 부여하여 적용)

6.9.7 3점식 마이크로미터와 기준 링 게이지 블록의 평균온도와 표준온도와의 차이에 의한 불확도 $u(\delta t)$

(1) 추정값 : 0.5 ℃

3점식 마이크로미터와 기준 링 게이지 블록의 교정이 이루어지는 동안 충분한 열평형 상태이며 이때의 교정 환경 온도가 20.5 ℃였다고 가정한다면 다음과 같이 추정한다.

$$\delta t = (t_r + t_x)/2 - 20℃ = (20.5℃ + 20.5℃)/2 - 20℃ = 0.5\ ℃$$

(2) 표준불확도 : 0.3 ℃

예를 들어 사용한 온도계의 교정성적서에 측정불확도의 값이 0.6 ℃(신뢰수준 약 95 %, k=2 적용) 였다면 다음과 같이 추정한다.

$$\frac{U}{k} = \frac{0.6}{2} = 0.3\ ℃$$

(3) 확률분포 : 정규분포

사용한 온도계의 성적서를 참조한 것이며 성적서 상에 신뢰수준 약 95 %, k=2를 적용한 것으로써 정규분포임을 추정할 수 있다.

(4) 감도 계수 : 0

수학적 모델에서 편미분하면 다음과 같이 산출한다.

$$c_{\delta t} = \frac{\partial E_x}{\partial \delta t} = \Delta\alpha \cdot l_0 = 0\ ℃ \cdot 50\,\mathrm{mm} = 0$$

(5) 불확도 기여도 : 0

감도 계수와 표준불확도의 곱으로 산출한다.

(6) 자유도 : ∞

예를 들어 추정한 표준불확도의 값에 대해 100 % 확신한다고 가정하면 다음과 같다.

$$\frac{1}{2}\left(\frac{100}{R}\right)^2 = \frac{1}{2}\left(\frac{100}{100-100}\right)^2 = 0 = \infty$$

6.9.8 합성표준불확도 $u_c(E_x)$

합성표준불확도는 수학적 모델에 속한 각각의 불확도 요인에 대한 추정값들을 하나로 합성한다. 아래의 식에서 각각의 항목은 감도 계수와 표준불확도를 곱하여 추정한 값, 즉 불확도 기여도를 나타낸다.

$$u_c^2(E_x) = c_{l_x}^2 u^2(l_x) + c_{l_s}^2 u^2(l_s) + c_{\overline{\alpha}}^2 u^2(\overline{\alpha}) + c_{\Delta t}^2 u^2(\Delta t) + c_{\Delta\alpha}^2 u^2(\Delta\alpha) + c_{\delta t}^2 u^2(\delta t)$$

$$u_c(E_x) = \sqrt{(2.38)^2 + (-0.038)^2 + (0)^2 + (0.166\,7)^2 + (0.02)^2 + (0)^2} = 2.386\ \ \mu\text{m}$$

◆ 수식 표현

$$:u_c^2(E_x) = (2.38)^2\,\mu\text{m} + (26^2 + (0.53 \times l_{0\,mm})^2)\text{nm} + 0^2\,\mu\text{m} + (3.333\,5 \times 10^{-3} \times l_{0\,mm})^2\mu\text{m}$$
$$+ (0.41 \times 10^{-3} \times l_{0\,mm})^2\mu\text{m} + 0^2\,\mu\text{m}$$

$$\therefore u_c(E_x) = \sqrt{2.38^2 + (0.003\,4 \times l_0\,mm)^2}$$
$$= \sqrt{2.38^2 + (0.003\,4 \times 50)^2}$$
$$= 2.386\,\mu\text{m}$$

☞ 합성표준불확도의 추정 결과에서 상수 또는 수식으로 표현할 수 있다. 수식 표현의 결과에서 루트 안에 있는 2.38은 $\sqrt{(2.38)^2 + (0.026)^2}$ 에 의해 산출되었고, 0.003 4은

$$\sqrt{(0.000\,53)^2 + (3.333\,5 \times 10^{-3})^2 + (0.41 \times 10^{-3})^2}$$

로 산출된 것이다.

6.9.9 유효자유도 ν_{eff}

Welch-Satterthwaite 공식으로부터 출력 추정값 E_x에 수반된 표준불확도 $u(E_x)$의 유효자유도 ν_{eff}를 추정한다.

$$\nu_{eff} = \frac{u_c^4(E_x)}{\sum_{i=1}^{N} \frac{[c_i u(x_i)]^4}{\nu_i}} = \frac{u_c^4(E_x)}{\sum_{i=1}^{6} \frac{[c_i u(x_i)]^4}{\nu_i}}$$

$$= \frac{(2.386)^4}{\frac{(2.38)^4}{43} + \frac{(-0.038)^4}{\infty} + \frac{(0)^4}{100} + \frac{(0.166\,7)^4}{\infty} + \frac{(0.02)^4}{102} + \frac{(0)^4}{\infty}} = 43.4 = 43$$

수학적 모델에 속한 각각의 표준불확도 요인들에 대한 자유도를 앞에서 산출했다. 이것을 하나의 자유도로 산출함으로써 이 크기에 따라 추정한 합성표준불확도가 얼마나 타당성이 있는지를 나타낸다. 일반적으로 통계학에서는 자유도가 30 이상이면 표준정규분포의 형태를 지닌다고 가정하여 신뢰구간을 부여하나 교정분야에서는 자유도가 10 이상이면 충분한 것으로 간주한다. 본 예에서 유효자유도는 43으로 충분하므로 신뢰수준 약 95 %, k = 2를 적용하여 측정불확도를 산출한다. 만일 유효자유도가 10 이상이 되지 못하는 경우에는 t-분포의 신뢰수준 95 %에서 해당되는 자유도의 k값을 찾아 적용한다. 예를 들어, 유효자유도가 5라면 부록에 있는 t-분포표를 참조하여 신뢰수준 95 %에서 해당되는 자유도 5를 찾아 포함인자 k로 결정한다. 즉, 유효자유도 5에 해당되는 k = 2.57을 적용한다.

[유효자유도가 10 이상 되지 않을 경우 t-분포표의 신뢰수준 95 %에서 포함인자 k값 적용]

ν_{eff}	1	2	3	4	5	6	7	8	9	∞
k	12.71	4.30	3.18	2.78	2.57	2.45	2.36	2.31	2.26	2.00

6.9.10 불확도 총괄표(Uncertainty budget)

입력량 (Xi)	추정값 (xi)	표준 불확도 u(xi)	확률 분포	감도 계수 (ci)	|불확도 기여량| ci · u(xi)	자유도 νi
l_x	50.002 mm	2.38 μm	t	1	2.38 μm	43
$l_{x우}$	50.002 mm	1.225 μm	t	1	1.225 μm	4
$l_{x분}$	0	1.443 μm	직사각	1	1.443 μm	50
$l_{x기}$	0	1.443 μm	직사각	1	1.443 μm	50
l_s	50.000 03 mm	0.038 μm	정규	-1	$\sqrt{(26)^2+(0.53\times l_0\text{mm})^2}$ nm = -0.038 μm	∞
$\overline{\alpha}$	11.5×10^{-6} /℃	0.41×10^{-6} /℃	직사각	0 $(\Delta t\cdot l_0)$ =(0 ℃ · l_0 mm)	0	100
Δt	0	0.29 ℃	직사각	$(\overline{\alpha}\cdot l_0)$ =(11.5×10^{-3}/℃ · l_0 mm)um =0.575 μm/℃	(3.333 5×10^{-3} l_0 mm)μm =0.166 7μm	∞
$\Delta\alpha$	0	0.82×10^{-6} /℃	직사각	$(\delta t\cdot l_0)$ =(0.5 ℃×l_0 mm)um =25 ℃ · mm	(0.41×10^{-3}×l_0 mm)μm = 0.02 μm	102
δt	0.5 ℃	0.3 ℃	정규	$(\Delta\alpha\cdot l_0)$ =(0 · l_0 mm)um =0.575 μm/℃	0	∞
E_x	1.97μm				$\sqrt{2.38^2+(0.003\,4\times l_0\text{mm})}$ μm u_c = 2.386 μm	ν_{eff} = 43

6.9.11 측정불확도(Expanded uncertainty) U

유효자유도의 크기가 10 이상이므로 정규분포로 볼 수 있다. 따라서 신뢰수준 약 95%, 포함인자 $k=2$를 적용하여 다음과 같이 측정불확도 U를 산출한다(KOLAS-G-002 측정결과의 불확도 추정 및 표현을 위한 지침).

$$U = k \times u_c(E_x) = 2 \times 2.386 = 4.772 \fallingdotseq 4.8\ \mu\text{m}$$

또는 수식으로 다음과 같이 표현한다.

$$U = \text{k} \cdot u_c = 2 \cdot \sqrt{2.38^2 + (0.003\,4 \times l_0)^2}\,\mu\text{m}$$

$$= \sqrt{4.76^2 + (0.006\,8 \times l_0)^2}\ \mu\text{m}$$ (l_0 단위는 mm) (신뢰수준 약 95 %, k=2)

6.9.12 결과 보고

수학적 모델에서 추정한 지시편차 E_x는 약 1.97 μm 이며, 이에 대한 측정불확도는 신뢰수준 약 95 %에서 포함인자 $k=2$를 적용하여 약 4.8 μm 로 추정되었다. 이것을 다음과 같이 표현한다.

$$E_x = (1.97 \pm 4.8)\,\mu\text{m}$$ (신뢰수준 약 95 %, k = 2)

교정성적서

ABC 교정기관 교정기관 주소 명기 전화번호 및 Fax No. 명기	성적서번호 : 페이지 (1)/(총 2)	KOREA LABORATORY ACCREDITATION SCHEME KOLAS CALIBRATION NO

1. 의 뢰 자

   기 관 명 :

   주　　소 :

2. 측 정 기

   기 기 명 : 삼점식 마이크로미터

   제작회사 및 형식 :

   기기번호 :

3. 교정일자 :

4. 교정환경 : 온　　도 : (　　　±　　)℃　　상대습도 : (　　±　　) % R.H.

   교정장소 : □ 고정표준실　　□ 이동교정　　□ 현장교정

5. 측정표준의 소급성

   위의 기기는 한국계량측정협회에서 발행된 '3점식 마이크로미터의 표준교정절차서(KASTO 05-10615-119)'에 따라 국가측정표준대표기관(KRISS)으로부터 SI 단위로 소급성이 유지된 표준기를 사용하여 교정되었다.

▸ 교정에 사용한 표준장비 명세

사용장비명	제작자 및 형식	기기번호	교정 유효일자	교정기관
기준 링 게이지 블록				
표면 온도계				
정밀 정반				

6. 교정결과 : 교정결과 참조

7. 측정불확도 : 교정결과 참조

확 인	작성자 성 명　　　　(서 명)	승인자 직 위 : (기술책임자) 성 명 :　　　　(서 명)

위 성적서는 국제시험기관인정협력체(International Laboratory Accreditation Cooperation) 상호인정협정(Mutual Recognition Arrangement)에 서명한 한국인정기구(KOLAS)로부터 공인받은 분야의 교정결과입니다.

20　　.　　.　　.

한국인정기구 인정　　○○교정기관장　　(인)

(주) 이 성적서는 측정기의 정밀정확도에 영향을 미치는 요소(과부하, 온도, 습도 등)의 급격한 변화가 발생한 경우에는 무효가 됩니다.

교 정 결 과	성적서번호 : 페이지 (2)/(총 2)	

▸ 장비품명 : 3점식 마이크로미터
기기번호 :

1. 눈금의 정확도 교정결과

눈금 (mm)	보정값 (μm)
20	
30	
40	
50	

2. 측정불확도 : U = μm
(신뢰수준 %, k =)

끝

7 다이얼 게이지

7.1 교정대상기기의 교정 항목, 측정 범위 및 교정 방법

교정 항목	측정 범위	교정 방법(교정기기)
눈금의 정확도	전 구간	다이얼 게이지 시험기 또는 게이지 블록

7.2 필요장비 명세 및 최저요구성능

표준장비명	수 량	최저요구성능
다이얼 게이지 시험기 (Dial gauge tester)	1대	범 위 : (0~25) mm, 최소눈금 : 0.001 mm
정밀정반 (Precision surface plate)	1대	등 급 : KS B 5254 (정반) 1급
표면 온도계 (Surface thermometer)	1대	끝이 평평하고 표면에 부착할 수 있으며, 20 ℃ 근방에서 교정된 것

7.3 교정 준비 및 절차

(1) 표준교정절차서를 숙독한다.

(2) 교정기(다이얼 게이지 시험지)와 피교정기기(다이얼 게이지)의 외관 상태를 확인하고 스핀들을 깨끗이 닦는다.

(3) 다이얼 게이지는 시험기에 설치하기 전 스핀들을 가볍게 밀었다 놓았다를 반복하며 눈금이 동일 지점에 오는지 육안으로 확인한다.

(4) 다이얼 게이지 시험기의 드럼을 회전시켜 최대범위까지 내려오게 하여 눈금의 기점을 잡는다.

(5) 여현각(cosine angle) 편차를 제거하기 위해 다이얼 게이지 축과 다이얼 게이지 시험기의 축이 나란하도록 한다.

(6) 다이얼 게이지에 측정압을 0.1 mm 가한 다음 다이얼 게이지의 바늘(장침이 12시 방향을 지시하고, 단침이 0을 지시)이 0에 오도록 한다. 이때 0점을 조정하면서 눈금이 조금 지나치더라도 1~2회전 후퇴시킨 후 다시 0점을 조정해야 백래쉬의 영향을 최소화시킬 수 있으므로 주의한다.

(7) 눈금을 읽을 때는 다이얼 게이지의 바늘이 해당 구간의 눈금 값에 정확하게 위치하도록 한 다음 그 지점에 대해 시험기에서 지시하고 있는 값을 읽어주면 된다.

(8) 항상 읽으면서 시차가 발생하지 않도록 주의한다.

(9) 전진의 마지막 지점의 측정이 끝나면 그 자리를 시작점으로 하여 다시 후퇴시켜 0지점까지 되돌아오면서 측정값을 읽어 기록한다.

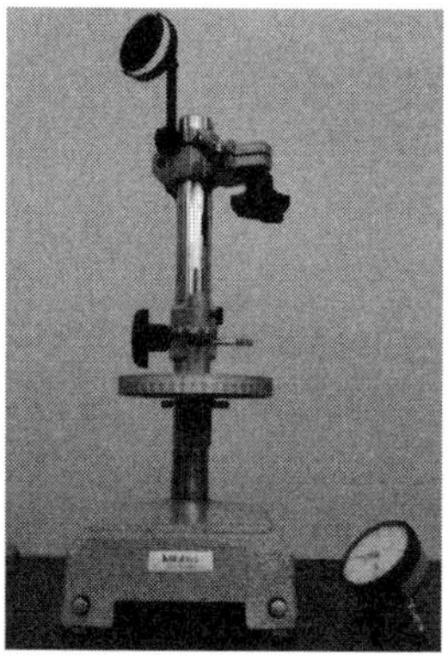

[그림 7.1] 열평형

[그림 7.2] 반복 정밀도 확인 1
(교정 전 0점에 장침 위치)

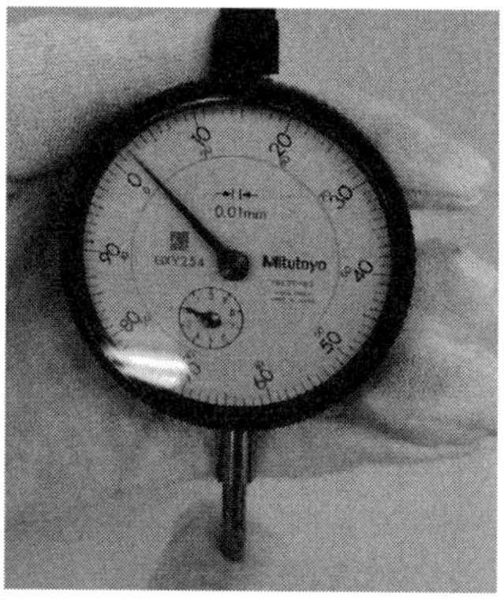

[그림 7.3] 반복 정밀도 확인 2
(손가락으로 천천히 스핀들 누름)

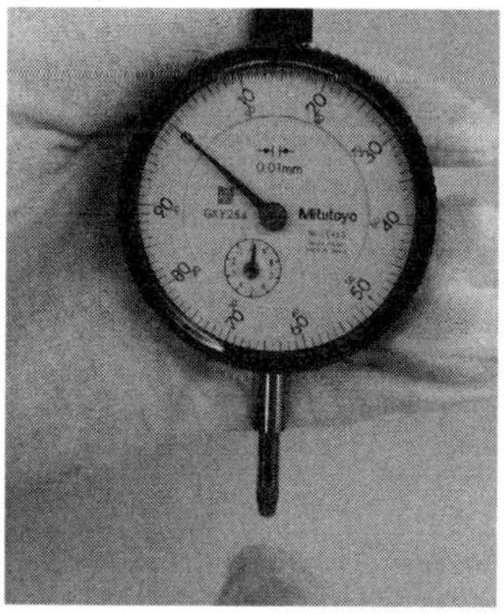

[그림 7.4] 반복 정밀도 확인 3
(스핀들을 놓았을 때 0점 위치 확인)

[그림 7.5] 시험기 정렬
(수직 · 수평을 위한 설치 방법)

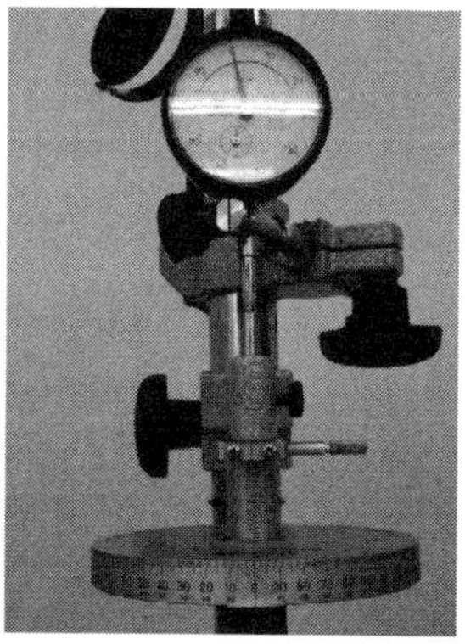

[그림 7.6] 다이얼 게이지 설치
(설치 후 10 눈금 측정압 부여)

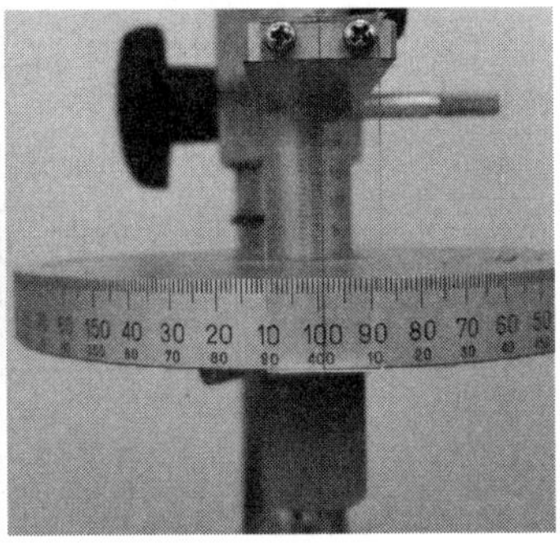

[그림 7.7] 0점 조정 요령
(0점 조정 시 헤드 눈금이 중앙에서 지나치게 벗어나면 하단부의 고정 나사 세 개를 이용)

[그림 7.8] 눈금의 정확도
(피교정기의 눈금에 일치)

[그림 7.9] 눈금 읽기
(교정기의 눈금을 읽어 기록)

7.4 교정데이터 처리

측정범위 0 mm~25 mm, 분해능 1 μm의 다이얼 게이지 시험기를 이용하여 측정범위 0~10 mm, 분해능 0.01 mm의 다이얼 게이지의 눈금 교정에 대한 교정처리 과정을 예시로 설명하였다.

7.5 수학적 모델

수학적 모델은 보정값, 지시편차, 실제치수 등을 산출하기 위해 수식을 자유롭게 세울 수 있다. 본 교정실습에서는 이들 중 하나로써 지시편차를 구하기 위한 수학적 모델을 수립하여 설명하였다.

$$E_x = l_{ix} - l_s + L_s \cdot \overline{\alpha} \cdot \Delta t + \delta l_{ix}$$

E_x	표준온도에서 다이얼 게이지의 지시편차
l_{ix}	다이얼 게이지 지시값
l_s	다이얼 게이지 시험기의 교정값
L_s	다이얼 게이지 시험기의 명목값
$\overline{\alpha}$	다이얼 게이지와 다이얼 게이지 시험기 평균 열팽창계수
Δt	다이얼 게이지와 다이얼 게이지 시험기의 온도차
δl_x	다이얼 게이지 분해능 한계에 대한 보정값

7.6 교정용 표준기값

본 실험에서 사용한 기준장비는 다이얼 게이지 시험기로써 교정성적서에 눈금값 10.0 mm에서 −0.2 μm만큼의 편차가 있다.

☞ 실제 교정기관에서는 해당 장비의 교정성적서에 명시된 값을 꼭 참조하여 적용한다.

7.7 눈금값의 교정

다이얼 게이지의 시험기로 3회 반복 측정한 값을 기록하여 산출한다.

(단위 : μm)

눈금값 (mm)	다이얼 게이지 시험기 지시편차			평균값	표준 편차	시험기 편차	보정값
	1회	2회	3회				
0.00						0.0	
0.10						0.0	
0.20						0.1	
0.50						0.0	
1.00						0.2	
3.00						0.1	
5.00						−0.2	
10.00	−1.0	−2.0	0.0	−1.0	1.0	−0.2	
5.00						−0.5	
3.00						−0.3	
1.00						0.2	
0.50						0.1	
0.20						0.3	
0.10						0.0	
0.00						0.1	

☞ 위의 표에서 최대구간 10 mm의 지시값은 교정값 및 불확도를 설명하기 위한 예이므로 실제 본인의 결과값을 기입하여 적용한다. 또한 표에서 시험기의 편차는 다이얼 게이지 시험기의 성적서 값을 임의로 부여한 값이므로 실제 교정기관에서는 반드시 해당 시험기의 성적서를 참조하여 적용해야 한다.

7.8 온도 보정값

기준장비와 피교정 장비는 스틸로 동일 재질이며, 교정 시 충분한 열평형이 이루어진 상태에서 교정을 하였다. 측정할 당시의 표준실 온도가 기준 및 피교정기기를 놓아두었던 정반 주위의 온도를 측정한 결과 20.2 ℃ 였다(실제 온도계로 측정하여 적용).

$$\Delta L = L_s(\overline{\alpha} \cdot \Delta t)$$

$$\overline{\alpha} = (\alpha_x + \alpha_r)/2 = 11.5 \times 10^{-6}/℃$$

$$\Delta t = (t_x - t_r) = 20.2℃ - 20.2℃ = 0℃$$

$$\therefore \Delta L = [(11.5 \times 10^{-6}/℃) \cdot 0℃] \times 10\text{mm} = 0\text{mm}$$

온도 보정값은 상호간 동일 재질이고 충분한 열평형이 이루어진 경우일 때 $\Delta L = 0$이므로 무시 가능할 수 있다.

7.9 교정값 계산

$$E_x = l_{ix} - l_s + L_s \cdot \overline{\alpha} \cdot \Delta t + \delta l_{ix}$$

E_x	표준온도에서 다이얼 게이지의 지시편차
l_{ix}	다이얼 게이지 지시값 ☞ 10 mm 구간의 평균값 9.999 mm
l_s	다이얼 게이지 시험기의 성적서에 명시된 값 ☞ 10 mm 구간에서 편차가 −0.2μm = 10−(0.000 2) = 9.999 8 mm
L_s	다이얼 게이지 시험기의 명목값 ☞ 10 mm
$\overline{\alpha}$	다이얼 게이지와 다이얼 게이지 시험기 평균 열팽창계수 ☞ $\overline{\alpha} = (\alpha_x + \alpha_r)/2 = 11.5 \times 10^{-6}/℃$
Δt	다이얼 게이지와 다이얼 게이지 시험기의 온도차 ☞ $\Delta t = (t_x - t_r) = 20.2 - 20.2 = 0$ ℃
δl_{ix}	다이얼 게이지 분해능 한계에 대한 보정값 ☞ 기댓값, 즉 평균은 알 수 없으므로 0

$$\therefore E_x = l_{ix} - l_s + L_s \cdot \overline{\alpha} \cdot \Delta t + \delta l_{ix} = 9.999 - 9.9998 + 0 + 0 = -0.8\mu\text{m}$$

E_x 값을 산출한 다음 교정값을 구하기 위하여 보정값을 구한다. 보정값은 산출된 E_x의 값의 반대 부호로 적용한다. 교정값 = 눈금값 + 보정값이다. 교정값 = 10 mm + (0.000 8)mm ≒ 10.001 mm

7.10 불확도 계산

본 예제에서는 10 mm의 다이얼 게이지에 대한 불확도의 평가 과정을 상세히 설명하였다.

☞ 불확도 요인은 측정환경에 따라 얼마든지 달라질 수 있으며, 그로 인해 수립되는 수학적 모델도 달라질 수 있다. 본 예제에서 도출된 불확도 요인 이외에 실제 교정환경에서 측정 결과에 영향을 미쳤을 것으로 의심이 되는 요인이 있다면 수학적 모델에 추가하여 수립할 수 있다. 이와는 반대로 충분한 열평형이 이루어진 상태이고, 피교정기기와 교정기기가 동일한 재질로 열팽창계수가 같을 경우 온도 보정값은 수식에서 생략할 수 있다. 즉, 동일한 교정대상 및 항목일지라도 실제 상황을 최대한 고려하여 불확도 요인을 도출하여 수식에 반영하는 것이 바람직하다.

7.10.1 합성표준불확도(u_c)의 수학적 모델

합성표준불확도(Combined standard uncertainty)는 '7.5 수학적 모델' 항에서 수립한 기본적인 수학적 모델에 불확도 전파 법칙(Law of propagation of uncertainty)을 적용하여 불확도를 추정하기 위한 수식을 새롭게 세운다.

☞ 불확도 전파 법칙은 RSSM(Root Sum Squared Method)으로 이해한다.

$$E_x = l_{ix} - l_s + L_s \cdot \overline{\alpha} \cdot \Delta t + \delta l_{ix}$$

$$u_c^2(E_x) = u^2(l_{ix}) + u^2(l_s) + (L_s \cdot \overline{\alpha})^2 u^2(\Delta t) + u^2(\delta l_{ix})$$

$$\begin{aligned} u_c^2(E_x) &= c_{l_{ix}}^2 u^2(l_{ix}) + c_{l_s}^2 u^2(l_s) + c_{\Delta t}^2 u^2(\Delta t) + c_{\delta l_{ix}}^2 u^2(\delta l_{ix}) \\ &= \left(\frac{\partial E_x}{\partial l_{ix}}\right)^2 u^2(l_{ix}) + \left(\frac{\partial E_x}{\partial l_s}\right)^2 u^2(l_s) + \left(\frac{\partial E_x}{\partial \Delta t}\right)^2 u^2(\Delta t) + \left(\frac{\partial E_x}{\partial \delta l_{ix}}\right)^2 u^2(\delta l_{ix}) \\ &= (1)^2 \cdot u^2(l_{ix}) + (-1)^2 \cdot u^2(l_s) + (\overline{\alpha} \cdot L_s)^2 u^2(\Delta t) + (1)^2 u^2(\delta l_{ix}) \end{aligned}$$

7.10.2 다이얼 게이지 지시값의 표준불확도 $u(l_{ix})$

표준불확도 성분은 우연효과로 인한 불확도로써 A형 평가를 통하여 구할 수 있다. A형 평가를 하는 경우, 반복측정을 실시하고 그 결과로부터 표준편차를 구한다. 대개의 경우 평균값을 추정값으로 사용하기 때문에 이 경우에는 평균의 표준편차가 표준불확도 성분을 나타내게 된다. [표 1]에 나타난 것과 같은 측정결과를 얻었을 때 표준편차를 구하고, 전 구간에서 모든 표준편차 중 최대 표준편차 값을 취하여 이 값을 측정횟수의 제곱근으로 나눈다.

(1) 추정값 : 9.999 mm

본 예제에서 10 mm 구간의 평균값 9.999 mm로 가정한 것이며, 실제 본인의 평균값을 적용한다.

(2) 표준불확도 : 0.58 μm

본 예제에서 최대 표준편차를 1.0 μm 으로 가정한 것이며, 실제 본인의 최대 표준편차를 적용한다. 이때 최대 표준편차는 0 mm~10 mm 전체 구간에서 가장 큰 표준편차를 적용한다. 여기서 분모 $\sqrt{3}$ 은 반복측정 횟수를 나타낸다. 직사각형 확률분포와 혼동하지 않도록 주의한다.

$$\frac{s}{\sqrt{\text{반복측정횟수}}} = \frac{1.0}{\sqrt{3}} = 0.577 \fallingdotseq 0.58\,\mu\text{m}$$

(3) 확률분포 : t－분포

일반적으로 반복측정 횟수가 30회 이상이면 정규분포, 미만이면 t-분포로 간주한다.

(4) 감도 계수 : 1

감도 계수는 수학적 모델에서 편미분하여 산출한다(수학적 모델에서 출력값 E_x에 여러 입력값들 중에서 l_x값이 영향을 미친 정도를 의미).

$$c_{l_x} = \frac{\partial E_x}{\partial l_{ix}} = 1$$

(5) 불확도 기여도 : 0.58 μm

감도 계수와 표준불확도의 곱으로 산출한다.

(6) 자유도 : 2

자유도는 n−1, 즉 (반복측정횟수 −1)로 산출한다. ▸ 3−1

7.10.3 다이얼 게이지 시험기의 표준불확도 $u(l_s)$

객관적 · 과학적인 정보를 근거로 하여 추정하는 방식인 B형 불확도로써 교정기기로 사용된 다이얼 게이지 시험기의 교정성적서를 참조한다. 만일 성적서에 10 mm 구간에서 편차가 −0.2 μm, 측정불확도 U는 0.6 μm (신뢰수준 약 95%, 포함인자 k= 2)라고 명시되어 있다면 이러한 정보를 근거로 하여 표준불확도를 추정한다.

(1) 추정값 : 9.9998 mm

다이얼 게이지 시험기의 성적서에서 10mm 구간에 −0.2 μm의 편차가 나타났으므로 (10mm-0.0002 mm)로 추정한다.

(2) 표준불확도 : 0.3 μm

다이얼 게이지 시험기의 측정불확도 U가 주어졌으므로 이것을 k로 나누어 추정한다.

$$\frac{U}{k} = \frac{0.6}{2} = 0.3\,\mu\text{m}$$

(3) 확률분포 : 정규분포

B형 불확도의 추정은 A형과 다르다. 일반적으로 교정 기관에서 발급된 성적서와 같이 확신의 근거가 충분하다고 여겨지는 경우 정규분포로 간주한다. 또한 성적서 상에 신뢰수준 약 95%와 포함인자 k = 2의 근거에 의하여 정규분포임을 알 수 있다.

(4) 감도 계수 : −1

감도 계수는 수학적 모델에서 편미분하여 산출한다.

$$c_{l_s} = \frac{\partial E_x}{\partial l_s} = -1$$

(5) 불확도 기여도 : −0.3 μm

감도 계수와 표준불확도의 곱으로 산출한다.

(6) 자유도 : ∞

B형 불확도의 자유도

$$\frac{1}{2}\left(\frac{100}{R}\right)^2 = \frac{1}{2}\left(\frac{100}{100-\text{확신의 정도}}\right)^2$$

로 추정한다. 상대불확도 R은 표준불확도의 확신의 정도에 따라 실무자의 주관적 판단에 근거하여 부여한다. 만일 표준불확도를 추정한 값을 80 % 확신한다면 자유도는

$$\frac{1}{2}\left(\frac{100}{100-80}\right)^2 = 12.5 = 12$$

로 계산한다. 여기서 자유도는 정수로 표현하며 반올림 없이 소수점 이하는 버림한다. 본 예에서 다이얼 게이지 시험기는 성적서를 참조했으므로 확신의 정도를 100% 부여한다고 했을 때 자유도는 무한대가 된다.

7.10.4 다이얼 게이지와 다이얼 게이지 시험기의 온도차에 대한 표준불확도 $u(\Delta t)$

열평형 상태에서 테스트 인디케이터와 다이얼 게이지 시험기의 온도차는 경험상 또는 과거의 기록에 근거하여 적어도 상호간에 ±0.5 ℃ 이내에서 일치한다고 추정하면 온도차에 의한 불확도는 직사각형 확률분포를 적용하여 불확도를 추정한다.

(1) 추정값 : 0 ℃

동일 장소에 일정 시간 두게 되면 열평형이 이루어지기 때문에 온도는 차이가 없는 것으로 간주하여 기댓값을 0으로 본다.

(2) 표준불확도 : 0.29 ℃

충분한 열평형이 이루어진 상태라도 측정 중 체온 또는 알 수 없는 온도 드리프트에 의해 온도가 변할 수 있다. 예를 들어 ±0.5 ℃ 이내에서 열평형이 이루어졌다면, 또는 과거의 경험상 ±0.5 ℃ 이내에서 상호간 열평형이 이루어진 것을 알고 있다면 여기에 직사각형 확률분포를 적용하여 ±0.5 ℃의 반 범위에 $\sqrt{3}$ 으로 나누어 산출한다.

$$\frac{\pm 0.5℃/2}{\sqrt{3}} = \frac{0.5℃}{\sqrt{3}} = 0.288 \fallingdotseq 0.29 \text{ ℃}$$

(3) 확률분포 : 직사각형

온도 변화가 어느 일정 구간에서만 ±0.5 ℃의 변화를 보인 것이 아닌 균등하게 어느 측정환경에서도 동일한 확률분포로 변화가 일어났을 것으로 간주하여 추정한 것이다.

(4) 감도 계수 : 0.115 μm/℃

감도 계수는 수학적 모델에서 편미분하여 산출한다.

$$c_{\Delta t} = \frac{\partial E_x}{\partial \Delta t} = \overline{\alpha} \cdot L_s = 11.5 \times 10^{-6}/℃ \cdot 10 \text{ mm} = 0.115 \mu\text{m}/℃$$

(5) 불확도 기여도 : 0.033 μm

감도 계수와 표준불확도의 곱으로 산출한다.

$$0.115\,\mu\text{m}/℃ \times 0.29\,℃ = 0.033\,\mu\text{m}$$

(6) 자유도 : 50

예를 들어 추정한 표준불확도의 값에 대해 90 % 확신한다고 가정하면 다음과 같다.

$$\frac{1}{2}\left(\frac{100}{R}\right)^2 = \frac{1}{2}\left(\frac{100}{100-90}\right)^2 = 50$$

7.10.5 기기의 분해능 한계에 대한 표준불확도 $u(\delta l_{ix})$

교정에 사용된 테스트 인디케이터의 최소눈금이 1 μm 이고 아날로그 방식이므로 한 눈금을 목측으로 1/4 등분하여 읽을 수 있음을 가정하여 직사각형 확률분포를 적용하여 불확도를 추정할 수 있다.

(1) 추정값 : 0

다이얼 게이지의 분해능으로 인하여 측정결과에 영향을 미친 정도는 사실상 기댓값을 추정하기 어려우므로 0으로 둔다.

(2) 표준불확도 : 0.144 μm

예에서 다이얼 게이지 시험기의 최소눈금이 1 μm 이므로 1/4로 목측한 눈금에 직사각형 확률분포를 적용하여 산출한다. 만일 한 눈금을 5등분하여 읽었다면 1/5를 적용하면 된다.

$$\frac{1.0}{4\sqrt{3}} = 0.144\ \mu\text{m}$$

(3) 확률분포 : 직사각형

모든 측정 구간에서 눈금을 읽을 때 실수할 수 있는 확률은 동일한 확률을 지닐 것으로 간주하여 직사각형 확률분포로 추정한다.

(4) 감도 계수 : 1

감도 계수는 편미분하여 산출한다.

$$c_{\delta l_{ix}} = \frac{\partial E_x}{\partial \delta l_{ix}} = 1$$

(5) 불확도 기여도 : 0.144 μm

감도 계수와 표준불확도의 곱으로 산출한다.

(6) 자유도 : ∞

예를 들어 추정한 표준불확도의 값에 대해 100% 확신한다고 가정하면 다음과 같다.

$$\frac{1}{2}\left(\frac{100}{100-100}\right)^2 = 0 = \infty$$

7.10.6 합성표준불확도 $u_c(E_x)$

합성표준불확도는 수학적 모델에 속한 각각의 불확도 요인에 대한 추정 값들을 하나로 합성하는 것으로 수식은 '7.10.1 합성표준불확도(uc)의 수학적 모델'을 이용하여 산출한다. 아래의 식에서 각각의 항목은 감도 계수와 표준불확도를 곱하여 추정한 값, 즉 불확도 기여도를 나타낸다.

$$u_c^2(E_x) = u^2(l_{ix}) + u^2(l_s) + (L_s \cdot \overline{\alpha})^2 u^2(\Delta t) + u^2(\delta l_{ix})$$

$$u_c(E_x) = \sqrt{(0.58)^2 + (-0.3)^2 + (0.033)^2 + (0.144)^2} = 0.669\,\mu\text{m}$$

7.10.7 유효자유도 ν_{eff}

Welch-Satterthwaite 공식으로부터 출력 추정값 E_x에 수반된 표준불확도 $u(E_x)$의 유효자유도 ν_{eff}를 추정한다.

$$\nu_{eff} = \frac{u_c^4(E_x)}{\sum_{i=1}^{N} \frac{[c_i u(x_i)]^4}{\nu_i}} = \frac{u_c^4(E_x)}{\sum_{i=1}^{4} \frac{[c_i u(x_i)]^4}{\nu_i}}$$

$$= \frac{(0.669)^4}{\frac{(0.58)^4}{2} + \frac{(-0.3)^4}{\infty} + \frac{(0.033)^4}{50} + \frac{(0.144)^4}{\infty}} = 3.5 = 3$$

☞ 수학적 모델에 속한 각각의 표준불확도 요인들에 대한 자유도를 앞에서 산출했다. 이것을 하나의 자유도로 산출함으로써 이 크기에 따라 추정한 합성표준불확도가 얼마나 타당성이 있는지를 나타낸다. 일반적으로 통계학에서는 자유도가 30 이상이면 표준정규분포의 형태를 지닌다고 가정하여 신뢰구간을 부여하나 교정 분야에서는 자유도가 10 이상이면 충분한 것으로 간주한다.

7.10.8 불확도 총괄표(Uncertainty budget)

입력량 (Xi)	추정값 (xi)	표준 불확도 u(xi)	확률분포	감도 계수 (ci)	|불확도 기여량| ui(y)	자유도 ν
l_{ix}	9.999 mm	0.58 μm	t	1	0.58 μm	2
l_s	9.999 8 mm	0.3 μm	정규	−1	0.3 μm	∞
Δt	0	0.29 ℃	직사각	0.115 μm/℃	0.033 μm	50
δl_{ix}	0	0.144 μm	직사각	1	0.144 μm	∞
E_x	−0.8 μm				u_c = 0.669	ν_{eff} = 3

7.10.9 측정불확도(Expanded uncertainty) U

유효자유도의 크기가 10 이상이 되지 않으므로 부록에 첨부한 t-분포표에서 신뢰수준 95 %의 유효자유도 3에 해당되는 값을 포함인자 k로 결정하여 합성표준불확도에 곱하여 측정불확도 U를 산출한다(KOLAS-G-002 측정결과의 불확도 추정 및 표현을 위한 지침).

$$U = k \times u_c(E_x) = 3.18 \times 0.669 = 2.127 \fallingdotseq 2.1\,\mu\text{m}$$

☞ 측정불확도는 유효자리수 1개 또는 2개로 표현한다.

7.10.10 결과 보고

수학적 모델에서 추정한 지시편차 E_x는 약 −0.8 μm이며, 이에 대한 측정불확도(=확장불확도)는 신뢰수준 95 %, 포함인자 k=3.18을 적용하여 약 2.1 μm로 추정되었다. 이것을 다음과 같이 표현한다.

$$E_x = (-0.8 \pm 2.1)\,\mu\text{m} \ \ (\text{신뢰수준 95 \%, k=3.18 적용})$$

☞ 유효자유도가 10 이상이 되지 않을 경우 부록의 t-분포표를 참조하여 신뢰수준 95%에서 포함인자 k값을 찾아 적용한다.

교정성적서

교정기관명 : Tel. Fax.	성적서번호 : 페이지 (1)/(총 2)	KOLAS

1. 의 뢰 자

기 관 명 :

주 소 :

2. 측 정 기

기 기 명 : 다이얼 게이지

제작회사 및 형식 :

기기번호 :

3. 교정일자 :

4. 교정환경

온 도 : (±)℃ 상대습도 : (±) % R.H.

교정장소 : □ 고정표준실 □ 이동교정 □ 현장교정

5. 측정표준의 소급성

위의 기기는 한국계량측정협회에서 발행된 '다이얼 게이지의 표준교정절차(KASTO 11-10609-005)'에 따라 국가측정표준기관으로부터 측정의 소급성이 확보된 아래 표준 장비를 이용하여 비교교정 되었다.

▶ 교정에 사용한 표준장비 명세

사용장비명	제작자 및 형식	기기번호	교정 유효일자	교정기관
다이얼 게이지 시험기				
정 반				

6. 교정결과 : 교정결과 참조

7. 측정불확도 : 교정결과 참조

확 인	작성자 성 명 (서 명)	승인자 직 위 : (기술책임자) 성 명 : (서 명)

위 성적서는 국제시험기관인정협력체(International Laboratory Accreditation Cooperation) 상호인정협정(Mutual Recognition Arrangement)에 서명한 한국인정기구(KOLAS)로부터 공인받은 분야의 교정결과입니다.

20 . . .

한국인정기구 인정 ○○교정기관장 (인)

(주) 이 성적서는 측정기의 정밀정확도에 영향을 미치는 요소(과부하, 온도, 습도 등)의 급격한 변화가 발생한 경우에는 무효가 됩니다.

교 정 결 과	성적서번호 : 페이지 (2)/(총 2)	KOLAS

1. 교정결과

교정값 = 눈금값 + 보정값

(단위 : μm)

눈금값	보정값	
	전진	후퇴
0.00		
0.10		
0.20		
0.50		
1.00		
3.00		
5.00		
10.00		–

2. 측정불확도 U =

(신뢰수준: %, k =)

끝

8 테스트 인디케이터

8.1 교정대상기기의 교정 항목, 측정 범위 및 교정 방법

교정 항목	측정 범위	교정 방법(교정기기)
외형확인	–	육안검사
눈금의 정확도	전 구간	다이얼 게이지 시험기

8.2 필요장비 명세 및 최저요구성능

표준 장비명	수량	최저요구성능
다이얼 게이지 시험기 (dial gauge tester)	1 대	범 위 : (0∼5) mm 분해능 : 0.000 2 mm
표면 온도계 (surface thermometer)	1 대	끝이 평평하고 표면에 부착할 수 있고 20 ℃ 근방에서 교정된 것
정반(surface plate)	1 대	등 급 : KS B 5254 (정반) 1급

8.3 교정 준비 및 절차

(1) 표준교정절차서를 숙독한다.

(2) 교정기기(다이얼 게이지 시험지)와 피교정기기(테스트 인디케이터)의 외관 상태를 확인하고 스핀들과 측정자를 알코올로 깨끗이 닦는다.

(3) 테스트 인디케이터는 시험기에 설치하기 전 측정자를 가볍게 올렸다 내렸다를 반복하며 눈금이 동일 지점에 오는지 육안으로 확인한다.

(4) 교정할 테스트 인디케이터를 정반 위에 올려놓은 다이얼 게이지 시험기의 고정구에 단단하고 안정되게 설치한다.

(5) 여현각(cosine angle) 편차를 제거하기 위해 테스트 인디케이터의 측정자 축 선이 다이얼 게이지 시험기 스핀들 축선과 직각이 되도록 조절한다.

(6) 다이얼 게이지 시험기의 스핀들을 회전시켜 측정자에 접촉시키고 테스트 인디케이터의 측정자 끝이 스핀들 면의 중심에 오도록 조절한다.

(7) 테스트 인디케이터의 눈금이 시계방향으로 하여 눈금판을 회전시켜 바늘이 0을 지시하도록 조절한다.

(8) 다이얼 게이지 시험기의 스핀들을 돌려서 교정 작업자가 교정할 때 이상적인 위치에 눈금이 0이 오도록 조절하고 기선을 0점에 맞춘다.

(9) 다이얼 게이지 시험기의 기선과 테스트 인디케이터의 지침이 0에 맞는가를 확인한 후 시험기 스핀들을 기점 이하로 내렸다가 다시 0점에 맞추는 동작을 수회 반복하면서 양측의 0점이 안정되는가를 확인하고 맞지 않으면 다시 조정한다.

(10) 측정자를 기점으로부터 시계방향으로 측정범위까지 눈금 읽음 값에서 다이얼 게이지 시험기의 눈금 값을 빼어 이때의 차이를 구한다.

(11) 측정자를 기점으로부터 반시계방향으로 측정범위까지 눈금 읽음 값에서 다이얼 게이지 시험기의 눈금 값을 빼어 이때의 차이를 구한다.

(12) 전진의 마지막 지점의 측정이 끝나면 그 자리를 시작점으로 하여 다시 후퇴시켜 0 지점까지 되돌아오면서 측정값을 읽어 기록한다.

[그림 8.1] 열평형

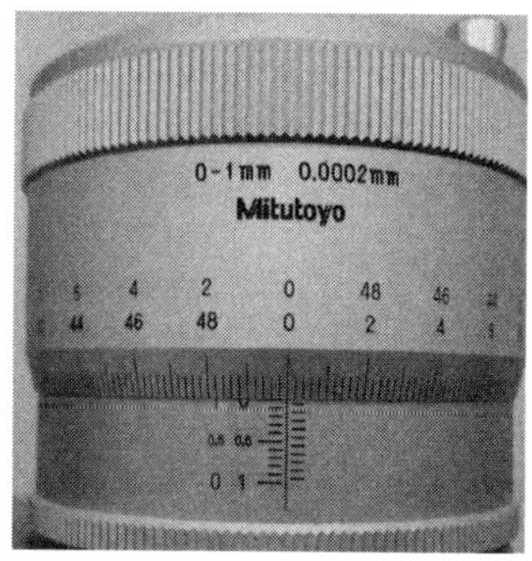

[그림 8.2] 눈금 0점 조정
(설치 전 마이크로미터 헤드를 0점)

[그림 8.3] 스핀들 중앙에 접촉
(홀더에 조립 후 설치 시 수평)

[그림 8.4] 눈금의 정확도
(해당 구간에 눈금 위치)

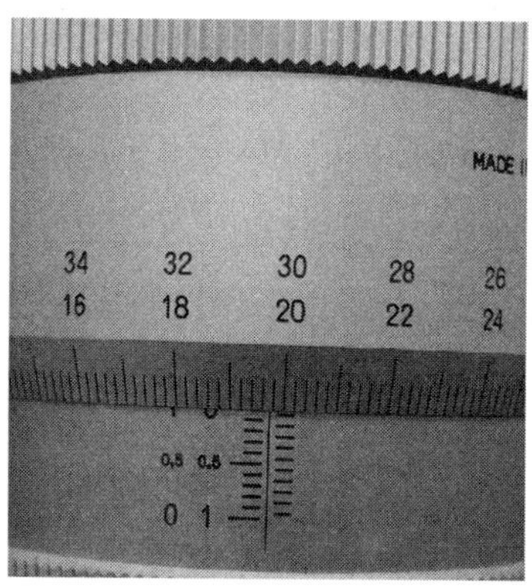

[그림 8.5] 눈금 읽기
([그림 8.4]였을 때 눈금 읽기)

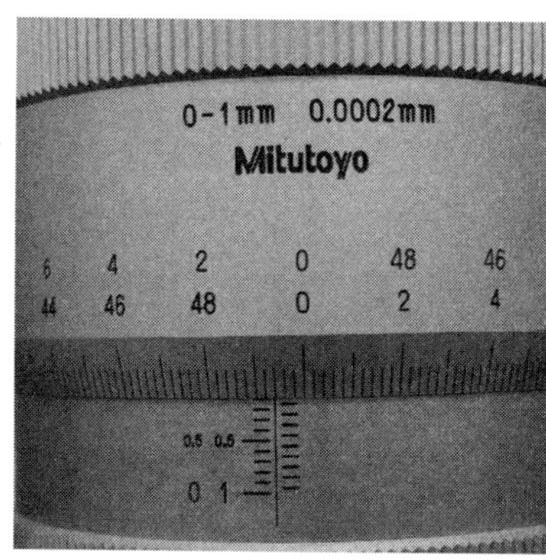

[그림 8.6] 후퇴방향 교정 후 0점 지점
(전진 교정 종료 후 후퇴하여 다시 0점)

8.4 교정데이터 처리

측정범위 0 mm~5 mm, 분해능 0.2 μm 다이얼 게이지 시험기를 이용하여 측정범위 0~0.2 mm, 분해능 2 μm 테스트 인디케이터의 눈금 교정에 대한 교정처리 과정을 예시로 설명하였다.

8.5 수학적 모델

수학적 모델은 보정값, 지시편차, 실제치수 등을 산출하기 위해 수식을 자유롭게 세울 수 있다. 본 교정실습에서는 이들 중 하나로써 지시편차를 구하기 위한 수학적 모델을 수립하여 설명하였다.

$$E_x = l_{ix} - l_s + L_s \cdot \overline{\alpha} \cdot \Delta t + \delta l_{ix}$$

E_x	표준온도에서 테스트 인디케이터의 지시편차
l_{ix}	테스트 인디케이터 지시값
l_s	다이얼 게이지 시험기의 교정값
L_s	다이얼 게이지 시험기의 명목값
$\overline{\alpha}$	테스트 인디케이터와 다이얼 게이지 시험기 평균 열팽창계수
Δt	테스트 인디케이터와 다이얼 게이지 시험기의 온도차
δl_x	테스트 인디케이터 분해능 한계에 대한 보정값

8.6 교정용 표준기값

본 실험에서 사용한 기준장비는 다이얼 게이지 시험기로 교정성적서에 주어진 편차는 0.2 mm 구간에서 −0.2 μm 이다.

☞ 실제 교정기관에서는 해당 장비의 교정성적서에 명시된 값을 꼭 참조하여 적용한다.

8.7 눈금값의 교정

다이얼 게이지의 시험기로 3회 반복 측정한 값을 기록하여 산출한다.

(단위 : μm)

눈금값	다이얼 게이지 시험기 지시값			평균값	표준 편차	시험기 편차	보정값
	1회	2회	3회				
0						0.0	
20						0.1	
40						0.1	
60						0.2	
100						0.1	
140						0.1	
200	0.6	0.8	0.7	0.7	0.1	−0.2	
140						0.0	
100						0.1	
60						−0.1	
40						−0.2	
20						0.0	
0						0.1	

☞ 위의 표에서 최대구간 200 μm의 지시값은 교정값 및 불확도를 설명하기 위한 예이므로 실제 본인의 결과값을 기입하여 적용한다. 또한 표에서 시험기의 편차는 다이얼 게이지 시험기의 성적서 값을 임의로 부여한 값이므로 실제 교정기관에서는 반드시 해당 시험기의 성적서를 참조하여 적용해야 한다.

8.8 온도 보정값

기준장비와 피교정 장비는 스틸로 동일 재질이며, 교정 시 충분한 열평형이 이루어진 상태에서 교정을 하였다. 측정할 당시의 표준실 온도가 기준 및 피교정기기를 놓아두었던 정반 주위의 온도를 측정한 결과 20.2 ℃였다(실제 온도계로 측정하여 적용한다).

$$\Delta L = L_s(\overline{\alpha} \cdot \Delta t)$$

$$\overline{\alpha} = (\alpha_x + \alpha_r)/2 = 11.5 \times 10^{-6}/℃$$

$$\Delta t = (t_x - t_r) = 20.2℃ - 20.2℃ = 0\ ℃$$

$$\therefore \Delta L = [(11.5 \times 10^{-6}/℃) \cdot 0\ ℃] \times 10\text{mm} = 0\text{mm}$$

온도 보정값은 상호간 동일 재질이고 충분한 열평형이 이루어진 경우일 때 $\Delta L = 0$이므로 무시 가능할 수 있다.

8.9 교정값 계산

$$E_x = l_{ix} - l_s + L_s \cdot \overline{\alpha} \cdot \Delta t + \delta l_{ix}$$

E_x	표준온도에서 테스트 인디케이터의 지시편차
l_{ix}	테스트 인디케이터 지시값 ☞ 0.2 mm 구간의 평균값 0.200 7 mm
l_s	다이얼 게이지 시험기의 성적서 값 ☞ 0.2 mm 구간에서 −0.2 μm 의 편차가 있으므로 0.2+(−0.000 2)=0.199 8 mm
L_s	다이얼 게이지 시험기의 명목값 ☞ 0.2 mm
$\overline{\alpha}$	테스트 인디케이터와 다이얼 게이지 시험기 평균 열팽창계수 ☞ $\overline{\alpha} = (\alpha_x + \alpha_r)/2 = 11.5 \times 10^{-6}/℃$
Δt	테스트 인디케이터와 다이얼 게이지 시험기의 온도차 ☞ $\Delta t = (t_x - t_r) = 20.2℃ - 20.2℃ = 0\ ℃$
δl_x	테스트 인디케이터 분해능 한계에 대한 보정값 ☞ 기댓값, 즉 평균은 알 수 없으므로 0

$\therefore E_x = l_{ix} - l_s + L_s \cdot \overline{\alpha} \cdot \Delta t + \delta l_{ix} = 0.200\,7 - 0.199\,8 + 0 + 0 = 0.9\,\mu m$

E_x 값을 산출한 다음 교정값을 구하기 위하여 보정값을 구한다. 보정값은 산출된 E_x의 값의 반대 부호로 적용한다. 교정값 = 눈금값 + 보정값이다. 교정값 = 0.2 mm + (−0.000 9) mm ≒ 0.199 mm

8.10 불확도 계산

본 예제에서는 0.2 mm의 테스트 인디케이터에 대한 불확도의 평가 과정을 상세히 설명하였다.

☞ 불확도 요인은 측정환경에 따라 얼마든지 달라질 수 있으며, 그로 인해 수립되는 수학적 모델도 달라질 수 있다. 본 예제에서 도출된 불확도 요인 이외에 실제 교정환경에서 측정 결과에 영향을 미쳤을 것으로 의심이 되는 요인이 있다면 수학적 모델에 추가하여 수립할 수 있다. 이와는 반대로 충분한 열평형이 이루어진 상태이고, 피교정기기와 교정기기가 동일한 재질로 열팽창계수가 같을 경우 온도 보정값은 수식에서 생략할 수 있다. 즉, 동일한 교정대상 및 항목일지라도 실제 상황을 최대한 고려하여 불확도 요인을 도출하여 수식에 반영하는 것이 바람직하다.

8.10.1 합성표준불확도(u_c)의 수학적 모델

합성표준불확도(Combined standard uncertainty)는 '8.5 수학적 모델' 항에서 수립한 기본적인 수학적 모델에 불확도 전파 법칙(Law of propagation of uncertainty)을 적용하여 불확도를 추정하기 위한 수식을 새롭게 세운다.

☞ 불확도 전파 법칙은 RSSM(Root Sum Squared Method)으로 이해한다.

$$E_x = l_{ix} - l_s + L_s \cdot \overline{\alpha} \cdot \Delta t + \delta l_{ix}$$

$$u_c^2(E_x) = u^2(l_{ix}) + u^2(l_s) + (L_s \cdot \overline{\alpha})^2 u^2(\Delta t) + u^2(\delta l_{ix})$$

$$\begin{aligned} u_c^2(E_x) &= c_{l_{ix}}^2 u^2(l_{ix}) + c_{l_s}^2 u^2(l_s) + c_{\Delta t}^2 u^2(\Delta t) + c_{\delta l_{ix}}^2 u^2(\delta l_{ix}) \\ &= \left(\frac{\partial E_x}{\partial l_{ix}}\right)^2 u^2(l_{ix}) + \left(\frac{\partial E_x}{\partial l_s}\right)^2 u^2(l_s) + \left(\frac{\partial E_x}{\partial \Delta t}\right)^2 u^2(\Delta t) + \left(\frac{\partial E_x}{\partial \delta l_{ix}}\right)^2 u^2(\delta l_{ix}) \\ &= (1)^2 \cdot u^2(l_{ix}) + (-1)^2 \cdot u^2(l_s) + (\overline{\alpha} \cdot L_s)^2 u^2(\Delta t) + (1)^2 u^2(\delta l_{ix}) \end{aligned}$$

8.10.2 테스트 인디케이터 지시값의 표준불확도 $u(l_{ix})$

표준불확도 성분은 우연효과로 인한 불확도로써 A형 평가를 통하여 구할 수 있다. A형 평가를 하는 경우, 반복측정을 실시하고 그 결과로부터 표준편차를 구한다. 대개의 경우 평균값을 추정 값으로 사용하기 때문에 이 경우에는 평균의 표준편차가 표준 불확도 성분을 나타내게 된다. [표 1]에 나타난 것과 같은 측정결과를 얻었을 때, 표준편차를 구하고, 전 구간에서 모든 표준편차 중 최대 표준편차값을 취하여 이 값을 측정횟수의 제곱근으로 나눈다.

(1) 추정값 : 0.200 7 mm

본 예제에서 0.2 mm 구간의 평균값 0.200 7 mm로 가정한 것이며, 실제 본인의 평균값을 적용한다.

(2) 표준불확도 : 0.058 μm

본 예제에서 최대 표준편차를 0.1 μm으로 가정한 것이며, 실제 본인의 최대 표준편차를 적용한다. 이때, 최대 표준편차는 0 mm~0.2 mm 전체 구간에서 가장 큰 표준편차를 적용한다.

$$\frac{s}{\sqrt{\text{반복측정횟수}}} = \frac{0.1}{\sqrt{3}} = 0.057\,7 \fallingdotseq 0.058\,\mu\text{m}$$

(3) 확률분포 : t – 분포

일반적으로 반복측정 횟수가 30회 이상이면 정규분포, 미만이면 t-분포로 간주한다.

(4) 감도 계수 : 1

감도 계수는 수학적 모델에서 편미분하여 산출한다(수학적 모델에서 출력값 E_x에 여러 입력값들 중에서 l_x값이 영향을 미친 정도를 의미한다).

$$c_{l_x} = \frac{\partial E_x}{\partial l_{ix}} = 1$$

(5) 불확도 기여도 : 0.058 μm

감도 계수와 표준불확도의 곱으로 산출한다.

(6) 자유도 : 2

자유도는 n−1, 즉 (반복측정횟수 −1)로 산출한다. ▶ 3-1

8.10.3 다이얼 게이지 시험기의 표준불확도 $u(l_s)$

객관적 · 과학적인 정보를 근거로 하여 추정하는 방식인 B형 불확도로써 교정기기로 사용된 다이얼 게이지 시험기의 교정성적서를 참조한다. 만일 성적서에 0.2 mm 구간에서 편차가 −0.2 μm, 측정불확도 U는 0.6 μm(신뢰수준 약 95%, 포함인자 k=2)라고 명시되어 있다면 이러한 정보를 근거로 하여 표준불확도를 추정한다.

(1) 추정값 : 0.199 8 mm

다이얼 게이지 시험기의 성적서에서 0.2 mm 구간에 −0.2μm의 편차가 나타났으므로 다음과 같다.

$$(0.2\ \text{mm} - 0.000\ 2\ \text{mm}) = 0.199\ 8\ \text{mm}$$

(2) 표준 불확도 : 0.3 μm

다이얼 게이지 시험기의 측정불확도 U가 주어졌으므로 이것을 k로 나누어 추정한다.

$$\frac{U}{k} = \frac{0.6}{2} = 0.3\ \mu\text{m}$$

(3) 확률분포 : 정규분포

B형 불확도의 추정은 A형과 다르다. 일반적으로 교정기관에서 발급된 성적서와 같이 확신의 근거가 충분하다고 여겨지는 경우 정규분포로 간주한다.

(4) 감도 계수 : −1

감도 계수는 수학적 모델에서 편미분하여 산출한다.

$$c_{l_s} = \frac{\partial E_x}{\partial l_s} = -1$$

(5) 불확도 기여도 : − 0.3 μm

감도 계수와 표준불확도의 곱으로 산출한다.

(6) 자유도 : ∞

B형 불확도의 자유도

$$\frac{1}{2}\left(\frac{100}{R}\right)^2 = \frac{1}{2}\left(\frac{100}{100-\text{확신의 정도}}\right)^2$$

로 추정한다. R은 표준 불확도의 확신의 정도에 따라 실무자의 주관적 판단에 근거하여 부여한다. 만일 표준 불확도를 추정한 값을 80 % 확신한다면 자유도는

$$\frac{1}{2}\left(\frac{100}{100-80}\right)^2 = 12.5 = 12$$

로 계산한다. 여기서 자유도는 정수로 표현하며 반올림 없이 소수점 이하는 버림(truncated)한다. 예에서 성적서에 대한 확신의 정도가 큰 것으로 반영하여 자유도는 무한대로 추정한다.

8.10.4 테스트 인디케이터와 다이얼 게이지 시험기의 온도차에 대한 표준불확도 $u(\Delta t)$

열평형 상태에서 테스트 인디케이터와 다이얼 게이지 시험기의 온도차는 경험상 또는 과거의 기록에 근거하여 적어도 상호간에 ±0.5 ℃ 이내에서 일치한다고 추정하면 온도차에 의한 불확도는 직사각형 확률분포를 적용하여 불확도를 추정한다.

(1) 추정값 : 0 ℃

동일 장소에 일정 시간 두게 되면 열평형이 이루어지기 때문에 온도는 차이가 없는 것으로 간주하여 기댓값을 0으로 본다.

(2) 표준불확도 : 0.29 ℃

충분한 열평형이 이루어진 상태라도 측정 중 체온 또는 알 수 없는 온도 드리프트에 의해 온도가 변할 수 있다. 예를 들어 ±0.5 ℃ 이내에서 열평형이 이루어졌다면, 또는 과거의 경험상 ±0.5 ℃ 이내에서 상호간 열평형이 이루어진 것을 알고 있다면 여기에 직사각형 확률분포를 적용하여 ±0.3 ℃ 의 반 범위에 $\sqrt{3}$ 으로 나누어 산출한다.

$$\frac{\pm 0.5℃/2}{\sqrt{3}} = \frac{0.5℃}{\sqrt{3}} = 0.288 \fallingdotseq 0.3\ ℃$$

(3) 확률분포 : 직사각형

온도 변화가 어느 일정 구간에서만 ±0.5 ℃의 변화를 보인 것이 아닌 균등하게 어느 측정환경에서도 동일한 확률분포로 변화가 일어났을 것으로 간주하여 추정한 것이다.

(4) 감도 계수 : 2.3×10^{-3} μm/℃

감도 계수는 수학적 모델에서 편미분하여 산출한다.

$$c_{\Delta t} = \frac{\partial E_x}{\partial \Delta t} = \bar{\alpha} \cdot L_s = 11.5 \times 10^{-6}/℃ \cdot 0.2\,\mathrm{mm}$$

(5) 불확도 기여도 : 0.667 nm

감도 계수와 표준불확도의 곱으로 산출한다.

$$(2.3 \times 10^{-3}\,\mu\mathrm{m}/℃) \times 0.29\ ℃ = 0.667\ \mathrm{nm}$$

(6) 자유도 : 50

예를 들어 추정한 표준불확도의 값에 대해 90% 확신한다고 가정하면 다음과 같다.

$$\frac{1}{2}\left(\frac{100}{R}\right)^2 = \frac{1}{2}\left(\frac{100}{100-90}\right)^2 = 50$$

8.10.5 기기의 분해능 한계에 대한 표준불확도 $u(\delta l_{ix})$

교정에 사용된 테스트 인디케이터의 최소눈금이 2 μm이고 아날로그 방식이므로 한 눈금을 목측으로 1/4 등분하여 읽을 수 있음을 가정하여 직사각형 확률분포를 적용하여 불확도를 추정할 수 있다.

(1) 추정값 : 0

테스트 인디케이터의 분해능으로 인하여 측정결과에 영향을 미친 정도는 사실상 기댓값을 추정하기 어려우므로 0으로 둔다.

(2) 표준불확도 : 0.288 μm

예에서 테스트 인디케이터의 최소눈금이 0.002 mm이므로 1/4로 목측한 눈금에 직사각형 확률분포를 적용하여 산출한다.

$$\frac{2/4}{\sqrt{3}} = 0.288\,\mu\text{m}$$

(3) 확률분포 : 직사각형

모든 측정 구간에서 눈금을 읽을 때 실수할 수 있는 확률은 동일한 확률을 지닐 것으로 간주하여 직사각형 확률분포로 추정한다.

(4) 감도 계수 : 1

감도 계수는 편미분하여 산출한다.

$$c_{\delta l_{ix}} = \frac{\partial E_x}{\partial \delta l_{ix}} = 1$$

(5) 불확도 기여도 : 0.288 μm

감도 계수와 표준불확도의 곱으로 산출한다.

(6) 자유도 : ∞

예를 들어 추정한 표준불확도의 값에 대해 100 % 확신한다고 가정하면 다음과 같다.

$$\frac{1}{2}\left(\frac{100}{R}\right)^2 = \frac{1}{2}\left(\frac{100}{100-100}\right)^2 = 0 = \infty$$

8.10.6 합성표준불확도 $u_c(E_x)$

합성표준불확도는 수학적 모델에 속한 각각의 불확도 요인에 대한 추정값들을 하나로 합성하는 것으로 수식은 '8.10.1 합성표준불확도(uc)의 수학적 모델'을 이용하여 산출한다. 아래의 식에서 각각의 항목은 감도 계수와 표준불확도를 곱하여 추정한 값, 즉 불확도 기여도를 나타낸다.

$$u_c^2(E_x) = u^2(l_{ix}) + u^2(l_s) + (L_s \cdot \overline{\alpha})^2 u^2(\Delta t) + u^2(\delta l_{ix})$$

$$u_c(E_x) = \sqrt{(0.058)^2 + (-0.3)^2 + (0.000\,7)^2 + (0.288)^2} = 0.4199 \fallingdotseq 0.42\,\mu\text{m}$$

8.10.7 유효자유도 ν_{eff}

Welch-Satterthwaite 공식으로부터 출력 추정값 E_x에 수반된 표준불확도 $u(E_x)$의 유효자유도 ν_{eff}를 추정한다.

$$\nu_{eff} = \frac{u_c^4(E_x)}{\sum_{i=1}^{N} \frac{[c_i u(x_i)]^4}{\nu_i}} = \frac{u_c^4(E_x)}{\sum_{i=1}^{4} \frac{[c_i u(x_i)]^4}{\nu_i}}$$

$$= \frac{(0.42)^4}{\frac{(0.058)^4}{2} + \frac{(-0.3)^4}{\infty} + \frac{(0.000\,7)^4}{50} + \frac{(0.288)^4}{\infty}} = 549\,9.3 = 549\,9$$

☞ 수학적 모델에 속한 각각의 표준불확도 요인들에 대한 자유도를 앞에서 산출했다. 이것을 하나의 자유도로 산출함으로써 이 크기에 따라 추정한 합성표준불확도가 얼마나 타당성이 있는지를 나타낸다. 일반적으로 통계학에서는 자유도가 30 이상이면 표준정규분포의 형태를 지닌다고 가정하여 신뢰구간을 부여하나 교정 분야에서는 자유도가 10 이상이면 충분한 것으로 간주한다.

8.10.8 불확도 종괄표(Uncertainty budget)

입력량 (Xi)	추정값 (xi)	표준 불확도 u(xi)	확률분포	감도 계수 (ci)	|불확도 기여량| ui(y)	자유도 ν
l_{ix}	0.200 7 mm	0.058μm	t	1	0.058μm	2
l_s	0.199 8 mm	0.3μm	정규	−1	0.3μm	∞
Δt	0	0.29 ℃	직사각	2.3 × 10^{-3} μm/℃	0.000 7μm	50
δl_{ix}	0	0.288μm	직사각	1	0.288μm	∞
E_x	0.9μm				$u_c = 0.42$	$\nu_{eff} = 549\,9$

8.10.9 측정불확도(Expanded uncertainty) U

유효자유도의 크기가 10 이상으로 충분히 크므로 정규분포로 간주하고 신뢰수준 약 95 %, k = 2를 적용하여 측정불확도를 추정한다(KOLAS-G-002 측정결과의 불확도 추정 및 표현을 위한 지침).

$$U = k \times u_c(E_x) = 2 \times 0.42 = 0.84\,\mu\text{m} \qquad \text{(신뢰수준 약 95 %, k=2)}$$

☞ 측정불확도는 유효자리수 1개 또는 2개로 표현한다.

8.10.10 결과 보고

수학적 모델에서 추정한 지시편차 E_x는 약 0.9 μm 이며, 이에 대한 측정불확도는 신뢰수준 약 95.45 %에서 k=2를 적용하여 약 0.84 μm로 추정되었다. 이것을 다음과 같이 표현한다.

$$E_x = (0.9 \pm 0.84)\,\mu\text{m} \qquad \text{(신뢰수준 약 95 %, k=2)}$$

교정성적서

교정기관명 : Tel. Fax.	성적서번호 : 페이지 (1)/(총 2)	KOREA LABORATORY ACCREDITATION SCHEME KOLAS CALIBRATION NO.

1. 의 뢰 자

기 관 명 :
주 소 :

2. 측 정 기

기 기 명 : 테스트 인디케이터
제작회사 및 형식 :
기기번호 :

3. 교정일자 :

4. 교정환경

온 도 : (±)℃ 상대습도 : (±) % R.H.
교정장소 : □ 고정표준실 □ 이동교정 □ 현장교정

5. 측정표준의 소급성

위의 기기는 한국계량측정협회에서 발행된 '테스트 인디케이터의 표준교정절차(KASTO 03-01-1290-087)'에 따라 국가측정표준기관으로부터 측정의 소급성이 확보된 아래 표준 장비를 이용하여 비교교정 되었다.

▸ 교정에 사용한 표준장비 명세

사용장비명	제작자 및 형식	기기번호	교정 유효일자	교정기관
다이얼 게이지 시험기				
정 반				

6. 교정결과 : 교정결과 참조

7. 측정불확도 : 교정결과 참조

확 인	작성자 성 명 (서 명)	승인자 직 위 : (기술책임자) 성 명 : (서 명)

위 성적서는 국제시험기관인정협력체(International Laboratory Accreditation Cooperation) 상호인정협정(Mutual Recognition Arrangement)에 서명한 한국인정기구(KOLAS)로부터 공인받은 분야의 교정결과입니다.

20 . . .

한국인정기구 인정 ○○교정기관장 (인)

(주) 이 성적서는 측정기의 정밀정확도에 영향을 미치는 요소(과부하, 온도, 습도 등)의 급격한 변화가 발생한 경우에는 무효가 됩니다.

교 정 결 과	성적서번호 : 페이지 (2)/(총 2)	

1. 교정결과

교정값 = 눈금값 + 보정값

(단위 : μm)

눈금값	보정값	
	전진	후퇴
0		
20		
40		
60		
100		
140		
200		

2. 측정불확도 U =
(신뢰수준 %, k =)

끝

9 직각자

9.1 교정대상기기의 교정 항목, 측정 범위 및 교정 방법

교정 항목	측정 범위	교정 방법 (교정기기)
바깥쪽 사용면과 안쪽 사용면의 직각도	측정면의 양끝 20 mm 제외한 구간	직각도 시험기로 밑면에서의 높이에 따라 수직선에서 벗어난 편차 측정

9.2 필요장비 명세 및 최저요구성능

표준 장비명	수량	최저요구성능
직각도 시험기	1 대	직각도 : ±(3+L /200)μm 이내 (L : mm)
정밀 다이얼 게이지 또는 테스트 인디케이터	1 대	분해능 : 1 μm 이하
원통 스퀘어		직각도 : ±(2+L /200)μm 이내 (L : mm)
정밀 정반	1 대	등급 : KS B 5254 성밀 정반 0급

9.3 교정 준비 및 절차

(1) 표준교정절차서를 숙독한다.

(2) 정반 표면에 이물질을 완전히 제거한다.

(3) 직각자를 깨끗이 닦은 후 외관 상태를 파악한다(파손 또는 돌기 유무 등).

(4) 충분한 열평형이 이루어지도록 6시간~12시간 이상 그대로 두어 열평형을 시킨다.

(5) 정반에서 가장 평면도가 양호한 부분에 시험기와 직각자가 위치하도록 정렬시켜 놓는다.

(6) 직각도 시험기에 설치된 테스트 인디케이터의 측정자의 여현오차를 최소화하여 안정되게 고정한다.

(7) 보조구를 이용하여 직각자의 흔들림이 발생하지 않도록 안정되게 설치한다.

(8) 직각자의 바닥면에서 20 mm 윗부분을 0점으로 하여 위쪽으로 이동시켜 구간별 측정한다.

(9) 직각자의 바깥면을 구간별 반복 측정하여 읽는다. 이 때 시차가 발생하지 않도록 주의한다.

(10) 직각자의 안쪽면도 동일한 방법으로 측정한다.

(11) 측정 중 직각자와 직각도 시험기는 위치를 이동시키면 측정환경이 달라지므로 가능한 동일 지점에 놓고 측정한다.

☞ 본 교정실습에서는 직각자 대신 원통스퀘어를 이용하는 방법으로 설명하였다.

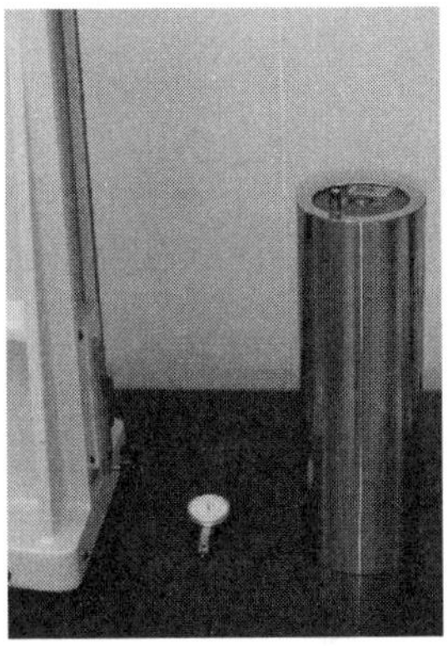

[그림 9.1] 열평형

[그림 9.2] 설치 방법 1
(테스트 인디케이터의 측정자를 90° 로 하여 교정한다. 이때 코사인 오차 발생 주의)

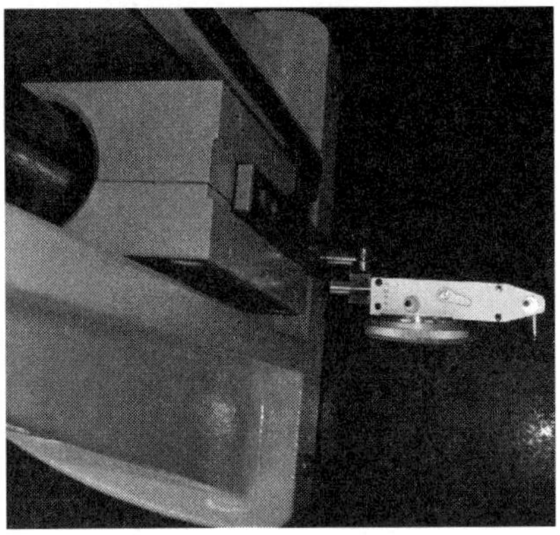

[그림 9.3] 설치 방법 2
(테스트 인디케이터의 몸체를 90° 로 하면 코사인 오차 최소화 가능)

[그림 9.4] 눈금의 정확도 교정
(하단과 상단은 약 20 mm 띄운 상태에서 교정 실시)

[그림 9.5] 눈금의 정확도 교정 2
(구간별 테스트 인디케이터 눈금 읽기)

9.4 교정데이터 처리

직각도 시험기를 이용하여 측정구간(0～300 mm)의 직각자 교정에 대한 교정처리 과정을 예시로 설명하였다.

9.5 수학적 모델

직각도 시험기에 테스트 인디케이터를 설치하여 교정을 받았을 경우를 예로 들어 다음과 같은 수식을 세웠다.

☞ 교정용 실습을 위해 직각도 시험기의 교정성적서에 300 mm 구간에서 편차가 0.4 μm 라고 가정하였다. 그러나 현업에서는 실제 성적서를 반드시 참조해야 한다.

$$x_{직각도}(z) = x(z) + b(z) - x_0(z) - x_{정반}(z)$$

직각도 시험기에 테스트 인디케이터를 장착한 상태에서 동시에 교정을 받았을 경우 수식은 다음과 같다.

$$x_{직각도}(z) = x(z) - x_0(z) - x_{정반}(z)$$

$x_{직각도}(z)$	측정 높이 z에서 직각자의 직각도
$x(z)$	측정 높이 z에서 직각도 시험기 지시값의 평균 ☞ 300 mm 구간에서 반복 측정한 평균값 299.999 5 mm
$b(z)$	측정 높이 z에서 테스트 인디케이터의 보정값 ☞ 분해능 0.2 μm (본 교정실습 예에서 직각도 시험기에 장착한 상태로 기댓값은 0 mm로 두고 불확도 성분 추정)
$x_0(z)$	측정 높이 z에서 직각도 시험기의 직각도 ☞ 교정 받은 직각도 시험기의 성적서에 명시된 편차 적용한 값 300.000 4 mm
$x_{정반}(z)$	측정 높이 z에서 정밀 정반에 의한 보정값 ☞ 정반의 평면도는 매우 양호한 것으로 기댓값을 0으로 가정

따라서

$$x_{직각도}(z) = x(z) + b(z) - x_0(z) - x_{정반}(z)$$

$$= 299.999\,5 + 0 - 300.000\,4 - 0 = -0.9\,\mu\text{m}$$

9.6 교정용 표준기값

본 실험에서 사용한 기준장비는 직각도 시험기로 교정성적서에 주어진 편차는 300 mm 구간에서 0.4 μm 이다.

9.7 눈금값의 교정

직각도 시험기로 4회 측정한 지시값, 평균값, 표준편차를 기록한다.

(단위 : μm)

명목값 (직각도 시험기) mm	직각자의 바깥 면의 지시값				평균값	표준 편차	시험기 편차
	1회	2회	3회	4회			
20							0.0
50							2.0
100							1.0
150							0.0
200							−1.0
250							−1.0
300	0.0	−1.0	−1.0	0.0	−0.5	0.577	0.4

9.8 열팽창 효과

직각자는 전체적인 길이를 측정하는 것이 아니라 기준점에 대한 상대적인 변화를 측정하므로 온도 변화에 크게 영향을 받지 않는다. 직각자와 정반 그리고 직각도 측정기가 열평형 상태에 있다면 열팽창 효과를 무시한다.

9.9 불확도 계산

본 예제에서는 300 mm의 직각자의 교정에 대한 불확도의 평가 과정을 상세히 설명하였다.

9.9.1 합성표준불확도(u_c)의 수학적 모델

합성표준불확도(Combined standard uncertainty)는 '9.5 수학적 모델' 항에서 수립한 수학적 모델에 불확도 전파 법칙(Law of propagation of uncertainty)을 적용하여 불확도를 추정하기 위한 수식을 새롭게 세운다.

☞ 불확도 전파 법칙은 RSSM(Root Sum Squared Method)으로 이해한다.

$$x_{\text{직각도}}(z) = x(z) + b(z) - x_0(z) - x_{\text{정반}}(z)$$

$$u_c^2(x_{\text{직각도}}) = u^2(x) + u^2(b) + u^2(x_0) + u^2(x_{\text{정반}})$$

각각의 감도 계수는 다음과 같다.

$$c_x = \frac{\partial x_{직각도}}{\partial x} = 1, \ c_b = \frac{\partial x_{직각도}}{\partial b} = 1, \ c_{x_0} = \frac{\partial x_{직각도}}{\partial x_0} = -1, \ c_{x_{정반}} = \frac{\partial x_{직각도}}{\partial x_{정반}} = -1$$

9.9.2 직각도 시험기 지시값의 표준불확도 $u(x)$

$u(x)$는 우연효과에 의한 불확도 $u(x_{우연})$, 테스트 인디케이터 분해능에 의한 불확도 $u(x_{분해능})$ 성분을 갖는다. 따라서 이 두 가지 불확도 요인의 성분을 추정하고 합성하여 직각도 시험기 지시값의 불확도를 산출한다.

9.9.2.1 우연효과에 의한 직각도 시험기 지시값의 표준불확도 $u(x)$

우연효과로 인한 불확도로써 A형 평가를 통하여 구할 수 있다. A형 평가를 하는 경우, 반복측정을 실시하고 그 결과로부터 표준편차를 구한다. 대개의 경우 평균값을 추정값으로 사용하기 때문에 이 경우에는 평균의 표준편차가 표준불확도 성분을 나타내게 된다. 반복측정 데이터 표에 나타난 것과 같은 측정결과를 얻었을 때, 전 구간에 대한 모든 표준편차 가운데 가상 큰 표준편차값을 측정횟수의 제곱근으로 나누어 추정한다.

(1) 추정값 : 299.9995 mm

본 예제에서 300 mm 구간의 평균값 299.9995 mm이며, 실제 본인의 평균값을 적용한다.

(2) 표준불확도 : 0.288 5 μm

본 예제에서 최대 표준편차를 0.577 μm 으로 가정한 것이며, 실제 본인의 최대 표준편차를 적용한다. 이때 최대 표준편차는 0 mm~600 mm 전체 구간에서 가장 큰 표준편차를 적용한다.

$$\frac{s}{\sqrt{반복측정횟수}} = \frac{0.577}{\sqrt{4}} = 0.288\,5\,\mu\text{m}$$

(3) 확률분포 : t – 분포

반복측정 횟수가 30회 이상이면 정규분포, 그렇지 않으면 t 분포로 간주한다.

(4) 감도 계수 : 1

감도 계수는 수학적 모델에서 편미분하여 산출한다.

$$c_{x분} = \frac{\partial x_{직각도}}{\partial_{x분}} = 1$$

(5) 불확도 기여도 : 0.2885 μm

감도 계수와 표준불확도의 곱으로 산출한다.

(6) 자유도 : 3

자유도는 n−1, 즉 (반복측정횟수 − 1)로 산출한다. ▶ 4−1

9.9.2.2 테스트 인디케이터의 분해능에 의한 표준불확도 $u(x_{분해능})$

교정에 사용된 테스트 인디케이터의 분해능이 0.2 μm 이므로 분해능 한계에 따른 불확도는 직사각형 확률분포를 갖는다고 추정할 수 있다.

(1) 추정값 : 0

테스트 인디케이터의 분해능으로 인하여 측정결과에 영향을 미친 정도는 사실상 기댓값을 추정하기 어려우므로 0으로 둔다.

(2) 표준불확도 : 0.057 7 μm

예에서 최소눈금이 0.2 μm 이므로 직사각형 확률분포를 적용하여 최소눈금의 반 너비에 $\sqrt{3}$ 으로 나누어 산출한다.

$$\frac{0.2}{2\sqrt{3}} = 0.057\,7\,\mu\text{m}$$

(3) 확률분포 : 직사각형

모든 측정 구간에서 눈금을 읽을 때 실수할 수 있는 확률은 동일한 확률을 지닐 것으로 간주하여 직사각형 확률분포로 추정한다.

(4) 감도 계수 : 1

감도 계수는 수학적 모델에서 편미분하여 산출한다.

$$c_{x분} = \frac{\partial x_{직각도}}{\partial_{x분}} = 1$$

(5) 불확도 기여도 : 0.0577 μm

감도 계수와 표준불확도의 곱으로 산출한다.

(6) 자유도 : ∞

예를 들어 추정한 표준불확도의 값에 대해 100 % 확신한다고 가정하면 다음과 같다.

$$\frac{1}{2}\left(\frac{100}{R}\right)^2 = \frac{1}{2}\left(\frac{100}{100-100}\right)^2 = 0 = \infty$$

그러므로 위의 두 성분을 합성하여 직각도 시험기 지시값의 표준불확도 $u(x)$를 추정한다.

(1) 추정값 : 299.9995 mm

본 예제에서 300 mm 구간의 평균값 299.9995 mm가 추정값이 된다.

(2) 표준불확도 : 0.294 μm

두 가지 불확도 성분(지시값, 분해능)의 불확도 기여도를 합성하여 추정한다.

$$u(x) = \sqrt{0.288\,5^2 + 0.057\,7^2} = 0.294\,\mu\text{m}$$

(3) 확률분포 : t - 분포

두 가지 불확도 성분(지시값, 분해능)의 유효자유도의 크기로 판단하며 30 이상이면 정규분포, 미만이면 t 분포로 간주한다.

(4) 감도 계수 : 1

감도 계수는 수학적 모델에서 편미분하여 산출한다.

$$c_x = \frac{\partial x_{\text{직각도}}}{\partial x} = 1$$

(5) 불확도 기여도 : 0.294 μm

감도 계수와 표준불확도의 곱으로 산출한다.

(6) 자유도 : 3

두 성분의 유효자유도를 산출한다.

$$\nu_x = \frac{0.294^4}{\frac{0.288\,5^4}{3} + \frac{0.057\,7^4}{\infty}} = 3.2 = 3$$

9.9.3 테스트 인디케이터에 의한 표준불확도 $u(b)$

테스트 인디케이터의 교정성적서에 측정불확도 U = 0.24 μm (신뢰수준 약 95 %, k=2)라고 가정하면 다음과 같이 추정할 수 있다.

(1) 추정값 : 0

테스트 인디케이터로 인하여 측정결과에 영향을 미친 정도는 사실상 기댓값을 추정하기 어려우므로 0으로 둔다.

(2) 표준불확도 : 0.12 μm

예에서 사용한 테스트 인디케이터의 교정성적서에 측정불확도가 명기되어 있으므로 이 값을 k로 나누어 추정한다.

$$\frac{U}{k}=\frac{0.24}{2}=0.12\,\mu\text{m}$$

(3) 확률분포 : 정규분포

교정성적서의 정보를 이용하여 추정한 방식이므로 신뢰수준 95 %와 k=2가 적용되었으므로 충분히 신뢰할만한 것으로 간주하여 정규분포로 한다.

(4) 감도 계수 : 1

감도 계수는 편미분하여 산출한다.

$$c_b=\frac{\partial x_{\text{직각도}}}{\partial b}=1$$

(5) 불확도 기여도 : 0.12 μm

감도 계수와 표준불확도의 곱으로 산출한다.

(6) 자유도 : ∞

예를 들어 추정한 표준불확도의 값에 대해 100 % 확신한다고 가정하면 다음과 같다.

$$\frac{1}{2}\left(\frac{100}{R}\right)^2=\frac{1}{2}\left(\frac{100}{100-100}\right)^2=0=\infty$$

9.9.4 직각도 시험기의 표준불확도 $u(x_0)$

직각도 시험기의 교정성적서로부터 300 mm 구간에서 편차가 0.4 μm, 측정불확도 U=1.0 μm (신뢰수준 약 95 %, k= 2)라고 되어 있다면, 직각도 시험기의 불확도는 다음과 같이 추정된다.

(1) 추정값 : 300.000 4 μm

직각도 시험기 성적서의 편차 0.4 μm를 고려하여 추정한다.

(2) 표준불확도 : 0.5 μm

직각도 시험기의 교정성적서에 측정불확도가 명기되어 있으므로 이 값을 k로 나누어 추정한다.

$$\frac{U}{k} = \frac{1.0}{2} = 0.5\,\mu\text{m}$$

(3) 확률분포 : 정규분포

교정성적서의 정보를 이용하여 추정한 방식이므로 신뢰수준 약 95 %와 k=2가 적용되었으므로 충분히 신뢰할만한 것으로 간주하여 정규분포로 한다.

(4) 감도 계수 : −1

감도 계수는 편미분하여 산출한다.

$$c_{x_0} = \frac{\partial x_{직각도}}{\partial x_0} = -1$$

(5) 불확도 기여도 : − 0.5 μm

감도 계수와 표준불확도의 곱으로 산출한다.

(6) 자유도 : ∞

예를 들어 추정한 표준불확도의 값에 대해 100 % 확신한다고 가정하면 다음과 같다.

$$\frac{1}{2}\left(\frac{100}{R}\right)^2 = \frac{1}{2}\left(\frac{100}{100-100}\right)^2 = 0 = \infty$$

9.9.5 정밀 정반에 의한 표준불확도 $u(x_{정반})$

직각도가 가장 좋은 직각자를 준비한다. 직각자의 가장 높은 측정점 하나에 대해 정밀 정반의 이곳저곳으로 옮겨가며 반복 측정한다. 옮기는 회수를 충분히 많이 하여(10회 이상) 측정한 값의 표준편차를 계산한다. 이 표준 편차는 여러 가지 요인에 의한 불확도가 모두 포함되어 있지만 측정 높이가 높은 곳에서는 정밀 정반에 의한 불확도가 가장 큰 값을 가지므로 이 값을 그대로 정밀 정반에 의한 불확도 $u(x_{정반})$로 취한다. $z = 500$ mm 지점에서 위치를 바꾸어 가며 12회 반복 측정한 표준편차가 0.75 μm라고 하면, 기울기는 측정 높이에 비례하므로 측정 높이에 따른 수식으로 $u(x_{정반}) = \sqrt{(0.002\ 5 \times l_0)^2}$ μm, (l_0는 측정 높이이며, 단위는 mm)로 나타낼 수 있다. 이렇게 한번 측정하여 둔 값을 기록하여 두고 사용하면 된다.

(1) 추정값 : 0 mm

정반의 평면도로 인한 영향을 기댓값을 추정하기 모호하므로 0으로 둔다.

(2) 표준불확도 : 0.75 μm [수식 표현으로 $\sqrt{(0.002\ 5 \times l_0)^2}$ μm (l_0는 측정 높이, 단위는 mm)]

정반의 여러 지점에서 300 mm 구간에서 반복 측정하여 얻은 산포, 즉 표준편차값을 불확도로 적용한다. 예를 들어 300 mm 구간에서 최대 표준편차가 0.75 μm 나왔다면 다른 지점에 대해서도 적용할 수 있도록 수식으로 표현할 수 있다.

$$\frac{0.75}{300} = 0.002\ 5$$

$$\therefore \sqrt{(0.002\ 5 \times l_0)^2}\ \mu\text{m} \quad (l_0\text{는 측정 높이이며, 단위는 mm})$$

(3) 확률분포 : 정규분포

충분한 반복측정을 통해 얻은 결과로써 추정한 표준불확도의 값이 신뢰할 만하다고 간주하여 정규분포로 한다.

(4) 감도 계수 : −1

감도 계수는 편미분하여 산출한다.

$$c_{x_0} = \frac{\partial x_{\text{직각도}}}{\partial x_0} = -1$$

(5) 불확도 기여도 : − 0.75 μm [수식 표현으로 −($\sqrt{(0.002\ 5 \times l_0)^2}$ μm) (l_0는 측정높이, 단위는 mm)]

감도 계수와 표준불확도의 곱으로 산출한다.

(6) 자유도 : ∞

추정한 표준불확도의 값에 대해 100 % 확신한다고 가정하면 다음과 같다.

$$\frac{1}{2}\left(\frac{100}{R = 100 - \text{확신의 정도}}\right)^2 = 0 = \infty$$

9.9.6 합성표준불확도 $u_c(x_{직각도})$

합성표준불확도는 수학적 모델에 속한 각각의 불확도 요인에 대한 추정 값들을 하나로 합성한다.

$$u_c^2(x_{직각도}) = u^2(x) + u^2(b) + u^2(x_0) + u^2(x_{정반})$$

$$u_c(x_{직각도}) = \sqrt{u^2(x) + u^2(b) + u^2(x_0) + u^2(x_{정반})}$$

$$\therefore u_c(x_{직각도}) = \sqrt{(0.294)^2 + (0.12)^2 + (-0.5)^2 + (-0.75)^2} = 0.955\,\mu\text{m}$$

9.9.7 유효자유도 ν_{eff}

Welch-Satterthwaite 공식으로부터 출력 추정값 $(x_{직각도})$에 수반된 불확도의 유효자유도 ν_{eff}를 추정한다.

$$\nu_{eff} = \frac{u_c^4(x_{직각도})}{\sum_{i=1}^{N} \frac{[c_i u(x_i)]^4}{\nu_i}} = \frac{u_c^4(x_{직각도})}{\sum_{i=1}^{4} \frac{[c_i u(x_i)]^4}{\nu_i}}$$

$$= \frac{(0.955)^4}{\frac{(0.294)^4}{3} + \frac{(0.12)^4}{\infty} + \frac{(-0.5)^4}{\infty} + \frac{(-0.75)^4}{\infty}} = 333.9 = 333$$

☞ 수학적 모델에 속한 각각의 표준불확도 요인들에 대한 자유도를 앞에서 산출했다. 이것을 하나의 자유도로 산출함으로써 이 크기에 따라 추정한 합성표준불확도가 얼마나 타당성이 있는지를 나타낸다. 일반적으로 통계학에서는 자유도가 30 이상이면 정규분포의 형태를 지닌다고 가정하여 신뢰구간을 부여하나 교정 분야에서는 자유도가 10 이상이면 충분한 것으로 간주한다.

9.9.8 불확도 총괄표(Uncertainty budget)

입력량 (Xi)	추정값 (xi)	표준 불확도 u(xi)	확률 분포	감도 계수 (ci)	|불확도 기여량| ui(y)	자유도 ν
x	299.999 5 mm	0.294 μm	t	1	0.294 μm	3
$x_{우연}$	299.999 5 mm	0.228 5 μm	t	1	0.228 5 μm	3
$x_{분해능}$	0	0.057 7 μm	직사각	1	0.057 7 μm	∞
b	0	0.12 μm	정규	1	0.12 μm	∞
x_0	300.000 4 mm	0.5 μm	정규	−1	0.5 μm	∞
$x_{정반}$	0	0.75 μm $\therefore \sqrt{(0.002\,5\times l_0)^2}$ μm (l_0 : 측정높이, 단위 : mm)	정규	−1	0.75 μm $\therefore \sqrt{(0.002\,5\times l_0)^2}$ μm (l_0 : 측정높이, 단위 : mm)	∞
$x_{직각도}$	−0.9 μm	−			$u_c = 0.955$ μm $\therefore \sqrt{0.59^2+(0.002\,5\times l_0)^2}$ μm	ν_{eff} = 333

☞ 합성표준불확도의 수식 표현에서 0.59는 $\sqrt{(0.294)^2+(0.12)^2+(0.5)^2+(0.002\,5)^2}=0.59$

9.9.9 측정불확도(Expanded uncertainty) U

유효자유도의 크기가 10 이상으로 정규분포로 간주하고 신뢰수준 약 95 %, k=2를 적용하여 확장불확도를 추정한다(KOLAS-G-002 측정결과의 불확도 추정 및 표현을 위한 지침).

$$U = k\times u_c(x_{직각도}) = 2\times 0.955 = 1.91 \fallingdotseq 1.9\,\mu\text{m}$$

또는 수식 표현으로

$$= 2\times\sqrt{0.59^2+(0.002\,5\times l_0)^2}\,\mu\text{m} = \sqrt{1.18^2+(0.005\times l_0)^2}\,\mu\text{m}$$

(l_0는 측정높이, 단위는 mm)

☞ 측정불확도는 유효자리수 1개 또는 2개로 표현한다.

9.9.10 결과 보고

높이 z = 300 mm 위치에서 직각도가 −0.9 μm 이며, 이때 측정불확도는

$$\sqrt{1.18^2+(0.005\times l_0)^2}$$

(l_0는 측정높이, 단위는 mm)

이므로 다음과 같이 결과를 보고한다.

$$x_{직각도} = (-0.9 \pm \sqrt{1.18^2 + (0.005 \times l_0)^2})\mu\text{m}$$

(l_0는 측정 높이이며 단위는 mm) (신뢰수준 약 95 %, k = 2)

교정성적서

교정기관명 : Tel. Fax.	성적서번호 : 페이지 (1)/(총 2)	KOLAS

1. 의 뢰 자

기 관 명 :
주 소 :

2. 측 정 기

기 기 명 : 직각자
제작회사 및 형식 :
기기번호 :

3. 교정일자 :

4. 교정환경

온 도 : (±)℃ 상대습도 : (±) % R.H.
교정장소 : □ 고정표준실 □ 이동교정 □ 현장교정

5. 측정표준의 소급성

위의 기기는 한국계량측정협회에서 발행된 '정밀 직각 기준의 표준교정절차(KASTO 13-10320-131)'에 따라 국가측정표준기관으로부터 측정의 소급성이 확보된 아래 표준 장비를 이용하여 비교교정 되었다.

▸ 교정에 사용한 표준장비 명세

사용장비명	제작자 및 형식	기기번호	교정 유효일자	교정기관
원통 스퀘어				

6. 교정결과 : 교정결과 참조
7. 측정불확도 : 교정결과 참조

확 인	작성자 성 명 (서 명)	승인자 직 위 : (기술책임자) 성 명 : (서 명)

위 성적서는 국제시험기관인정협력체(International Laboratory Accreditation Cooperation) 상호인정협정(Mutual Recognition Arrangement)에 서명한 한국인정기구(KOLAS)로부터 공인받은 분야의 교정결과입니다.

20 . . .

한국인정기구 인정 ○○교정기관장 (인)

(주) 이 성적서는 측정기의 정밀정확도에 영향을 미치는 요소(과부하, 온도, 습도 등)의 급격한 변화가 발생한 경우에는 무효가 됩니다.

교 정 결 과	성적서번호 : 페이지 (2)/(총 2)	KOLAS

1. 교정결과

(단위 : mm)

측정 높이 (z) mm	직각도	
	바깥면	안쪽면
20 (기준점)		
50		
100		
150		
200		
250		
300		

2. 측정불확도 :

(신뢰수준: %, $k =$)

끝

10 표준자

10.1 교정대상기기의 교정 항목, 측정 범위 및 교정 방법

교정 항목	측정 범위	교정 방법(교정기기)
눈금의 정확도	전 구간	표준자와 비교교정 또는 레이저 간섭계를 이용하여 절대측정

☞ 본 교정실습에서는 비접촉식 삼차원 측정기를 이용하여 교정한다.

10.2 필요장비 명세 및 최저요구성능

표준 장비명	수량	최저요구성능
표준자(standard scale)	1 대	규격 : 300 mm 등급 : KS B 5244 (표준자) 1급
비접촉식 삼차원 측정기 (Non-contact CMM)	1 대	분해능 : 0.1 규격 : 600 * 500 * 150 측정불확도 : (2.5+L/600)μm
보조 블록(표준자 고정용)	1 대	–

10.3 교정 준비 및 절차

(1) 표준교정절차서를 숙독한다.

(2) 비접촉식 삼차원 측정기의 정반 표면을 깨끗하게 닦는다.

(3) 교정할 표준자를 장비의 정반 위에 있는 보조 블록에 평행하게 정렬시켜 여현오차를 최소화시킨다.

(4) 장비의 전원을 켜고 15분 이상 예열시켜 안정시킨다.

(5) 장비의 Z축을 조절하여 초점을 맞춘 후 배사조명과 동축조명을 이용하여 유리자의 눈금선이 더욱 선명하게 보이도록 조절한다.

(6) 교정을 시작하기 전 눈금선의 0 mm부터 300 mm지점까지 이동시키며 표준자의 정렬상태를 확인한다.

(7) 소프트웨어의 도구(엣지, 요소 생성, 좌표축 생성, 원점 이동 등)를 이용하여 표준자의 X축의 라인(0 mm 선의 아랫부분을 점측정, 300 mm 선의 아랫부분을 점측정)을 생성시키고, Y축의 라인(0 mm 선의 아랫부분을 점측정, 0 mm 선의 윗부분을 점측정)을 생성시켜 두 라인의 교차점을 좌표축으로 설정하여 교정 준비를 완료한다.

(8) 표준자의 0 mm부터 300 mm까지 구간별 반복측정한다. 이때, [그림 10.3]과 같이 눈금선의

좌측면이 측정되도록 한다.

(9) X축 교정이 완료되면 Y축 교정을 한다.

(10) 반복측정 후 표준자는 케이스에 담아 보관하고 장비의 전원을 끄고 정리한다.

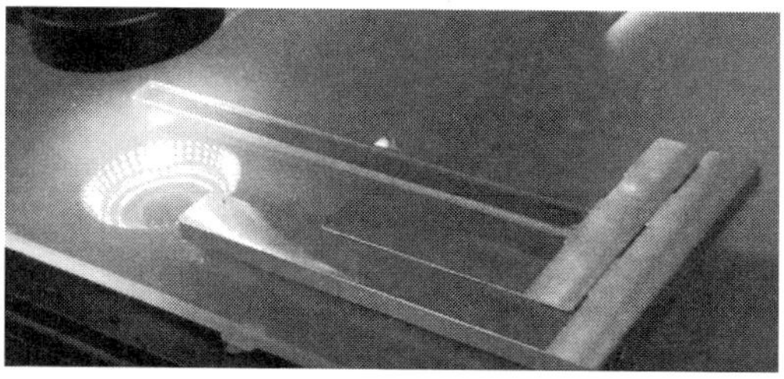

[그림 10.1] 표준자 정렬(X축)

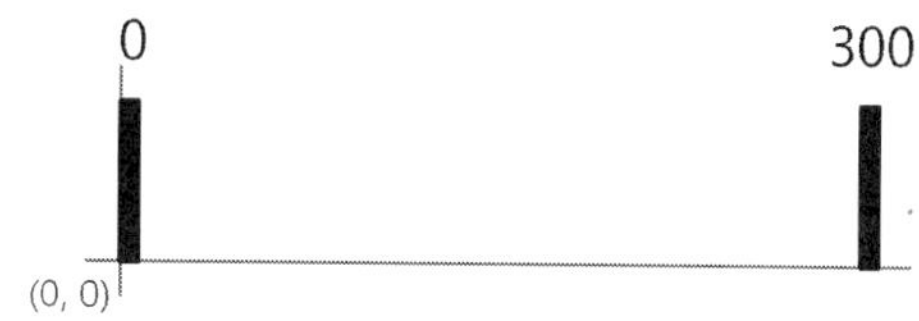

[그림 10.2] 좌표축 생성(X축, Y축)

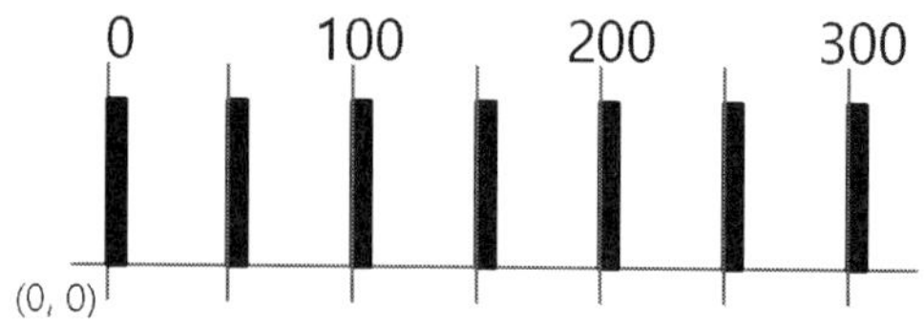

[그림 10.3] 구간별 교정

10.4 교정데이터 처리

소급성이 유지되고 있는 비접촉식 삼차원 측정기를 이용하여 측정구간(0~300mm)의 유리제 표준자 교정에 대한 교정처리 과정을 예시로 설명하였다.

10.5 수학적 모델

피교정 표준자의 눈금값에 대한 보정값을 구하는 식을 다음과 같이 수립하였다.

$$E_x = l_s - l_x - L_s \cdot \alpha \cdot \delta t + \delta l_c + \delta l_a + \delta l_d$$

E_x	표준자 눈금값에 대한 보정값
l_s	교정 장비의 지시값 ☞ 비접촉식 삼차원 측정기의 성적서를 참조하여 300mm 구간의 편차 또는 성적서에 명기된 불확도 값을 참조한다. 편차는 0.0 μm로 가정한다면 기댓값은 300mm가 된다.
l_x	표준자의 눈금 읽음값 ☞ 비접촉식 삼차원 측정기를 이용하여 표준자 300mm 구간을 반복 측정한 평균값을 적용한다. ∴ 300.0016mm
L_s	표준자의 명목값 ☞ 표준자의 최대 범위인 300mm를 적용한다.
α	유리제 표준자의 열팽창계수 ☞ 유리재질의 열팽창계수 8.7 X 10^{-6}/℃ 적용한다.
δt	표준자의 온도와 기준온도(20℃)와의 차이 ☞ 교정실습이 이루어진 교정실의 온도를 직접 측정하여 적용한다. ∴ 예를 들어 교정실의 온도가 20.5℃였다면, 0.5℃가 된다.
δl_c	표준자의 정렬상태에 따른 여현오차(cosine error)에 대한 보정값 ☞ $\delta l_c = (1-\cos\theta)L_s = (1-\sqrt{L_s^2 - \Delta d^2}/L_s)L_s$ (여기서, θ = 측정장비의 기계축과 표준자의 좌표축이 나란하지 않고 벗어난 각도, Δd = 위치의 변화) 이 양을 정확하게 측정하는 것은 매우 어려우므로 본 실습에서는 보정하지 않는다. 대신 가능한 여현오차가 발생하지 않도록 표준자의 정렬상태가 잘 이루어진 상태에서 교정이 이루어지도록 한다.
δl_a	아베오차(Abbe's error)에 대한 보정값 ☞ 이동장치가 움직일 때 회전운동에 의한 아베오차가 발생한다. $\delta l_a = \tan\Omega \times h$ (여기서, Ω = 이동장치가 움직일 때 발생하는 회전각도 값, h = 표준자와 교정 장비의 광축까지의 거리) 이 값은 측정 장비의 성능에 직결되며 현실적으로 적용하기 쉽지 않은 관계로 무시되는 경우가 많다. 본 실습에서는 보정하지 않기로 한다.
δl_d	교정 장비의 분해능 한계에 대한 보정값 ☞ 기댓값은 0으로 두어 무시하고 불확도에서 산출한다.

따라서

$$E_x = l_s - l_x - L_s \cdot \alpha \cdot \delta t + \delta l_c + \delta l_a + \delta l_d$$

$$= 300.000\,0 - 300.001\,6 - 0.001\,3 + 0 + 0 + 0$$

$$= -2.9\ \mu\text{m}$$

10.6 교정용 표준기값

본 실험에서 사용한 표준 교정 장비는 비접촉식 삼차원 측정기로 교정성적서에 주어진 편차는 300 mm구간에서의 편차가 0.0 μm, 측정불확도 U는 신뢰수준 약 95 %에서 $k=2$를 적용하여 (2.5+L/600)μm로 가정하여 산출하였다.

☞ 실제 교정기관에서는 해당 장비의 교정성적서에 명시된 값을 꼭 참조하여 적용한다.

10.7 눈금값의 교정

3회 반복 측정한 지시값, 평균값, 표준편차를 기록한다.

표준자 눈금값 (mm)	측정 장비의 지시값			평균값	표준편차 (μm)
	1회	2회	3회		
0					
20					
50					
100					
150					
200					
250					
300	300.002 8	300.001 0	300.001 1	300.001 6	0.001 01

☞ 위의 표에서 300mm 구간에 대한 데이터는 불확도를 설명하기 위한 임의의 값이므로 실습 시 본인의 데이터를 직접 구하여 적용한다.

10.8 열팽창에 의한 보정항

교정이 이루어진 실험실의 환경이 20.5℃이었고, 유리제 표준자의 열팽창계수가 8.7 X 10^{-6} /℃라고 한다면 다음과 같이 산출된다.

$$-L_s \cdot \alpha \cdot \delta t = -300\ \text{mm} \cdot 8.7 \times 10^{-6}/℃ \cdot 0.5℃ = -1.3\ \mu\text{m}$$

10.9 불확도 계산

본 예제에서는 300 mm 표준자의 교정에 대한 불확도의 평가 과정을 설명하였다.

10.9.1 합성표준불확도(u_c)의 수학적 모델

합성표준불확도(Combined standard uncertainty)는 '10.5. 수학적 모델' 항에서 수립한 수학적 모델에 불확도 전파 법칙(Law of propagation of uncertainty)을 적용하여 불확도를 추정하기 위한 수식을 새롭게 세운다.

☞ 불확도 전파 법칙은 RSSM(Root Sum Squared Method)으로 이해한다.

$$E_x = l_s - l_x - L_s \cdot \alpha \cdot \delta t + \delta l_c + \delta l_a + \delta l_d$$

$$\therefore\ u_c^2(E_x) = u^2(l_s) + u^2(l_x) + (-\alpha \cdot L_s)^2 u^2(\delta t) + (-\delta t \cdot L_s)^2 u^2(\alpha) + u^2(\delta l_c) + u^2(\delta l_a) + u^2(\delta l_d)$$

10.9.2 교정 장비의 표준불확도 $u(l_s)$

소급성이 유지되고 있는 교정 장비(비접촉식 삼차원 측정기)의 성적서를 참조하여 불확도를 산출한다.

(1) 추정값 : 300 mm

비접촉식 삼차원 측정기의 성적서를 참조하여 300 mm 구간의 편차가 0.0 ㎛라고 가정하면 추정값은 300 mm가 된다.

(2) 표준불확도 : 1.5 ㎛

성적서에 교정 장비의 측정불확도 값이 신뢰수준 약 95 %에서 k = 2를 적용하여 (2.5+L/600) ㎛ 였다면 다음과 같이 산출할 수 있다.

$$\therefore\ \frac{U}{k} = \frac{(2.5 + L/600)}{2} = \frac{(2.5 + 300/600)}{2} = 1.5\,\mu\text{m}$$

(3) 확률분포 : 정규분포

성적서를 참조하여 추정한 것으로 B형 불확도이며, 일반적으로 교정기관에서 발급된 성적서와 같이 확신의 근거가 충분하다고 여겨지는 경우 정규분포로 간주할 수 있다. 또한 측정불확도와 그에 대한 신뢰수준과 포함인자가 주어졌으므로 정규분포임을 알 수 있다.

(4) 감도 계수 : 1

감도 계수는 수학적 모델에서 편미분하여 산출한다.

$$c_{l_s} = \frac{\partial E_x}{\partial l_s} = 1$$

(5) 불확도 기여도 : 1.5 μm

감도 계수와 표준불확도의 곱으로 산출한다.

(6) 자유도 : ∞

예를 들어 추정한 표준불확도의 값에 대해 100 % 확신한다고 가정하면 다음과 같다.

$$\frac{1}{2}\left(\frac{100}{R}\right)^2 = \frac{1}{2}\left(\frac{100}{100-100}\right)^2 = 0 = \infty$$

10.9.3 표준자의 눈금 읽음값에 대한 표준불확도 $u(l_x)$

우연효과로 인한 불확도로써 A형 평가를 통하여 구할 수 있다. 반복측정을 실시하고 그 결과로부터 발생된 우연효과에 의한 표준편차를 적용하는 방법이다. 경우에 따라 적은 측정 횟수로 인하여 우연효과의 영향이 지나치게 과소 또는 과대평가될 수 있으므로 과거의 경험으로부터 계산된 충분한 반복 측정을 통해 얻은 표준편차를 이용하거나 또는 실제 며칠 동안 충분한 반복 측정을 통해 표준편차를 산출하여 적용할 수 있다. 본 교정실습에서는 시간 관계상 주어진 시간 내에 반복측정에서 얻어진 표준편차를 이용하여 산출한다. 표준편차는 측정범위 전체 구간 중에서 최대로 크게 발생된 표준편차를 반복측정 횟수의 제곱근으로 나누어 산출한다.

(1) 추정값 : 300.0016 mm

반복 측정하여 얻어진 평균값으로 한다.

(2) 표준불확도 : 0.58 μm

교정이 실시된 전체 구간 중에서 표준편차가 가장 큰 값을 적용한다.

$$\frac{s}{\sqrt{\text{반복측정횟수}}} = \frac{1.01}{\sqrt{3}} = 0.58\,\mu\text{m}$$

(3) 확률분포 : t-분포

반복 교정한 횟수가 30회 미만은 t분포, 이상은 정규분포로 간주한다.

(4) 감도 계수 : −1

감도 계수는 수학적 모델에서 편미분하여 산출한다.

$$c_{l_x} = \frac{\partial E_x}{\partial l_x} = -1$$

(5) 불확도 기여도 : −0.58 μm

감도 계수와 표준불확도의 곱으로 산출한다.

(6) 자유도 : 2

A형 불확도의 자유도는 (반복 측정횟수 - 1)로 산출한다.

10.9.4 기준 온도와의 차이에 대한 표준불확도 $u(\delta t)$

표준자와 교정 장비(비접촉식 삼차원 측정기)의 평균 온도가 기준 온도 20℃로부터 벗어난 온도에 의한 영향을 고려한 불확도이다. 추정값은 예에서 20.5℃에서 교정이 이루어진 것을 적용하고, 불확도는 사용한 온도계의 성적서를 참조하여 불확도를 추정할 수 있다.

(1) 추정값 : 0.5 ℃

표준자와 교정 장비는 충분한 열평형을 이룬 상태로 가정하였으며, 교정이 이루어진 환경이 20.5 ℃였으므로 기준 온도와의 차이는 0.5℃가 된다(본인의 실제 교정 환경을 적용하여 산출한다).

(2) 표준불확도 : 0.02 ℃

사용한 온도계의 성적서를 참조하여 신뢰수준 약 95 %, 포함인자 k = 2일 때, 측정불확도 U는 0.04 ℃였다고 가정하여 산출하였다.

$$\therefore \frac{U}{k} = \frac{0.04\ ℃}{2} = 0.02\ ℃$$

(3) 확률분포 : 정규분포

성적서를 참조하여 추정한 것으로 B형 불확도이며, 일반적으로 교정기관에서 발급된 성적서와 같이 확신의 근거가 충분하다고 여겨지는 경우 정규분포로 간주할 수 있다. 또한 측정불확도와 그에 대한 신뢰수준과 포함인자가 주어졌으므로 정규분포임을 알 수 있다.

(4) 감도 계수 : −2.6 μm/℃

감도 계수는 수학적 모델에서 편미분하여 산출한다.

$$c_{\delta t} = \frac{\partial E_x}{\partial_{\delta t}} = -\alpha \cdot L_s = -8.7\times 10^{-6}/℃ \cdot 300\,\text{mm} = -2.6\,\mu\text{m}/℃$$

(5) 불확도 기여도 : -0.052μm

감도 계수와 표준불확도의 곱으로 산출한다.

$$(-2.6\,\mu\text{m}/℃) \times (0.02\,℃) = -0.052\,\mu\text{m}$$

(6) 자유도 : ∞

예를 들어 추정한 표준불확도의 값에 대해 100% 확신한다고 가정하면 다음과 같다.

$$\frac{1}{2}\left(\frac{100}{R}\right)^2 = \frac{1}{2}\left(\frac{100}{100-100}\right)^2 = 0 = \infty$$

10.9.5 표준자의 열팽창계수의 표준불확도 $u(\alpha)$

대부분의 경우 표준자의 열팽창계수는 어느 정도 정확한 값이 제시되어 있다. 일반적으로 표준자의 열팽창계수의 변동폭은 $\pm 1.0\times 10^{-6}/℃$ 이하로 예상된다. 여기에 직사각형 확률분포를 적용하여 불확도를 산출한다.

(1) 추정값 : $8.7 \times 10^{-6}/℃$

유리 재질의 표준자의 열팽창계수의 값을 추정값으로 한다.

$$\alpha = 8.7\times 10^{-6}/℃$$

(2) 표준불확도 : $0.58 \times 10^{-6}/℃$

직사각형 확률분포를 적용하여 주어진 표준자의 열팽창계수의 평균 변동폭을 $\sqrt{3}$ 으로 나누어 산출한다.

$$u(\alpha) = \frac{1.0\times 10^{-6}/℃}{\sqrt{3}} = 0.000\,000\,577\,℃ \fallingdotseq 0.58\times 10^{-6}/℃$$

(3) 확률분포 : 직사각형

B형 불확도의 추정방법은 주로 객관적 정보를 근거로 하여 추정할 때 직사각형 확률분포가 가장 많다. 또한 평균 열팽창계수에 대한 영향이 전반적으로 동등하게 영향을 미치고 있다고 볼 수 있으므로 동등분포, 즉 직사각형 분포로 간주할 수 있다.

(4) 감도 계수 : $-0.15 \times 10^{6}\ \mu\text{m}\ ℃$

감도 계수는 수학적 모델에서 편미분하여 산출한다.

$$
\begin{aligned}
c_\alpha &= \frac{\partial E_x}{\partial_\alpha} = -\delta t \cdot L_s = -0.5\,℃ \cdot 300\,\mathrm{mm} = -150\,\mathrm{mm}\,℃ \\
&= -0.15 \times 10^6\,\mu\mathrm{m}\,℃
\end{aligned}
$$

(5) 불확도 기여도 : −0.087μm

감도 계수와 표준불확도의 곱으로 산출한다.

$$(-0.15 \times 10^6\,\mu\mathrm{m}\,℃) \times (0.58 \times 10^{-6}/℃)$$

(6) 자유도 : 50

예를 들어 추정한 표준불확도의 값에 대해 90 % 확신한다고 가정하면 다음과 같다.

$$\frac{1}{2}\left(\frac{100}{R}\right)^2 = \frac{1}{2}\left(\frac{100}{100-90}\right)^2 = 50$$

10.9.6 표준자 정렬상태에 따른 여현오차에 대한 표준불확도 $u(\delta l_c)$

표준자와 교정 장비의 광축이 일치하도록 정렬된 상태에서 교정이 이루어져야 하는데 정확하게 일치하지 않을 경우 벗어난 각도(θ)에 대한 여현오차가 발생한다. 이 각도는 이동 장치가 움직일 때 빛이 이동 장치에 입사되는 위치의 변화(Δd)를 일반적으로 표준자의 최대 측정 길이에서 측정하여 불확도를 산출하는 데에 적용한다.

(1) 추정값 : 0.0 μm

실제로 이 양을 정확하게 측정하는 것은 어려우며 교정 시 정렬상태를 최대한 정확하게 하여 교정한다. 기댓값은 0으로 둔다.

(2) 표준불확도 : 0.15 μm

최대한 정렬상태를 바르게 했더라도 표준자의 경험상 최대구간 300 mm의 범위에서 ±0.4 mm 미만으로 벗어났을 것으로 가정한다면 다음과 같이 코사인 오차에 대한 보정항 식에 직사각형 확률분포를 적용하여 불확도를 산출할 수 있다.

$$u(\delta l_c) = ((1-\cos\theta)L_s)/\sqrt{3} = ((1-\sqrt{L_s^2 - \Delta d^2}/L_s)L_s)/\sqrt{3}$$

여기서,

θ = 측정장비의 광축(기계축)과 표준자의 축이 나란하지 않고 벗어난 각도, Δd = 위치 변화

$$
\begin{aligned}
\therefore\ \delta l_c &= ((1-\sqrt{L_s^2 - \Delta d^2}/L_s)L_s)/\sqrt{3} = ((1-\sqrt{300^2 - 0.4^2}/300)300)/\sqrt{3} \\
&= 0.00015\,\mathrm{m}
\end{aligned}
$$

(3) 확률분포 : 직사각형

실제 측정하지 않더라도 과거의 경험에 의한 정보를 이용하여 추정했으므로 직사각형 확률분포로 간주할 수 있다.

(4) 감도 계수 : 1

감도 계수는 수학적 모델에서 편미분하여 산출한다.

$$c_{\delta l_c} = \frac{\partial E_x}{\partial_{\delta l_c}} = 1$$

(5) 불확도 기여도 : 0.15μm

감도 계수와 표준불확도의 곱으로 산출한다.

(6) 자유도 : 12

예를 들어 추정한 표준불확도의 값에 대해 80 % 확신한다고 가정하면 상대불확도 R = 20%를 적용하여 다음과 같이 산출할 수 있다(자유도 산출 시 소수점 이하는 버림한다).

$$\frac{1}{2}\left(\frac{100}{R}\right)^2 = \frac{1}{2}\left(\frac{100}{100-80}\right)^2 = 12.5 = 12$$

10.9.7 아베오차에 의한 표준불확도 $u(\delta l_a)$

이동 장치의 각도운동, 여기서는 주로 피치운동(pitch motion)에 의하여 아베오차(Abbe's error)가 발생할 수 있다. 본 실습에서 300 mm의 이동 길이에서 측정한 각도 운동의 최대 편차가 ± 10 μrad이라는 정보를 과거 자료를 통해 알고 있다고 가정하고, 표준자와 교정 장비의 광축까지의 거리가 30 mm였다고 가정한다면 여기에 직사각형 확률분포를 적용하여 불확도를 산출할 수 있다.

(1) 추정값 : 0.0 μm

아베오차에 의해 발생된 기댓값은 사실상 알기 어려우므로 기댓값에서는 0으로 둔다.

(2) 표준불확도 : 0.17 μm

$u(\delta l_a) = \tan\Omega \times h$ (여기서, Ω = 이동 장치가 움직일 때 발생하는 회전 각도 값, h = 표준자와 교정 장비의 광축까지의 거리)

$$\therefore\ u(\delta l_a) = (\tan\Omega \times h)/\sqrt{3} = (10^{-5} \times 30 \times 10^3)/\sqrt{3} = 0.17\ \mu m$$

(3) 확률분포 : 직사각형

실제 측정하지 않더라도 과거의 경험에 의한 정보를 이용하여 추정했으므로 직사각형 확률분포로 간주할 수 있다.

(4) 감도 계수 : 1

감도 계수는 수학적 모델에서 편미분하여 산출한다.

$$c_{\delta l_a} = \frac{\partial E_x}{\partial_{\delta l_a}} = 1$$

(5) 불확도 기여도 : 0.17 μm

감도 계수와 표준불확도의 곱으로 산출한다.

(6) 자유도 : 12

예를 들어 추정한 표준불확도의 값에 대해 80% 확신한다고 가정하면 상대불확도 R = 20%를 적용하여 다음과 같이 산출할 수 있다(자유도 산출 시 소수점 이하는 버림한다).

$$\frac{1}{2}\left(\frac{100}{R}\right)^2 = \frac{1}{2}\left(\frac{100}{100-80}\right)^2 = 12.5 = 12$$

10.9.8 교정 장비의 분해능 한계에 대한 표준불확도 $u(\delta l_d)$

비접촉식 삼차원 측정기의 분해능이 0.1 μm 이므로 여기에 직사각형 확률분포를 적용하여 불확도를 산출한다.

(1) 추정값 : 0.0 μm

실제 교정 장비의 분해능으로 인하여 측정결과에 영향을 미친 정도는 사실상 기댓값을 추정하기 어려우므로 0으로 둔다.

(2) 표준불확도 : 0.029 μm

예에서 교정 장비의 최소눈금이 0.1 μm 이므로 여기에 반 너비에 대하여 $\sqrt{3}$으로 나누어 산출한다.

$$\frac{0.1}{2\sqrt{3}} = 0.029\,\mu\text{m}$$

(3) 확률분포 : 직사각형

모든 측정 구간에서 눈금을 읽을 때 실수할 수 있는 확률은 동일한 확률을 지닐 것으로 간주하여 직사각형 확률분포로 추정한다.

(4) 감도 계수 : 1

감도 계수는 편미분하여 산출한다.

$$c_{\delta l_d} = \frac{\partial E_x}{\partial \delta l_d} = 1$$

(5) 불확도 기여도 : 0.029 μm

감도 계수와 표준불확도의 곱으로 산출한다.

(6) 자유도 : ∞

예를 들어 추정한 표준불확도의 값에 대해 100% 확신한다고 가정하면 다음과 같다.

$$\frac{1}{2}\left(\frac{100}{R}\right)^2 = \frac{1}{2}\left(\frac{100}{100-100}\right)^2 = 0 = \infty$$

10.9.9 합성표준불확도 $u_c(E_x)$

합성표준불확도는 수학적 모델에 속한 각각의 불확도 요인에 대한 추정 값들을 하나로 합성한다.

$$\begin{aligned} u_c^2(E_x) = & u^2(l_s) + u^2(l_x) + (-\alpha \cdot L_s)^2 u^2(\delta t) + (-\delta t \cdot L_s)^2 u^2(\alpha) \\ & + u^2(\delta l_c) + u^2(\delta l_a) + u^2(\delta l_d) \end{aligned}$$

$$u_c(E_x) = \sqrt{(1.5)^2 + (-0.58)^2 + (-0.052)^2 + (-0.087)^2 + (0.15)^2 + (0.17)^2 + (0.029)^2} = 1.627\ \mu\text{m}$$

10.9.10 유효자유도 ν_{eff}

Welch-Satterthwaite 공식으로부터 출력 추정값에 수반된 불확도의 유효자유도 ν_{eff}를 추정한다.

$$\nu_{eff} = \frac{u_c^4(E_x)}{\sum_{i=1}^{N} \frac{[c_i u(x_i)]^4}{\nu_i}} = \frac{u_c^4(E_x)}{\sum_{i=1}^{7} \frac{[c_i u(x_i)]^4}{\nu_i}}$$

$$= \frac{(1.627)^4}{\frac{(1.5)^4}{\infty}+\frac{(-0.58)^4}{2}+\frac{(-0.052)^4}{\infty}+\frac{(-0.087)^4}{50}+\frac{(0.15)^4}{12}+\frac{(0.17)^4}{12}+\frac{(0.029)^4}{\infty}}$$

$$= 123.5 = 123$$

10.9.11 불확도 종괄표(Uncertainty budget)

입력량 (Xi)	추정값 (xi)	표준 불확도 u(xi)	확률 분포	감도 계수 (ci)	l불확도 기여량l ui(y)	자유도 ν
l_s	300 mm	1.5 μm	정규	1	1.5 μm	∞
l_x	300.001 6 mm	0.58 μm	t	−1	0.58 μm	2
α	8.7×10^{-6}/℃	0.58×10^{-6}/℃	직사각	−0.15×10^{6} μm ℃	0.087 μm	50
δt	0.5 ℃	0.02 ℃	정규	−2.6 −0.15/℃	0.052 μm	∞
δl_c	0.0 μm	0.15 μm	직사각	1	0.15 μm	12
δl_a	0.0 μm	0.17 μm	직사각	1	0.17 μm	12
δl_d	0.0 μm	0.029 μm	직사각	1	0.029 μm	∞
E_x	−2.9 μm	−			u_c = 1.627 μm	ν_{eff} = 123

10.9.12 측정불확도(Expanded uncertainty) U

유효자유도의 크기가 10 이상으로 정규분포로 간주하고 신뢰수준 약 95 %, $k=2$를 적용하여 측정불확도를 추정한다(KOLAS-G-002 측정결과의 불확도 추정 및 표현을 위한 지침).

$$U = k \times u_c(E_x) = 2 \times 1.627 = 3.254 \fallingdotseq 3.3\ \mu\text{m} \quad (\text{신뢰수준 약 } 95\,\%,\ k=2)$$

☞ 측정불확도는 유효자리수 1개 또는 2개로 표현한다.

10.9.13 결과 보고

수학적 모델에서 추정한 보정값 E_x는 약 -2.9μm이며, 이에 대한 측정불확도는 신뢰수준 약 95 %에서 k=2를 적용하여 약 3.3μm로 추정되었다. 이것을 다음과 같이 표현한다.

$$E_x = (-2.9 \pm 3.3)\,\mu\text{m} \qquad (\text{신뢰수준 약 } 95\,\%,\ \text{k=2})$$

교정성적서

교정기관명 : Tel. Fax.	성적서번호 : 페이지 (1)/(총 2)	

1. 의 뢰 자

기 관 명 :
주 소 :

2. 측 정 기

기 기 명 : 표준자
제작회사 및 형식 :
기기번호 :

3. 교정일자 :

4. 교정환경

온 도 : (±)℃ 상대습도 : (±) % R.H.
교정장소 : □ 고정표준실 □ 이동교정 □ 현장교정

5. 측정표준의 소급성

위의 기기는 한국계량측정협회에서 발행된 '표준자의 표준교정절차(KASTO 04-01-1200-298)'에 따라 국가측정표준기관으로부터 측정의 소급성이 확보된 아래 표준장비를 이용하여 비교교정 되었다.

▸ 교정에 사용한 표준장비 명세

사용장비명	제작자 및 형식	기기번호	교정 유효일자	교정기관
비접촉식 삼차원				

6. 교정결과 : 교정결과 참조
7. 측정불확도 : 교정결과 참조

확 인	작성자 성 명 (서 명)	승인자 직 위 : (기술책임자) 성 명 : (서 명)

위 성적서는 국제시험기관인정협력체(International Laboratory Accreditation Cooperation) 상호인정협정(Mutual Recognition Arrangement)에 서명한 한국인정기구(KOLAS)로부터 공인받은 분야의 교정결과입니다.

20 . . .

한국인정기구 인정 ○○교정기관장 (인)

(주) 이 성적서는 측정기의 정밀정확도에 영향을 미치는 요소(과부하, 온도, 습도 등)의 급격한 변화가 발생한 경우에는 무효가 됩니다.

교 정 결 과

성적서번호 :
페이지 (2)/(총 2)

● 장비 품명 : 표준자

1. 교정결과

(단위 : mm)

눈금값 (mm)	보정값
0	
20	
50	
100	
150	
200	
250	
300	

2. 측정불확도 :

(신뢰수준: %, k =)

끝

11 투영 측정기

11.1. 교정대상기기의 교정 항목, 측정 범위 및 교정 방법

교정 항목	측정 범위	교정 방법(교정기기)
투영측정기 배율오차	전 구간	유리제 표준자, 배율검사용 눈금
재물대의 이송 정확도		유리제 표준자
재물대 이송 방향 간의 직각도		정밀직각자
회전 투영면의 각도 분할 정확도		정밀직각자 또는 각도 게이지 블록
회전 재물대의 각도 분할 정확도		정밀직각자 또는 각도 게이지 블록

☞ 본 교정실습에서 회전 재물대의 각도 분할 정확도는 생략한다.

11.2 필요장비 명세 및 최저요구성능

표준장비명	수량	최저요구성능
유리제 표준자(standard glass scale)	1 개	0.1 μm의 정확도로 교정된 것
배율검사용 눈금(master scale)	1 개	스크린 크기의 2/3 정도 분해능 : 0.1 mm
정밀직각자(precision square)	1 개	KS B 5204 I형 1급
고정용 부속품(holding fixture)	–	–
포켓용 확대경	각각 1 개	배율 10배, 20배
기타 필요한 부속품	–	angle gage block set 등

11.3 교정 준비 및 절차

(1) 투영 측정기의 외관 및 작동상태를 육안으로 검사하고 표준교정절차서를 숙독한다.

(2) 렌즈 세척액으로 반사경, 스크린 렌즈를 깨끗이 닦는다.

(3) 표준자, 직각자 등은 알코올 또는 세척액 등으로 깨끗이 닦아 투영 측정기에서 떨어진 다른 테이블 위에 정돈하여 놓아두며 열평형을 시킨다.

(4) 교정항목에서 회전 재물대의 각도 분할 정확도를 제외한 항목들을 세부교정 절차에 따라 교정한다.

11.4 투영 측정기의 배율오차 및 측정불확도 추정

(1) 유리제 표준자를 재물대 위에 고정하고(holding fixture 이용), 투과광을 투영한다.

(2) 배율에 따라 상의 크기가 스크린 크기의 2/3 가량 되는 표준자의 눈금량을 택하여 투영면의 중심부에 상이 위치하도록 표준자의 위치를 조정한다.

(3) 투영된 상의 눈금간격을 배율 검사용 눈금자로 측정하여 실측배율 및 배율오차를 구한다. 배율오차는 백분율을 나타낸다.

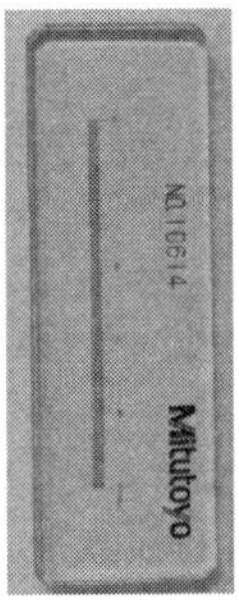

[그림 10.1] 표준자 준비

[그림 10.2] 10배율 렌즈
(설치 시 렌즈의 붉은 점을 일치시켜 수직으로 누른 후 수평으로 회전하여 장착)

[그림 10.3] 표준자 정렬
(스크린의 십자선에 정렬)

[그림 10.4] 배율오차 측정
(30 mm 표준자로 목측)

11.4.1 투영 측정기의 배율오차

300 mm 표준자를 이용하여 10배율의 렌즈를 교정하여 배율오차와 교정값을 산출하는 것을 설명하였다. 본 실험에서 사용한 표준자의 보정값은 30 mm에서 1.0 μm 이다.

$$M = \frac{L}{\ell}$$

M	실측배율
L	투영된 투영상의 눈금 길이
ℓ	표준자의 눈금길이

$$\Delta M(\%) = \frac{M - M_0}{M_0} \times 100$$

ΔM	배율의 오차
M	실측한 배율
M_0	호칭 배율

11.4.2 수학적 모델

$$\Delta M(\%) = (\frac{L + \delta L_r + \delta L_x}{\ell \cdot M_0} - 1) \times 100$$

ΔM	배율 오차
ℓ	표준자의 눈금 길이
L	투영된 투영상의 눈금 길이
M_0	호칭배율
δL_r	투영상 길이 측정에 사용된 표준자의 분해능 한계에 따른 보정값
δL_x	투영상 길이 측정 시 목측 오차에 의한 보정값

11.4.3 배율오차 교정값

10배율 렌즈를 장착하여 5회 반복 측정한 지시값, 평균값, 표준편차를 기록한다.

호칭배율 (배)	표준자 눈금값 (mm)	투영된 투영상의 눈금 길이 측정값(mm)						
		1회	2회	3회	4회	5회	평균값	표준편차
10	30	300.0	299.9	300.0	299.9	299.9	299.9	0.055

성적서에서 표준자의 편차가 30 mm에서 +1.0 μm 이다. 이때 10배 배율에서 투영된 투영상을 5회 측정한 평균값이 299.9 mm이므로 배율오차는 다음과 같이 산출한다.

$$\Delta M(\%) = (\frac{L+\delta L_r + \delta L_x}{\ell \cdot M_0} - 1) \times 100$$

$$\therefore (\Delta M) = (\frac{299.9+0+0}{30.001 \times 10} - 1) \times 100 = -0.037\ \%$$

11.4.4 불확도 계산

11.4.4.1 합성표준불확도(u_c)의 수학적 모델

수학적 모델에 불확도 전파법칙을 적용하면 다음과 같다.

$$u_c^2(\Delta M) = \sum_{i=1}^{n} [c_i u(x_i)]^2$$

$$u_c^2(\Delta M) = [c_l u(l)]^2 + [c_L u(L)]^2 + [c_{\delta Lr} u(\delta Lr)]^2 + [c_{\delta Lx} u(\delta Lx)]^2$$

11.4.4.2 표준자 눈금길이의 불확도 $u(l)$

교정성적서에서 표준자의 30 mm에서 편차가 1.0 μm 이고, 신뢰수준 약 95 %, $k=2$를 적용하여 측정불확도 U가 0.2 μm라고 가정하여 추정하면 다음과 같다.

(1) 추정값 : 30.001 mm

성적서에서 해당구간 300 mm에 대한 편차를 고려하여 추정한다.

(2) 표준불확도 : 0.0001 mm

본 예제에서 교정성적서에 제시된 측정불확도를 k로 나누어 산출한다.

$$\frac{U}{k} = \frac{0.2}{2} = 0.1\,\mu\text{m}$$

(3) 확률분포 : 정규분포

신뢰수준 약 95.45 %, k = 2의 조건에서 추정된 성적서이므로 충분히 신뢰할 만하다고 판단하여 정규분포로 간주한다.

(4) 감도 계수 : −3.332/mm

감도 계수는 수학적 모델에서 편미분하여 산출한다.

$$c_l = \frac{\partial \Delta M}{\partial l} = (-\frac{L + \delta L_r + \delta L_x}{l^2 M_0}) \times 100 = (-\frac{299.9\text{ mm} + 0\text{ mm} + 0\text{ mm}}{(30.001\text{ mm})^2 \times 10}) \times 100$$

(5) 불확도 기여도 : -3.3×10^{-4}

감도 계수와 표준불확도의 곱으로 산출한다.

$$(-\frac{299.9\text{ mm} + 0\text{ mm} + 0\text{ mm}}{(30.001\text{ mm})^2 \times 10}) \times 100 \times 0.000\,1\text{ mm}$$

(6) 자유도 : 200

추정한 표준불확도에 대한 확신의 정도가 95 % 라고 할 때, 다음과 같이 추정한다.

$$\nu_1 = \frac{1}{2}(\frac{100}{R})^2 = \frac{1}{2}(\frac{100}{100-95})^2 = 200$$

11.4.4.3 투영된 투영상의 눈금 길이에 대한 불확도 $u(L)$

(1) 추정값 : 299.9 mm

L은 투영된 투영상의 눈금 길이이므로 반복 측정한 평균값이다.

(2) 표준불확도 : 0.025 mm

예제에서 최대 표준편차가 0.055 mm이므로 여기에 반복측정 횟수의 제곱근으로 나누어 추정한다.

$$u(L) = \frac{\text{표준편차}}{\sqrt{n}} = \frac{0.055\text{ mm}}{\sqrt{5}} = 0.024\,59 \fallingdotseq 0.025\text{ mm}$$

(3) 확률분포 : t − 분포

일반적으로 반복측정 횟수가 30회 이상이면 정규, 미만이면 t-분포로 간주한다.

(4) 감도 계수 : 0.333/mm

감도 계수는 수학적 모델에서 편미분하여 산출한다.

$$c_L = \frac{\partial \Delta M}{\partial L} = \frac{1}{lM_0} \times 100 = \frac{1}{30.001\ \text{mm} \times 10} \times 100 = 0.333/\text{mm}$$

(5) 불확도 기여도 : 8.3×10^{-3}

감도 계수와 표준불확도의 곱으로 산출한다.

$$c_L \times u(L) = \frac{1}{30.001\ \text{mm} \times 10} \times 100 \times 0.025\ \text{mm} = 8.3 \times 10^{-3}$$

(6) 자유도 : 4

자유도는 n−1, 즉 (반복 측정횟수 −1)로 추정한다.

11.4.4.4 투영상 측정길이에 사용된 표준자의 분해능 한계에 따른 불확도 $u(\delta L_r)$

사용한 표준자의 분해능이 0.1mm이므로 제한된 분해능에 따른 오차 범위는 반 눈금에 대해 동일 확률분포를 갖는 직사각형 확률분포를 적용하여 추정할 수 있다.

(1) 추정값 : 0

표준자의 분해능으로 인하여 측정결과에 영향을 미친 정도는 사실상 기댓값을 추정하기 어려우므로 0으로 둔다.

(2) 표준불확도 : 0.029mm

예에서 표준자의 최소눈금이 0.1mm이므로 직사각형 확률분포를 적용하여 최소눈금의 반 너비에 $\sqrt{3}$ 으로 나누어 산출한다.

$$\frac{0.1\ \text{mm}}{2\sqrt{3}} = 0.029\,\text{mm}$$

(3) 확률분포 : 직사각형

모든 측정 구간에서 눈금을 읽을 때 실수할 수 있는 확률은 동일할 것으로 간주하여 직사각형 확률분포로 추정한다.

(4) 감도 계수 : 0.333/mm

감도 계수는 편미분하여 산출한다.

$$c_{\delta Lr} = \frac{\partial \Delta M}{\partial \delta L_r} = \frac{1}{lM_0} \times 100 = \frac{1}{30.001\ \mathrm{mm} \times 10} \times 100 = 0.333/\mathrm{mm}$$

(5) 불확도 기여도 : 9.7 X 10^{-3}

감도 계수와 표준불확도의 곱으로 산출한다.

$$c_{\delta Lr} \times u(\delta L_r) = \frac{1}{30.001\ \mathrm{mm} \times 10} \times 100 \times 0.029\ \mathrm{mm} = 9.7 \times 10^{-3}$$

(6) 자유도 : ∞

예를 들어 추정한 표준불확도의 값에 대해 100% 확신한다면 상대불확도 R = 0 %로 간주하여 추정한다.

$$\frac{1}{2}\left(\frac{100}{R}\right)^2 = \frac{1}{2}\left(\frac{100}{100-100}\right)^2 = 0 = \infty$$

11.4.4.5 투영상 길이 측정 시 목측에 의한 불확도 $u(\delta L_x)$

사용한 표준자의 실제 눈금폭은 20 μm 이므로 10배의 투영렌즈를 사용하면 투영될 때의 눈금폭은 200 μm가 된다. 투영면에서 200 μm 폭의 표준자 눈금과 투영상 길이 측정에 사용된 표준자의 눈금폭 20 μm 폭을 일치시킬 때의 값에 대해 직사각형 확률분포를 적용시켜 추정한다.

(1) 추정값 : 0

목측으로 인하여 측정결과에 영향을 미친 정도는 사실상 기댓값을 추정하기 어려우므로 0으로 둔다.

(2) 표준불확도 : 0.000 6 mm

사용한 표준자의 실제 눈금폭은 20 μm 이므로 10배의 투영렌즈를 사용하면 투영될 때의 눈금폭은 200 μm가 된다.

$$\text{실제 표준자 한 눈금폭} \times \frac{\text{실제 표준자 한 눈금폭}}{\text{투영될 때의 한 눈금폭}} = 20 \times \frac{20}{200} = 2\,\mu\mathrm{m}$$

여기에 반 너비에 대한 직사각형 확률분포를 적용하여 추정한다.

$$\frac{2}{2\sqrt{3}} = 0.58\,\mu\mathrm{m} \fallingdotseq 0.000\,6\,\mathrm{mm}$$

(3) 확률분포 : 직사각형

모든 측정 구간에서 한 눈금의 반 범위에 대한 동일 확률분포를 적용하여 추정하였으므로 직사각형 확률분포라 할 수 있다.

(4) 감도 계수 : 0.333/mm

감도 계수는 편미분하여 산출한다.

$$c_{\delta Lx} = \frac{\partial \Delta M}{\partial \delta L_x} = \frac{1}{lM_0} \times 100 = \frac{1}{30.001\ mm \times 10} \times 100 = 0.333\,/\mathrm{mm}$$

(5) 불확도 기여도 : 2.0 X 10^{-4}

감도 계수와 표준불확도의 곱으로 산출한다.

$$c_{\delta Lx} \times u(\delta L_x) = \frac{1}{30.001\ \mathrm{mm} \times 10} \times 100 \times 0.000\,6\ \mathrm{mm} = 2.0 \times 10^{-4}$$

(6) 자유도 : 200

예를 들어 추정한 표준불확도의 값에 대해 95 % 확신한다면 상대불확도 R = 5 %로 간주하여 추정한다.

$$\frac{1}{2}\left(\frac{100}{R}\right)^2 = \frac{1}{2}\left(\frac{100}{100-95}\right)^2 = 200$$

11.4.4.6 합성표준불확도 $u_c(\Delta M)$

합성표준불확도는 수학적 모델에 속한 각각의 불확도 요인에 대한 추정 값들을 하나로 합성한다. 기본식

$$\Delta M\,(\%) = \left(\frac{L + \delta L_r + \delta L_x}{\ell \cdot M_0} - 1\right) \times 100$$

에 불확도 전파 법칙을 이용하여 다음과 같이 합성표준불확도를 추정한다.

$$u_c^2(\Delta M) = [c_l u(l)]^2 + [c_L u(L)]^2 + [c_{\delta Lr} u(\delta Lr)]^2 + [c_{\delta Lx} u(\delta Lx)]^2$$

$$\begin{aligned} u_c(\Delta M) &= \left[(c_l u(l))^2 + (c_L u(L))^2 + (c_{\delta Lr} u(\delta Lr))^2 + (c_{\delta Lx} u(\delta Lx))^2\right]^{1/2} \\ &= \left[(-3.3 \times 10^{-4})^2 + (8.3 \times 10^{-3})^2 + (9.7 \times 10^{-3})^2 + (2.0 \times 10^{-4})^2\right]^{1/2} \\ &= 0.013\ \% \end{aligned}$$

11.4.4.7 유효자유도 ν_{eff}

Welch-Satterthwaite 공식을 이용하여 유효자유도 ν_{eff}를 추정한다.

$$\nu_{eff} = \frac{u_c^4(\Delta M)}{\sum_{i=1}^{N} \frac{[c_i u(x_i)]^4}{\nu_i}} = \frac{u_c^4(\Delta M)}{\sum_{i=1}^{4} \frac{[c_i u(x_i)]^4}{\nu_i}}$$

$$= \frac{0.013^4}{\frac{(-3.3\times 10^{-4})^4}{200} + \frac{(8.3\times 10^{-3})^4}{4} + \frac{(9.7\times 10^{-3})^4}{\infty} + \frac{(2.0\times 10^{-4})^4}{200}} = 24$$

☞ 수학적 모델에 속한 각각의 표준불확도 요인들에 대한 자유도를 앞에서 산출했다. 이것을 하나의 자유도로 산출함으로써 이 크기에 따라 추정한 합성표준불확도가 얼마나 타당성이 있는지를 나타낸다. 일반적으로 통계학에서는 자유도가 30 이상이면 정규분포의 형태를 지닌다고 가정하여 신뢰구간을 부여하나 교정 분야에서는 자유도가 10 이상이면 충분한 것으로 간주한다.

11.4.4.8 불확도 총괄표(Uncertainty budget)

입력량 (Xi)	추정값 (xi)	표준 불확도 u(xi)	확률분포	감도 계수 (ci)	|불확도 기여량| ui(y)	자유도 ν
ℓ	30.001 mm	0.0001 mm	정규분포	−3.332 /mm	$\|-3.3\times 10^{-4}\|$	200
L	299.9 mm	0.025 mm	t-분포	0.333 /mm	8.3×10^{-3}	4
δL_r	0.000 mm	0.029 mm	직사각형	0.333 /mm	9.7×10^{-3}	∞
δL_x	0.000 mm	0.0006 mm	직사각형	0.333 /mm	2.0×10^{-4}	200
ΔM	−0.037 %		−		u_c = 0.013 %	ν_{eff} = 24

11.4.4.9 측정불확도(Expanded uncertainty) U

유효자유도의 크기가 10 이상이므로 정규분포로 간주하고 신뢰수준 약 95 %, $k = 2$를 적용하여 측정불확도를 추정한다(KOLAS-G-002 측정결과의 불확도 추정 및 표현을 위한 지침).

$$U = k \times u_c(\Delta M) = 2 \times 0.013\ \% = 0.026\ \% \quad \text{(신뢰수준 약 95 %, k = 2 적용)}$$

☞ 측정불확도는 유효자리수 1개 또는 2개로 표현한다.

11.4.4.10 결과 보고

수학적 모델에서 추정한 지시편차($\triangle M$)는 약 $-0.037\,\%$이며, 이에 대한 측정불확도는 신뢰수준 약 95 %에서 $k=2$를 적용하여 약 0.026%로 추정되었다. 이것을 다음과 같이 표현한다.

$$(\triangle M) = (-0.037 \pm 0.026)\% \qquad (\text{신뢰수준 약 } 95\,\%,\ k=2)$$

11.5 재물대의 이송 정확도 및 측정불확도 추정

(1) 유리제 표준자를 재물대 위에 정렬시켜놓고 스크린의 중심선을 기준으로 재물대를 좌우로 반복하여 움직여 재물대의 이송방향(X축 방향)과 표준자를 평행하게 조정한다.

(2) 스크린의 중심선을 기준으로 재물대의 이송 시작점에서부터 작동범위의 끝까지 이송하면서 각 측정점마다 표준자의 눈금량에서 재물대에 부착된 마이크로미터 눈금 또는 디지털 표시기의 표시량을 감하여 보정량을 구한다.

(3) 측정점은 최소한 10개소 이상으로 한다. 이때 후퇴오차가 발생하지 않도록 눈금을 지나치면 다시 반대 방향으로 2~3회전 후퇴시킨 다음 다시 이송시켜 해당 구간을 측정한다. 디지털 표시기의 경우는 시작점에서 영점을 조정한 이후는 리셋(reset)하지 않아야 한다.

(4) 이와 같은 방법과 순서로 다른 한쪽 방향(Y축 방향)에 대해서도 교정을 행한다.

[그림 10.5] 렌즈 준비
(20배 렌즈 준비)

[그림 10.6] 표준자 정렬
(스크린의 십자선에 정렬)

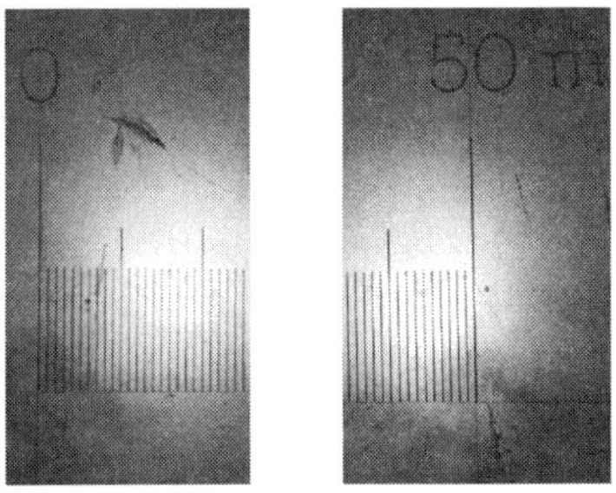

[그림 10.7–10.8] 눈금의 정확도 교정
(구간별 눈금선의 앞쪽에 위치시켜 읽음)

11.5.1 재물대의 이송 정확도 교정

11.5.2 수학적 모델

$$\begin{aligned} E_x &= l_r - l_s + (\overline{\alpha}\cdot\Delta t + \Delta\alpha\cdot\delta t)l_0 + \delta_r + \delta_x + \delta_a \\ &\equiv l_r - l_s + l_{th} + \delta_r + \delta_x + \delta_a \end{aligned}$$

E_x	편차
l_s	재물대의 길이 측정장치 지시값
l_r	표준자의 눈금값
l_{th}	열팽창 효과의 보정항
$\overline{\alpha}$	길이 측정장치와 표준자의 열팽창계수의 평균값
Δt	길이 측정장치와 표준자의 온도차
$\Delta \alpha$	길이 측정장치와 표준자의 열팽창계수의 차
δt	길이 측정장치와 표준자의 평균온도 값과 기준온도와의 차
l_0	표준자의 명목값
δ_r	길이 측정장치의 분해능 한계에 따른 보정값
δ_x	목측 오차에 대한 보정값
δ_a	표준자의 불확도에 대한 보정값
α_s	표준자의 열팽창계수
α_x	길이 측정장치의 열팽창계수
t_s	표준자의 온도
t_x	길이 측정장치의 온도

☞ 투영기 편차값에 포함된 δ_r, δ_x, δ_a는 기대값이 영(0)이므로 실제로는 보정의 효과가 없으나 불확도에서 무시될 수 없으므로 수식에 포함하였다.

11.5.3 반복측정 결과(배율 20배에서 측정, X축만 나타내었음)

(단위 : mm)

눈금값	이송장치 지시값						
	1회	2회	3회	4회	5회	평균값	표준편차
0							
1							
2							
3							
4							
5							
10							
20							
30							
40							
50	49.997	49.999	49.996	49.995	49.997	49.997	0.001 48

11.5.4 열팽창 효과 보정항

스틸 재질의 길이 측정 장치의 열팽창계수 α_x가 $11.5 \times 10^{-6}/℃$ 이고, 유리 재질의 표준자의 열팽창계수 α_s가 $8.0 \times 10^{-6}/℃$ 라고 하면,

$$\overline{\alpha} = (11.5 \times 10^{-6}/℃ + 8.0 \times 10^{-6}/℃)/2 = 9.75 \times 10^{-6}/℃$$

$$\Delta\alpha = 11.5 \times 10^{-6}/℃ - 8.0 \times 10^{-6}/℃ = 3.5 \times 10^{-6}/℃$$

측정할 당시 길이 측정 장치의 온도 t_x와 표준자의 온도 t_s를 직접 측정하지 않고, 이송 테이블의 온도를 측정하였으며 이 값이 20.5 ℃라고 하면,

$$\Delta t = 20.5\ ℃ - 20.5\ ℃ = 0\ ℃$$

$$\delta t = 20.5\ ℃ - 20\ ℃ = 0.5\ ℃$$

가 된다.

$$\therefore l_{th} = (\overline{\alpha} \cdot \Delta t + \Delta\alpha \cdot \delta t)l_0$$
$$= (9.75 \times 10^{-6}/℃ \times 0\ ℃ + 3.5 \times 10^{-6}/℃ \times 0.5\ ℃) \times 50\ \text{mm} = 0.000\ 09\ \text{mm}$$

11.5.5 길이 측정장치의 교정값

표준자의 교정성적서에 50 mm에서 편차가 +1.5 μm라고 명기되어 있으면 표준자의 실제 치수는 50.0015 mm이다. 그리고 5회 반복 측정한 평균값이 49.997 mm이므로 지시편차 E_x, 보정값, 교정값은 다음과 같이 산출한다.

(1) 지시편차

$$E_x = l_r - l_s + (\overline{\alpha} \cdot \Delta t + \Delta\alpha \cdot \delta t)l_0 + \delta_r + \delta_x + \delta_a$$

$$\equiv l_r - l_s + l_{th} + \delta_r + \delta_x + \delta_a$$

$$= 49.997\ \mathrm{mm} - 50.001\,5\ \mathrm{mm} + 0.000\,09\ \mathrm{mm} + 0\ \mathrm{mm} + 0\ \mathrm{mm} + 0\ \mathrm{mm}$$

$$= -4.41\ \mu\mathrm{m}$$

(2) 보정값

보정값은 지시편차와 반대 부호의 값이므로 4.41 μm 이다.

(3) 교정값

눈금값 + 보정값 = 50 mm + 0.004 41 mm = 50.004 41 mm ≒ 50.004 mm

11.5.6 재물대 이송 정확도의 불확도

11.5.6.1 수학적 모델

$$E_x = l_r - l_s + (\overline{\alpha} \cdot \Delta t + \Delta\alpha \cdot \delta t)l_0 + \delta_r + \delta_x + \delta_a$$

의 기본식에 불확도 전파 법칙을 적용한다.

$$u_c^2(E_x) = \sum_{i=1}^{n}[c_i u(x_i)]^2$$

$$u_c^2(E_x) = [c_{lr}u(l_r)]^2 + [c_{ls}u(l_s)]^2 + [c_{\overline{\alpha}}u(\overline{\alpha})]^2 + [c_{\Delta t}u(\Delta t)]^2 + [c_{\Delta\alpha}u(\Delta\alpha)]^2$$
$$+ [c_{\delta t}u(\delta t)]^2 + [c_{\delta r}u(\delta_r)]^2 + [c_{\delta x}u(\delta_x)]^2 + [c_{\delta a}u(\delta_a)]^2$$

$$\therefore u_c(E_x) = ([c_{lr}u(l_r)]^2 + [c_{ls}u(l_s)]^2 + [c_{\overline{\alpha}}u(\overline{\alpha})]^2 + [c_{\Delta t}u(\Delta t)]^2 + [c_{\Delta\alpha}u(\Delta\alpha)]^2$$
$$+ [c_{\delta t}u(\delta t)]^2 + [c_{\delta r}u(\delta_r)]^2 + [c_{\delta x}u(\delta_x)]^2 + [c_{\delta a}u(\delta_a)]^2)^{1/2}$$

11.5.6.2 재물대의 길이 측정장치 지시값의 불확도 $u(l_r)$

반복 측정한 값에서 발생된 최대표준편차를 이용하여 불확도를 추정한다.

(1) 추정값 : 49.997 mm

반복 측정한 값의 평균값이다.

(2) 표준불확도 : 0.66 μm

본 예제에서 최대 표준편차가 0.00148 mm이므로 여기에 반복측정 횟수의 제곱근으로 나누어 추정한다.

$$u(L) = \frac{\text{표준편차}}{\sqrt{n}} = \frac{0.001\,48}{\sqrt{5}} = 0.66\,\mu\text{m}$$

(3) 확률분포 : t – 분포

일반적으로 반복측정 횟수가 30회 이상이면 정규, 미만이면 t-분포로 간주한다.

(4) 감도 계수 : 1

감도 계수는 수학적 모델에서 편미분하여 산출한다. ▸ $c_{lr} = \dfrac{\partial E_x}{\partial l_r} = 1$

(5) 불확도 기여도 : 0.66 μm

감도 계수와 표준불확도의 곱으로 산출한다. ▸ $1 \times 0.66\ \mu\text{m}$

(6) 자유도 : 4

자유도는 n–1, 즉 (반복 측정횟수 –1)로 추정한다.

11.5.6.3 표준자의 불확도 $u(l_s)$

교정성적서에 표준자 50 mm 구간에서 편차가 1.5 μm, 측정불확도가 신뢰수준 약 95 %, $k = 2$를 적용하여 0.2 μm라고 하면 다음과 같이 불확도를 추정할 수 있다.

(1) 추정값 : 50.0015 mm

성적서에서 해당구간 50 mm의 편차를 고려하여 추정한다.

(2) 표준불확도 : 0.1 μm

본 예제에서 교정성적서에 제시된 측정불확도를 k로 나누어 산출한다.

$$\frac{U}{k} = \frac{0.2}{2} = 0.1\,\mu\text{m}$$

(3) 확률분포 : 정규분포

신뢰수준 약 95 %, k = 2의 조건에서 추정된 성적서이므로 충분히 신뢰할 만하므로 정규분포로 간주한다.

(4) 감도 계수 : −1

감도 계수는 수학적 모델에서 편미분하여 산출한다. ▶ $c_{ls} = \frac{\partial E_x}{\partial l_s} = -1$

(5) 불확도 기여도 : −0.1 μm

감도 계수와 표준불확도의 곱으로 산출한다.

(6) 자유도 : 200

추정한 표준불확도에 대한 확신의 정도가 95 %, 즉 상대불확도 R = 5 %를 적용하여 다음과 같이 추정한다.

$$\nu_1 = \frac{1}{2}\left(\frac{100}{R}\right)^2 = \frac{1}{2}\left(\frac{100}{100-95}\right)^2 = 200$$

11.5.6.4 길이 측정장치 및 표준자 열팽창계수의 평균값에 의한 불확도 $u(\overline{\alpha})$

$$\overline{\alpha} = (\alpha_s + \alpha_x)/2$$

$$u(\overline{\alpha}) = \sqrt{[\frac{\partial \overline{\alpha}}{\partial \alpha_s} u(\alpha_s)]^2 + [\frac{\partial \overline{\alpha}}{\partial \alpha_x} u(\alpha_x)]^2}$$

여기서, $\frac{\partial \overline{\alpha}}{\partial \alpha_s} = \frac{\partial \overline{\alpha}}{\partial \alpha_x} = \frac{1}{2}$이므로

$$u(\overline{\alpha}) = \sqrt{[\frac{1}{2} u(\alpha_s)]^2 + [\frac{1}{2} u(\alpha_x)]^2}$$

이다. 제조사로부터 얻은 열팽창계수 불확도 또는 오차범위를

$$u(\alpha_s) = u(\alpha_x) = \pm 1 \times 10^{-6} / ℃$$

라고 하면 직사각형 분포를 적용하여 다음과 같이 추정할 수 있다.

$$u(\alpha_s) = u(\alpha_x) = \frac{1 \times 10^{-6}}{\sqrt{3}} = 0.58 \times 10^{-6} / ℃$$

$$u(\overline{\alpha}) = \sqrt{[\frac{1}{2}(0.58 \times 10^{-6} / ℃)]^2 + [\frac{1}{2}(0.58 \times 10^{-6} / ℃)]^2}$$

(1) 추정값 : 9.75×10^{-6}/℃

스틸 재질의 투영 측정기와 유리 재질의 표준자의 평균 열팽창계수이므로 서로 합한 값의 평균이다.

$$\overline{\alpha} = \frac{11.5 \times 10^{-6} / ℃ + 8.0 \times 10^{-6} / ℃}{2} = 9.75 \times 10^{-6} / ℃$$

(2) 표준불확도 : 0.41×10^{-6}/℃

B형 불확도의 표준불확도는 확률분포를 적용하여 추정한다. 확률분포의 종류에는 정규, 직사각, 삼각, 사다리꼴, U자 등이 있다. 직사각 확률분포는 다른 말로 균등분포라고도 한다. 이것은 추정 대상의 확률분포가 전 구간에 걸쳐 동등한 확률로 영향이 미치고 있다고 판단될 때 적용한다. 가장 대표적인 예로, 분해능과 같이 어느 부분을 읽는다고 해도 잘못 읽을 확률은 동등하게 발생할 수 있다고 보고 적용하는 것이다. 이뿐 아니라 주어진 정보를 활용하거나 또는 어떤 확률분포인지 모호하거나 알 수 없는 경우 모두 직사각형 확률분포로 간주한다. 추정 방법은 반 너비를 $\sqrt{3}$ 으로 나눈 값으로 산출한다. 여기서 $\overline{\alpha} = (\alpha_r + \alpha_x)/2$ 이므로 불확

도 전파법칙에 의하여 수식을 변형시켜 계산한다.

$$u^2(\overline{\alpha}) = \frac{1}{4}u^2(\alpha_r) + \frac{1}{4}u^2(\alpha_x)$$

여기에 투영 측정기와 유리제 표준자의 제작회사로부터 얻은 자료(사양, 관련 정보 등)의 자료에서 참조한 열팽창계수의 오차 범위의 값을 적용한다. 예를 들어 제조사의 사양서에 투영 측정기와 표준자 열팽창계수의 오차 범위의 값이 각각 $\pm 1.0 \times 10^{-6}/℃$ 라고 가정하면,

$$u(\alpha_r) = u(\alpha_x) = \pm 1.0 \times 10^{-6}/℃$$

에 직사각형 확률분포를 적용하여

$$u(\alpha_r) = u(\alpha_x) = \frac{1.0 \times 10^{-6}/℃}{\sqrt{3}} = 0.000\,000\,577\,℃ \fallingdotseq 0.58 \times 10^{-6}/℃$$

가 된다. 따라서

$$u^2(\overline{\alpha}) = \frac{1}{4}u^2(\alpha_r) + \frac{1}{4}u^2(\alpha_x) = \frac{1}{4}u^2(0.58 \times 10^{-6}/℃) + \frac{1}{4}u^2(0.58 \times 10^{-6}/℃)$$

$$\therefore u(\overline{\alpha}) = \sqrt{\frac{1}{4}u^2(0.58 \times 10^{-6}/℃) + \frac{1}{4}u^2(0.58 \times 10^{-6}/℃)}$$

$$= 0.000\,000\,41 = 0.41 \times 10^{-6}/℃$$

(3) 확률분포 : 직사각형

B형 불확도의 추정방법은 주로 정보를 근거로 하여 추정하기 때문에 직사각형 확률분포가 가장 많다. 본 예제에서도 제조사로부터 확보한 정보, 즉 불확도 값을 이용하여 추정하므로 직사각형 확률분포로 간주한 것이다.

(4) 감도 계수 : 0 mm℃

감도 계수는 수학적 모델에서 편미분하여 산출한다.

$$c_{\overline{\alpha}} = \frac{\partial E_x}{\partial \overline{\alpha}} = \Delta t \cdot l_0 = 0\,℃ \cdot 50\,\text{mm}$$

(5) 불확도 기여도 : 0 μm

감도 계수와 표준불확도의 곱으로 산출한다.

$$(0\,℃ \cdot \text{mm}) \times (0.41 \times 10^{-6}/℃) = 0$$

(6) 자유도 : 200

예를 들어 추정한 표준불확도의 값에 대해 95 % 확신한다고 가정하면,

$$\frac{1}{2}\left(\frac{100}{R}\right)^2 = \frac{1}{2}\left(\frac{100}{100-95}\right)^2 = 200$$

11.5.6.5 길이 측정장치 및 표준자의 온도차에 의한 불확도 $u(\Delta t)$

충분한 열평형 상태가 이루어졌다고 하더라도 측정 데이터를 확보하는 과정 중에 체온이나 그 밖의 어떠한 원인으로 인한 온도 드리프트가 발생하여 영향을 줄 수 있다. 또는 과거의 경험상 몇 ℃ 이내에서 상호간에 일치하는 것을 적용할 수 있다. 직접 측정하지 않더라도 경험적으로 ± 0.5 ℃ 이내로 일치할 것으로 추정한다면 다음과 같이 추정할 수 있다.

(1) 추정값 : 0 ℃

동일 장소에 일정 시간 두게 되면 열평형이 이루어지기 때문에 온도는 차이가 없는 것으로 간주하여 기댓값을 0으로 본다.

(2) 표준불확도 : 0.29 ℃

직사각형 확률분포를 적용하여 ±0.5 ℃의 반 범위에 $\sqrt{3}$ 으로 나누어 산출한다.

$$\frac{\pm 0.5℃/2}{\sqrt{3}} = \frac{0.5℃}{\sqrt{3}} = 0.288 \fallingdotseq 0.29\ ℃$$

(3) 확률분포 : 직사각형

온도 변화가 어느 일정 구간에서만 ±0.3 ℃의 변화를 보인 것이 아닌 균등하게 어느 측정환경에서도 동일한 확률분포로 변화가 일어났을 것으로 간주하여 추정한 것이다.

(4) 감도 계수 : 0.49 μm/℃

감도 계수는 수학적 모델에서 편미분하여 산출한다.

$$c_{\Delta t} = \frac{\partial E_x}{\partial \Delta t} = \overline{\alpha} \cdot l_0 = 9.75 \times 10^{-6}/℃ \cdot 50\,\text{mm} = 0.49\,\mu\text{m}/℃$$

(5) 불확도 기여도 : 0.14 μm

감도 계수와 표준불확도의 곱으로 산출한다.

$$c_{\Delta t} = \frac{\partial E_x}{\partial \Delta t} = \overline{\alpha} \cdot l_0 \cdot 0.29\ ℃ = 9.75 \times 10^{-6}/℃ \cdot 50\ \text{mm} \cdot 0.29\ ℃ = 0.14\,\mu\text{m}$$

(6) 자유도 : 8

예를 들어 추정한 표준불확도의 값에 대해 75 % 확신한다고 가정하면 다음과 같다.

$$\frac{1}{2}\left(\frac{100}{R}\right)^2 = \frac{1}{2}\left(\frac{100}{100-75}\right)^2 = 8$$

11.5.6.6 길이 측정장치 및 표준자의 열팽창계수 차에 의한 불확도 $u(\Delta\alpha)$

$\Delta\alpha = (\alpha_x - \alpha_s)$이므로 $u^2(\Delta\alpha) = u^2(\alpha_x) + u^2(\alpha_s)$을 적용하여 불확도를 추정한다.

(1) 추정값 : 3.5 X 10^{-6}/℃

스틸 재질의 투영 측정기와 유리 재질의 표준자의 열팽창계수의 차이를 산출한다.

$$\Delta\alpha = 11.5\times10^{-6}/℃ - 8.0\times10^{-6}/℃ = 3.5\times10^{-6}/℃$$

(2) 표준불확도 : 0.82 X 10^{-6}/℃

$\Delta\alpha = (\alpha_x - \alpha_r)$이므로 불확도 전파법칙에 의해 $u^2(\Delta\alpha) = u^2(\alpha_x) + u^2(\alpha_r)$가 된다. 즉,

$$u(\Delta\alpha) = \sqrt{u^2(\alpha_x) + u^2(\alpha_r)}$$

로 산출한다. 만일 제조사로부터 얻은 투영 측정기와 표준자의 열팽창계수에 대한 오차 범위가 $\pm1.0\times10^{-6}/℃$ 라고 한다면, 이는 정보에 근거한 것이므로 직사각 확률분포를 적용하여 $u(\Delta\alpha)$의 식에 대입하여 구하면 된다. 즉,

$$u(\alpha_r) = u(\alpha_x) = \frac{1.0\times10^{-6}/℃}{\sqrt{3}} = 0.000\,000\,577\,℃ \fallingdotseq 0.58\times10^{-6}/℃$$

을 $u(\Delta\alpha)$의 식에 대입한다.

$$\therefore u(\Delta\alpha) = \sqrt{u^2(\alpha_x) + u^2(\alpha_r)} = \sqrt{u^2(0.58\times10^{-6}/℃) + u^2(0.58\times10^{-6}/℃)}$$

$$= 0.82\times10^{-6}/℃$$

(3) 확률분포 : 직사각형

제조사로부터 확보한 정보에 근거하여 추정했고, 주어진 오차 범위 내에서는 동등한 확률분포를 보인다고 볼 수 있으므로 직사각형 확률분포로 한다.

(4) 감도 계수 : 25 mm · ℃

감도 계수는 수학적 모델에서 편미분하여 산출한다.

$$c_{\Delta\alpha} = \frac{\partial E_x}{\partial \Delta\alpha} = \delta t \cdot l_0 = 0.5℃ \cdot 50\,\text{mm} = 25\,\text{mm} \cdot ℃$$

(5) 불확도 기여도 : 0.02 μm

감도 계수와 표준불확도의 곱으로 산출한다.

$$(25\ \text{mm}℃) \times (0.82 \times 10^{-6}/℃) = 0.02\,\mu\text{m}$$

(6) 자유도 : 200

상대불확도 5 %를 적용하여 추정하면 다음과 같다.

$$\frac{1}{2}\left(\frac{100}{R}\right)^2 = \frac{1}{2}\left(\frac{100}{100-95}\right)^2 = 200$$

11.5.6.7 길이 측정장치 및 표준자 평균온도와 기준온도와의 차에 의한 불확도 $u(\delta t)$

$\delta t = (t_s + t_x)/2 - 20℃$ 이므로

$$u^2(\delta t) = \frac{1}{4}u^2(t_s) + \frac{1}{4}u^2(t_x)$$

으로 불확도를 추정한다. 교정성적서 상에 사용한 온도계의 측정불확도는 1 ℃이며 신뢰수준 약 95 %, $k = 2$를 적용하였다.

(1) 추정값 : 0.5 ℃

교정이 이루어지는 동안 충분한 열평형 상태이고 측정 환경의 온도가 20.5 ℃라고 가정한다면 추정값은 0.5 ℃가 된다.

$$\delta t = \frac{20.5\ ℃ + 20.5\ ℃}{2} - 20\ ℃ = 0.5\ ℃$$

(2) 표준불확도 : 0.35 ℃

예를 들어 사용한 온도계의 측정불확도 U = 1.0℃, 신뢰수준 약 95 %, k = 2를 적용된 것으로 성적서에 명시되어 있다면 다음과 같이 각각의 불확도를 추정하여 합성함으로써 표준불확도를 산출할 수 있다.

$$\frac{U}{k} = \frac{1.0}{2} = 0.5\ ℃$$

따라서

$$u^2(\delta t) = \frac{1}{4}u^2(t_s) + \frac{1}{4}u^2(t_x)$$

에 대입하여 불확도를 추정한다.

$$u(\delta t) = \sqrt{\frac{0.5^2}{4} + \frac{0.5^2}{4}} = 0.35\ ℃$$

(3) 확률분포 : 직사각형

사용한 온도계의 오차 범위를 활용한 것으로써 오차 범위 내에서는 동등한 확률의 영향이 미친 것으로 볼 수 있으므로 직사각형 확률분포로 간주한다.

(4) 감도 계수 : 0.17 μm

감도 계수는 수학적 모델에서 편미분하여 산출한다. 예에서는 동일 재질로 열팽창계수 차이는 없다.

$$c_{\delta t} = \frac{\partial E_x}{\partial \delta t} = \Delta\alpha \cdot l_0 = 3.4 \times 10^{-6}/℃ \times 50\,\mathrm{mm} = 0.17\,\mu\mathrm{m}$$

(5) 불확도 기여도 : 0.06 μm

감도 계수와 표준불확도의 곱으로 산출한다.

$$0.17\ ℃ \times 0.35\ ℃ = 0.06\,\mu\mathrm{m}$$

(6) 자유도 : 8

예를 들어 추정한 표준불확도의 값에 대해 75 % 확신한다고 가정하면 다음과 같다.

$$\frac{1}{2}\left(\frac{100}{R}\right)^2 = \frac{1}{2}\left(\frac{100}{100-75}\right)^2 = 8$$

11.5.6.8 길이 측정장치 분해능 한계에 따른 불확도 $u(\delta_r)$

사용한 길이 측정 장치는 아날로그 타입이며 1 μm의 분해능을 지닌다. 제한된 분해능에 따른 변화는 반 너비에 직사각형 확률분포를 적용하여 불확도를 추정할 수 있다.

(1) 추정값 : 0

분해능으로 인하여 측정결과에 영향을 미친 정도는 사실상 기댓값을 추정하기 어려우므로 0으로 둔다.

(2) 표준불확도 : 0.29 μm

예에서 길이 측정장치의 최소눈금이 1 μm 이므로 직사각형 확률분포를 적용하여 최소눈금의 반 너비에 $\sqrt{3}$ 으로 나누어 산출한다.

$$\frac{1}{2\sqrt{3}} = 0.29\,\mu\text{m}$$

(3) 확률분포 : 직사각형

모든 측정 구간에서 눈금을 읽을 때 실수할 수 있는 확률은 최소눈금 한 눈금으로 동일한 확률을 지닐 것으로 간주하여 직사각형 확률분포로 추정한다.

(4) 감도 계수 : 1

감도 계수는 편미분하여 산출한다. ▶ $c_{\delta l_x} = \dfrac{\partial E_x}{\partial \delta l_x} = 1$

(5) 불확도 기여도 : 0.29 μm

감도 계수와 표준 불확도의 곱으로 산출한다.

(6) 자유도 : ∞

예를 들어 추정한 표준불확도의 값에 대해 100 % 확신한다고 가정하면 다음과 같다.

$$\frac{1}{2}\left(\frac{100}{R}\right)^2 = \frac{1}{2}\left(\frac{100}{100-100}\right)^2 = 0 = \infty$$

11.5.6.9 목측오차로 인한 불확도 $u(\delta_x)$

표준자의 눈금폭은 20 μm, 투영면에 새겨진 기준 눈금의 폭은 100 μm 이다. 이때 20배의 투영렌즈를 사용한다고 하면 표준자가 투영될 때 그 눈금의 폭을 400 μm 가 된다. 투영면에서 400 μm 폭의 표준자 눈금과 100 μm 폭을 갖는 투영면의 기준 눈금을 일치시킬 때의 불확도를 직사각형 확률분포를 적용하여 추정한다.

(1) 추정값 : 0

목측으로 인하여 측정결과에 영향을 미친 정도는 사실상 기댓값을 추정하기 어려우므로 0으로 둔다.

(2) 표준불확도 : 1.44 μm

사용한 표준자의 실제 눈금폭은 20 μm 이므로 10배의 투영렌즈를 사용하면 투영될 때의 눈금폭은 200 μm가 된다.

$$\text{실제 표준자 한 눈금폭} \times \frac{\text{투영면에 새겨진 기준 한 눈금폭}}{\text{20배 투영렌즈를 사용하여 투영된 한 눈금폭}} = 20 \times \frac{100}{400} = 5\mu\text{m}$$

여기에 반너비에 대한 직사각형 확률분포를 적용하여 추정한다.

$$\frac{5}{2\sqrt{3}} = 1.44\,\mu\text{m}$$

(3) 확률분포 : 직사각형

모든 측정 구간에서 한 눈금의 반 범위에 대한 동일 확률분포를 적용하여 추정하였으므로 직사각형 확률분포라 할 수 있다.

(4) 감도 계수 : 1

감도 계수는 편미분하여 산출한다. ▶ $c_{\delta x} = \dfrac{\partial E_x}{\partial \delta_x} = 1$

(5) 불확도 기여도 : 1.44 μm

감도 계수와 표준불확도의 곱으로 산출한다.

(6) 자유도 : 200

예를 들어 추정한 표준불확도의 값에 대해 95 % 확신한다면 상대불확도 R = 5 %를 적용하여 자유도를 추정할 수 있다.

$$\frac{1}{2}\left(\frac{100}{R}\right)^2 = \frac{1}{2}\left(\frac{100}{100-95}\right)^2 = 200$$

11.5.6.10 표준자의 정확도에 의한 불확도 $u(\delta_a)$

만일 표준자의 눈금값을 적용할 때 교정성적서에 나와 있는 편차값을 그대로 적용한 경우라면 이 항에 대한 불확도가 거의 존재하지 않으나 적용하지 않았을 경우에는 이 항에 대한 불확도를 고려해 준다. 성적서 상에서 표준자의 가장 큰 편차값이 1.5μm라고 하면 다음과 같이 추정할 수 있다.

(1) 추정값 : 0

투영기의 편차값에 포함된 δ_a는 기대값이 0이므로 실제로는 보정의 효과가 없으며 불확도는 추정한다.

(2) 표준불확도 : 0.43 μm

표준자의 편차값이 1.5 μm이므로 여기에 직사각형 확률분포를 적용하여 산출한다.

$$\frac{1.5}{2\sqrt{3}} = 0.43\,\mu\text{m}$$

(3) 확률분포 : 직사각형

모든 측정 구간에서 표준자의 정확도에 의해 영향을 받는 확률을 동일하게 적용하여 직사각형 확률분포로 간주한다.

(4) 감도 계수 : 1

감도 계수는 편미분하여 산출한다. ▶ $c_{\delta_a} = \dfrac{\partial E_x}{\partial \delta_a} = 1$

(5) 불확도 기여도 : 0.43 μm

감도 계수와 표준불확도의 곱으로 산출한다.

(6) 자유도 : 200

상대불확도 R = 5 %를 적용한다고 가정하면 다음과 같이 자유도가 산출된다.

$$\frac{1}{2}\left(\frac{100}{R}\right)^2 = \frac{1}{2}\left(\frac{100}{100-95}\right)^2 = 200$$

11.5.6.11 합성표준불확도 $u_c(E_x)$

$E_x = l_r - l_s + (\overline{\alpha} \cdot \Delta t + \Delta\alpha \cdot \delta t)l_0 + \delta_r + \delta_x + \delta_a$의 기본식에 불확도 전파 법칙을 적용하여 합성표준불확도를 산출한다.

$$u_c^2(E_x) = \sum_{i=1}^{n} [c_i u(x_i)]^2$$

$$u_c^2(E_x) = [c_{lr} u(l_r)]^2 + [c_{ls} u(l_s)]^2 + [c_{\overline{\alpha}} u(\overline{\alpha})]^2 + [c_{\Delta t} u(\Delta t)]^2 + [c_{\Delta\alpha} u(\Delta\alpha)]^2 + [c_{\delta t} u(\delta t)]^2 + [c_{\delta r} u(\delta_r)]^2 + [c_{\delta x} u(\delta_x)]^2 + [c_{\delta a} u(\delta_a)]^2$$

$$\therefore u_c(E_x) = \sqrt{(0.66)^2 + (-0.1)^2 + (0)^2 + (0.14)^2 + (0.02)^2 + (0.06)^2 + (0.29)^2 + (1.44)^2 + (0.43)^2}$$

$$= 1.676\,8 \fallingdotseq 1.68\,\mu\text{m}$$

11.5.6.12 유효자유도 ν_{eff}

Welch-Satterthwaite 공식을 이용하여 유효자유도 ν_{eff}를 추정한다.

$$\nu_{eff} = \frac{u_c^4(\Delta M)}{\sum_{i=1}^{N} \frac{[c_i u(x_i)]^4}{\nu_i}} = \frac{u_c^4(\Delta M)}{\sum_{i=1}^{9} \frac{[c_i u(x_i)]^4}{\nu_i}}$$

$$= \frac{1.68^4}{\frac{0.66^4}{4} + \frac{-0.1^4}{200} + \frac{0.0^4}{200} + \frac{0.14^4}{8} + \frac{0.02^4}{200} + \frac{0.06^4}{8} + \frac{0.29^4}{\infty} + \frac{1.44^4}{200} + \frac{0.43^4}{200}}$$

$$= 115.1 = 115$$

11.5.6.13 불확도 총괄표(Uncertainty budget)

<table>
<tr><th colspan="2">입력량
(Xi)</th><th colspan="2">추정값
(xi)</th><th>표준 불확도
u(xi)</th><th>확률
분포</th><th>감도 계수
(ci)</th><th>|불확도
기여량|
ui(y)</th><th>자유도
ν</th></tr>
<tr><td colspan="2">l_r</td><td colspan="2">49.997 mm</td><td>0.66 μm</td><td>t</td><td>1</td><td>0.66 μm</td><td>4</td></tr>
<tr><td colspan="2">l_s</td><td colspan="2">50.001 5 mm</td><td>0.1 μm</td><td>정규</td><td>−1</td><td>0.10 μm</td><td>200</td></tr>
<tr><td rowspan="4">l_{th}</td><td>$\overline{\alpha}$</td><td rowspan="4">0.00009
mm</td><td>9.75×10^{−6} /℃</td><td>0.41×10^{−6} /℃</td><td>직사각</td><td>0.00 μm/℃</td><td>0.00 μm</td><td>200</td></tr>
<tr><td>Δt</td><td>0 ℃</td><td>0.29 ℃</td><td>직사각</td><td>0.49 μm/℃</td><td>0.14 μm</td><td>8</td></tr>
<tr><td>$\Delta\alpha$</td><td>3.5×10^{−6} /℃</td><td>0.82×10^{−6} /℃</td><td>직사각</td><td>25.00μm/℃</td><td>0.02 μm</td><td>200</td></tr>
<tr><td>δt</td><td>0.5 ℃</td><td>0.35 ℃</td><td>정규</td><td>0.17 μm/℃</td><td>0.06 μm</td><td>8</td></tr>
<tr><td colspan="2">δ_r</td><td colspan="2">0.000 mm</td><td>0.29 μm</td><td>직사각</td><td>1</td><td>0.29 μm</td><td>∞</td></tr>
<tr><td colspan="2">δ_x</td><td colspan="2">0.000 mm</td><td>1.44 μm</td><td>직사각</td><td>1</td><td>1.44 μm</td><td>200</td></tr>
<tr><td colspan="2">δ_a</td><td colspan="2">0.000 mm</td><td>0.43 μm</td><td>직사각</td><td>1</td><td>0.43 μm</td><td>200</td></tr>
<tr><td colspan="2">E_x</td><td colspan="2">−0.004 mm</td><td colspan="3">−</td><td>1.68 μm</td><td>ν_{eff} =
115</td></tr>
</table>

11.5.6.14 측정불확도(Expanded uncertainty) U

유효자유도의 크기가 10 이상으로 충분히 크므로 정규분포로 간주하고 신뢰수준 약 95 %, k=2를 적용하여 측정불확도를 추정한다 (KOLAS-G-002 측정결과의 불확도 추정 및 표현을 위한 지침).

$$U = k \times u_c(E_x) = 2 \times 1.68 = 3.36 \fallingdotseq 3.4\ \mu\text{m}$$ (신뢰수준 약 95 %, k=2 적용)

☞ 측정불확도는 유효자리수 1개 또는 2개로 표현한다.

11.5.6.15 결과 보고

수학적 모델에서 추정한 지시편차 (E_x)는 약 -4 μm 이며, 이에 대한 측정불확도는 신뢰수준 약 95 %에서 k=2를 적용하여 약 3.4 μm로 추정되었다. 이것을 다음과 같이 표현한다.

$$(E_x) = (-4.0 \pm 3.4)\,\mu\text{m} \qquad (\text{신뢰수준 약 } 95\,\%,\ k=2)$$

11.6 재물대 이송 방향 간의 직각도 및 측정불확도 추정

(1) 가능한 배율을 최저로 하고 투과광을 투영한다.

(2) 재물대 위에 정밀직각자를 놓고 스크린의 수평중심선을 기준으로 직각자의 한 면을 재물대의 수평이송방향과 평행하게 조정한다.

(3) 재물대를 수직이동(ΔV) 시켰을 때 직각자의 다른 한 면의 수평중심선상 임의 기점에서의 변화량(ΔH)을 마이크로미터 눈금 또는 수평중심선상 임의 기점에서의 변화량(ΔH)을 마이크로미터 눈금 또는 디지털 표시기로 측정한다.

(4) 측정한 양 ΔV가 100 mm일 때의 ΔH 량으로 환산하여 직각도로 하며, 직각도의 단위를 ΔH/100 mm로 표시한다.

[그림 10.9] 직각자 정렬
(직각자를 재물대 위에 놓고
X축과 Y축의 범위 확인)

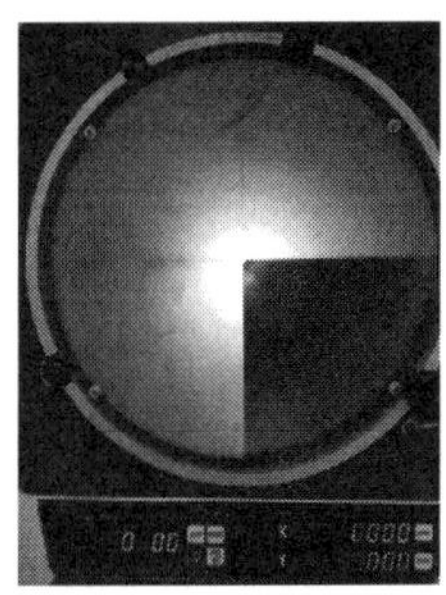

[그림 10.10] 중심선에 일치
(중심선에 X, Y축 정렬)

[그림 10.11] 이동
(Y축을 따라 100 mm 이동)

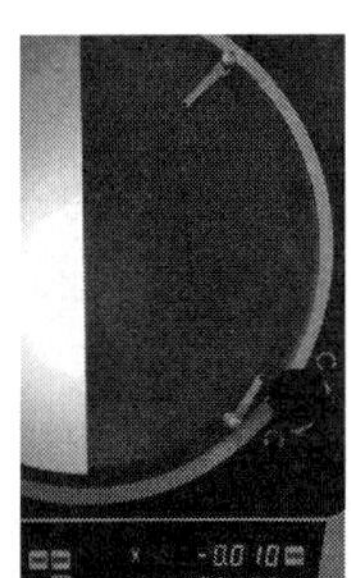

[그림 10.12] 직각도 교정
(X축 변화량 측정)

11.6.1 수학적 모델

$$E = \frac{\Delta H}{\Delta V} - \frac{S}{\Delta V} = \frac{\Delta H - S}{\Delta V} + \delta_r + \delta_x$$

E	직각도
ΔH	재물대 X축의 변화량
ΔV	재물대 Y축의 변화량
S	ΔVmm 위치에서의 직각자의 직각도
δ_r	투영기 분해능 한계에 따른 보정값
δ_x	직각도 측정 시 목측 오차에 의한 보정값

수식에서 ΔV가 100 mm일 때, 직각도로 표현하기 위해서 분모와 분자에 $\frac{100\,\text{mm}}{\Delta V}$ 를 곱한다.

$$\therefore E = \Delta H \frac{100\ \text{mm}}{\Delta V} - \frac{100\ \text{mm}}{\Delta V} S + \delta_r + \delta_x$$

☞ 여기서 투영기의 직각도 교정시 δ_r, δ_x는 기댓값이 영(0)이므로 실제 보정하지 않아도 무방하나 불확도 계산에는 수식에 포함시켰다.

11.6.2 반복 측정 결과

(단위 : mm)

측정항목	ΔV= 100 mm 일 때						
	1회	2회	3회	4회	5회	평균값	표준편차
X축 변화량	0.005	0.004	0.004	0.002	0.003	0.004	0.001 14

11.6.3 직각도 교정값

직각자의 교정성적서의 100 mm 구간에서 직각도가 +1.2 μm 이고 ΔV를 100 mm 이동했을 때 ΔH를 5회 반복 측정한 평균값이 0.004 mm이므로 투영기의 직각도는 다음과 같이 산출한다.

$$E = 0.004\ \text{mm} \times \frac{100\ \text{mm}}{100\ \text{mm}} - \frac{100\ \text{mm}}{100\ \text{mm}} \times 0.001\ 2\ \text{mm} + 0\ \text{mm} + 0\ \text{mm} \fallingdotseq 0.003\,\text{mm}$$

그러므로 투영기의 직각도는 0.003 mm / 100 mm 이다.

11.6.4 재물대 이송 방향간의 직각도 교정 시 불확도 계산

11.6.4.1 합성표준불확도

수학적 모델

$$E = \Delta H \frac{100\ \text{mm}}{\Delta V} - \frac{100\ \text{mm}}{\Delta V} S + \delta_r + \delta_x$$

에 불확도 전파법칙을 적용하여 추정한다.

$$u_c^2(E) = \sum_{i=1}^{n} [c_i u(x_i)]^2$$

$$u_c^2(E) = [c_{\Delta H} u(\Delta H)]^2 + [c_{\Delta V} u(\Delta V)]^2 + [c_s u(S)]^2 + [c_{\delta r} u(\delta r)]^2 + [c_{\delta x} u(\delta_x)]^2$$

11.6.4.2 재물대 X축 변화량에 대한 불확도 $u(\Delta H)$

A형 불확도로써 반복 측정한 값의 표준편차들 가운데 최대 표준편차를 이용하여 불확도를 추정한다.

(1) 추정값 : 0.004 mm

반복측정한 값의 평균값이다.

(2) 표준불확도 : 0.51 μm

본 예제에서 최대 표준편차가 0.001 14 mm이므로 여기에 반복측정 횟수의 제곱근으로 나누어 추정한다.

$$u(\Delta H) = \frac{\text{표준편차}}{\sqrt{n}} = \frac{0.001\,14\,\text{mm}}{\sqrt{5}} = 0.51\,\mu\text{m}$$

(3) 확률분포 : t – 분포

일반적으로 반복측정 횟수가 30회 이상이면 정규, 미만이면 t-분포로 간주한다.

(4) 감도 계수 : 1

감도 계수는 수학적 모델에서 편미분하여 산출한다.

$$c_{\Delta H} = \frac{\partial E}{\partial \Delta H} = \frac{100\ \text{mm}}{\Delta V} = \frac{100\ \text{mm}}{100\ \text{mm}} = 1$$

(5) 불확도 기여도 : 0.51 μm

감도 계수와 표준불확도의 곱으로 산출한다.

$$\frac{\partial E}{\partial \Delta H} \times 0.000\,51\,\text{mm} = \frac{100\,\text{mm}}{\Delta \text{V}} \times 0.000\,51 = \frac{100\,\text{mm}}{100\,\text{mm}} \times 0.000\,51 = 0.51\,\mu\text{m}$$

(6) 자유도 : 4

자유도는 n−1, 즉 (반복측정 횟수 −1)로 추정한다.

11.6.4.3 재물대 Y축 변화량에 대한 불확도 $u(\Delta V)$

투영기 Y축에 대한 정도가 실무적 경험 또는 이전의 정보에 근거하여 ±5 μm임을 알고 있다고 가정한다면 여기에 직사각형분포를 적용하여 불확도를 추정한다.

(1) 추정값 : 100 mm

100 mm 이동했을 때의 변화량을 측정한 것이므로 ΔV는 100 mm 그대로가 된다.

(2) 표준불확도 : 2.89 μm

본 예제에서 Y축의 정도에 대하여 반 너비에 직사각형 확률분포를 적용하여 불확도를 추정한다.

$$u(\Delta V) = \frac{\pm 5}{2\sqrt{3}} = \frac{10}{2\sqrt{3}} = 2.89\,\mu\text{m}$$

(3) 확률분포 : 직사각형 확률분포

과거의 정보에 근거하였으며 변화량이 동일하게 영향을 미쳤을 것으로 간주하여 직사각형 확률분포로 추정할 수 있다.

(4) 감도 계수 : −0.028 μm

감도 계수는 수학적 모델에서 편미분하여 산출한다.

$$c_{\Delta V} = \frac{\partial E}{\partial \Delta V} = -\frac{\Delta H \times 100\,\text{mm}}{\Delta V^2} + \frac{100\,\text{mm}}{\Delta V^2} \times S$$

$$= -\frac{0.004\,\text{mm} \times 100\,\text{mm}}{100^2} + \frac{100\,\text{mm}}{100^2} \times 0.001\,2\,\text{mm}$$
$$= -0.000\,04 + 0.000\,012 = -0.000\,028\,\text{mm}$$

(5) 불확도 기여도 : 0.000 ㎛

감도 계수와 표준불확도의 곱으로 산출한다.

$$c_{\Delta V} \times u(\Delta V) = \frac{\partial E}{\partial \Delta V} = (-\frac{\Delta H \times 100\ \text{mm}}{\Delta V^2} + \frac{100\ \text{mm}}{\Delta V^2} \times S) \times u(\Delta V)$$

$$= (-\frac{0.004\ \text{mm} \times 100\ \text{mm}}{100^2} + \frac{100\ \text{mm}}{100^2} \times 0.001\,2\,\text{mm}) \times 0.002\ 89\ \text{mm}$$

$$= -0.000\ 000\ 08\ \text{mm} \fallingdotseq 0\ \text{mm}$$

(6) 자유도 : 200

예를 들어 추정한 표준불확도의 값에 대해 95 % 확신한다면 상대불확도 R = 5 %로 간주하여 추정한다.

$$\frac{1}{2}\left(\frac{100}{R}\right)^2 = \frac{1}{2}\left(\frac{100}{100-95}\right)^2 = 200$$

11.6.4.4 ΔVmm 위치에서의 직각자의 직각도에 대한 불확도 $u(S)$

직각자의 교정성적서에서 측정불확도 U가 $k = 2$를 적용하여 2.4 ㎛라고 가정한다면 다음과 같이 추정할 수 있다.

(1) 추정값 : 100.001 2 mm

성적서에서 해당구간 직각자의 교정성적서의 100mm 구간에서 직각도가 +1.2 ㎛가 명시되어 있는 것을 참조한다.

(2) 표준불확도 : 1.2 ㎛

본 예제에서 교정성적서에 제시된 측정불화도 U를 포함인자 k로 나누어 산출한다.

$$\frac{U}{k} = \frac{2.4}{2} = 1.2\,\mu\text{m}$$

(3) 확률분포 : 정규분포

신뢰수준 약 95 %, k=2의 조건에서 추정된 성적서이므로 충분히 신뢰할 만하다고 판단하여 정규분포로 간주한다.

(4) 감도 계수 : -1

감도 계수는 수학적 모델에서 편미분하여 산출한다.

$$c_s = \frac{\partial E}{\partial S} = -\frac{100\,\text{mm}}{\Delta V} = -\frac{100\,\text{mm}}{100\,\text{mm}} = -1$$

(5) 불확도 기여도 : -1.2 μm

감도 계수와 표준불확도의 곱으로 산출한다.

(6) 자유도 : 200

추정한 표준불확도에 대한 확신의 정도가 95 % 라고 가정했을 때, 상대불확도 R = 5 %를 적용하여 다음과 같이 산출한다.

$$\nu_1 = \frac{1}{2}(\frac{100}{R})^2 = \frac{1}{2}(\frac{100}{100-95})^2 = 200$$

11.6.4.5 투영기 분해능 한계에 따른 불확도 $u(\delta_r)$

투영기 분해능이 1 μm 이며 분해능 한계에 대하여 직사각형 분포를 적용하여 추정할 수 있다.

(1) 추정값 : 0

분해능으로 인하여 측정결과에 영향을 미친 정도는 사실상 기댓값(=평균)을 추정하기 어려우므로 0으로 둔다.

(2) 표준불확도 : 0.29 μm

예에서 최소눈금에 대한 분해능의 한계에 대한 평균 변동량은 $\pm 0.05\mu$m 이므로 여기에 직사각형 확률분포를 적용하여 $\sqrt{3}$ 으로 나누어 산출한다.

$$\frac{1.0}{2\sqrt{3}} = 0.29\,\mu\text{m}$$

(3) 확률분포 : 직사각형

모든 측정 구간에서 눈금을 읽을 때 실수할 수 있는 확률은 최소눈금의 범위 내에서 동일할 것으로 간주하여 직사각형 확률분포로 추정한다.

(4) 감도 계수 : 1

감도 계수는 편미분하여 산출한다. ▶ $c_{\delta r} = \frac{\partial E}{\partial \delta_r} = 1$

(5) 불확도 기여도 : 0.29 μm

감도 계수와 표준 불확도의 곱으로 산출한다.

(6) 자유도 : ∞

예를 들어 추정한 표준불확도의 값에 대해 100 % 확신한다면 상대불확도 R = 0 %로 간주하여 무한대로 추정할 수 있다.

11.6.4.6 직각도 측정 시 목측오차에 의한 불확도 $u(\delta_x)$

투영기 사용 시 투영배율에 따라 해상력에 의한 목측오차가 존재할 수 있다. 배율에 의한 목측오차를 3μm라고 가정하면 반 범위에 직사각형 분포를 적용하여 추정할 수 있다.

(1) 추정값 : 0

목측으로 인하여 측정결과에 영향을 미친 정도는 사실상 기댓값을 추정하기 어려우므로 0으로 둔다.

(2) 표준불확도 : 0.87 μm

전체 목측오차에 대해 반 너비에 직사각형 확률분포를 적용하여 추정한다.

$$u(\delta_x) = \frac{3}{2\sqrt{3}} = 0.87\mu\text{m}$$

(3) 확률분포 : 직사각형

모든 측정 구간에서 목측오차의 영향이 동일한 확률로 미칠 것으로 판단하여 직사각형 확률분포라 할 수 있다.

(4) 감도 계수 : 1

감도 계수는 편미분하여 산출한다. ▶ $c_{\delta x} = \frac{\partial E}{\partial \delta_x} = 1$

(5) 불확도 기여도 : 0.87 μm

감도 계수와 표준 불확도의 곱으로 산출한다.

(6) 자유도 : 8

예를 들어 추정한 표준불확도의 값에 대해 75 % 확신한다면 상대불확도 R = 25 %를 적용하여 자유도를 추정한다.

$$\frac{1}{2}\left(\frac{100}{R}\right)^2 = \frac{1}{2}\left(\frac{100}{100-75}\right)^2 = 8$$

11.6.4.7 합성표준불확도 $u_c^2(E)$

$$u_c^2(E) = \left[c_{\Delta H}u(\Delta H)^2 + c_{\Delta V}u(\Delta V)^2 + c_s u(S)^2 + c_{\delta r}u(\delta r)^2 + c_{\delta_x}u(\delta_x)^2\right]^{1/2}$$
$$= \left[(0.51)^2 + (-0.0)^2 + (-1.2)^2 + (0.29)^2 + (0.87)^2\right]^{1/2} = 1.59\,\mu\text{m}$$

11.6.4.8 유효자유도 ν_{eff}

Welch-Satterthwaite 공식을 이용하여 유효자유도 ν_{eff}를 추정한다.

$$\nu_{eff} = \frac{u_c^4(E)}{\sum_{i=1}^{N}\frac{[c_i u(x_i)]^4}{\nu_i}} = \frac{u_c^4(E)}{\sum_{i=1}^{5}\frac{[c_i u(x_i)]^4}{\nu_i}}$$
$$= \frac{1.59^4}{\frac{0.51^4}{4} + \frac{-0.0^4}{200} + \frac{-1.2^4}{200} + \frac{0.29^4}{\infty} + \frac{0.87^4}{8}} = 64.6 = 64$$

11.6.4.9 불확도 총괄표(Uncertainty budget)

입력량 (Xi)	추정값 (xi)	표준 불확도 u(xi)	확률 분포	감도 계수 (ci)	|불확도 기여량| ui(y)	자유도 ν
ΔH	0.004 mm	0.51 μm	t	1	0.51 μm	4
ΔV	100.000 mm	2.89 μm	직사각	−0.028	0.0 μm	200
S	0.001 2 mm	1.2 μm	정규	−1	−1.2 μm	200
δ_r	0.000 mm	0.29 μm	직사각	1	0.29 μm	∞
δ_x	0.000 mm	0.87 μm	직사각	1	0.87 μm	8
E	0.003 mm	−			u_c = 1.59 μm	ν_{eff} = 64

11.6.4.10 측정불확도(Expanded uncertainty) U

유효자유도의 크기가 10 이상으로 충분히 크므로 정규분포로 간주하고 신뢰수준 약 95%, k=2를 적용하여 측정불확도를 추정한다 (KOLAS-G-002 측정결과의 불확도 추정 및 표현을 위한 지침).

$$U = k \times u_c(E_x) = 2 \times 1.59 = 3.18 \fallingdotseq 3.2\,\mu\text{m} \quad (\text{신뢰수준 약 } 95\,\%,\ \text{k=2 적용})$$

☞ 측정불확도는 유효자리수 1개 또는 2개로 표현한다.

11.6.4.11 결과 보고

수학적 모델에서 추정한 직각도 (E)는 약 3 μm 이며, 이에 대한 측정불확도는 신뢰수준 약 95 %에서 $k = 2$를 적용하여 약 3.2 μm로 추정되었다. 이것을 다음과 같이 표현한다.

$$(E) = (3.0 \pm 3.2)\ \mu\text{m} \qquad (\text{신뢰수준 약 } 95\,\%,\ k = 2)$$

11.7 회전 투영면의 각도 분할정확도 교정 및 측정불확도 추정

(1) 가능한 배율을 최저로 하고 투과광을 투영한다.

(2) 정밀직각자를 재물대 위에 놓고, 버니어 눈금을 0°에 놓은 상태에서 스크린 상의 수평 중심선과 직각자의 한 면이 평행하게 조정한다.

(3) 수평중심선을 기준으로 투영 스크린을 시계방향으로 90°씩 회전시켜 직각자의 다른 면과 평행하게 했을 때의 각도를 읽어 기록한다.

(4) 360°까지 반복측정한다.

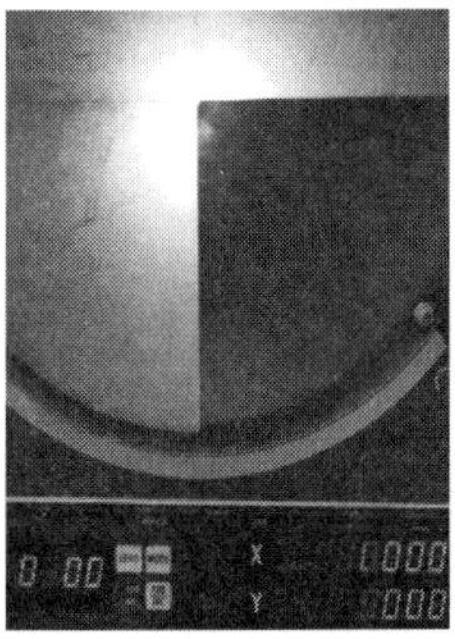

[그림 10.13] 직각자 정렬 (십자선에 정확하게 정렬)

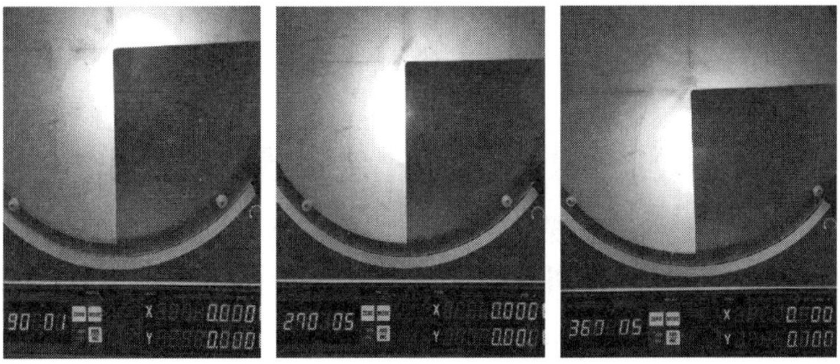

[그림 10.14-10.16] 구간별 0° 부터 360° 까지 각도분할 정확도 교정 (스크린을 회전시켜 해당 구간의 선에 일치시킨 후 각도 읽기)

11.7.1 수학적 모델

$$\Delta A_n = S + 90° \times (n-1) - M_n + \delta_r + \delta_x + \delta_s$$

ΔA_n	n 지점의 회전투영면 각도 보정값
S	직각자의 각도
n	측정지점의 각도 / 90°
M_n	n 지점의 측정장치 지시값
δ_r	각도분할장치 분해능 한계에 따른 보정값
δ_x	목측오차에 따른 보정값
δ_s	직각자의 허용치에 따른 보정값

☞ 여기서 n 지점의 회전 투영면 각도 보정값에 δ_r, δ_x, δ_s는 실제 보정하지 않아도 무방하나 불확도 계산에는 수식에 포함시켰다.

11.7.2 반복 측정 결과

(단위 : °)

눈금값	측정장치 지시값						
	1회	2회	3회	4회	5회	평균값	표준편차
0~90							
0~180							
0~270	270 ° 00'	269 ° 59'	269 ° 59'	269 ° 58'	269 ° 59'	269 ° 59'	0.011 79 °
0~360							

11.7.3 회전 투영면의 각도 분할정확도 교정값

회전 투영면의 각도 분할정확도 교정을 위해 규격이 150 mm × 100 mm 직각자를 사용하였으며, 직각자의 교정성적서에 150 mm 구간에서의 직각도가 + 1.8 μm라고 되어 있으면 직각자의 각도 S는 $90° + \tan^{-1}(0.001\ 8\ \text{mm}/150\ \text{mm}) = 90°00'02''$ 이다.

0 °~ 270° 구간을 예로 들면, $\Delta A_n = S + 90° \times (n-1) - M_n + 0 + 0 + 0$이므로

∴ 보정값 $\Delta A3 = 90°00'02'' + 90° \times (3-1) - 269°59' \fallingdotseq 1'$ 이다.

11.7.4 회전 투영면의 각도 분할정확도의 측정불확도

11.7.4.1 수학적 모델

기본식 $\Delta A_n = S + 90 \times (n-1) - M_n + \delta_r + \delta_x + \delta_s$에 불확도 전파 법칙을 적용한다.

$$u_c^2(\Delta A_n) = \sum_{i=1}^{n} [c_i u(x_i)]^2$$

$$u_c^2(\Delta A_n) = (c_s u(S))^2 + (c_{M_n} u(M_n))^2 + (c_{\delta r} u(\delta_r))^2 + (c_{\delta x} u(\delta_x))^2 + (c_{\delta s} u(\delta_s))^2$$

11.7.4.2 직각자의 각도에 의한 불확도 $u(S)$

(1) 추정값 : $90° 00' 02''$

추정값은 직각자의 각도 교정값 계산에서 산출된다.

(2) 표준불확도 : 0.000 46°

성적서에 제시된 측정불확도를 k로 나누어 추정한다.

$$u(S) = \frac{U}{k} = \frac{0.000\ 92}{2} = 0.000\ 46\ °$$

(3) 확률분포 : 정규분포

성적서에서 신뢰수준 약 95%, k=2를 적용했으므로 충분히 신뢰할 만한 것으로 볼 수 있다.

(4) 감도 계수 : 1

감도 계수는 편미분하여 산출한다. ▸ $c_s = \dfrac{\partial \Delta A_n}{\partial S} = 1$

(5) 불확도 기여도 : 0.000 46 °

감도 계수와 표준불확도의 곱으로 산출한다.

(6) 자유도 : 200

추정한 표준불확도에 대해 95 % 신뢰한다고 가정하면 상대불확도 R = 5 %를 적용하여 다음과 같이 추정할 수 있다.

$$\frac{1}{2}\left(\frac{100}{R}\right)^2 = \frac{1}{2}\left(\frac{100}{100-95}\right)^2 = 200$$

11.7.4.3 측정 장치 지시값의 불확도 $u(M_n)$

반복 측정한 값의 최대표준편차가 0.011 79° 이므로 이 값을 측정횟수의 제곱근으로 나눈다.

(1) 추정값 : 269° 59′

0°~270° 구간에 대한 불확도를 설명하고 있다. 이 구간의 반복 측정한 값의 평균값이 추정값이 된다.

(2) 표준불확도 : 0.005 27°

본 예제에서 최대 표준편차가 0.011 79° 이므로 여기에 반복측정 횟수의 제곱근으로 나누어 추정한다.

$$u(M_n) = \frac{\text{표준편차}}{\sqrt{n}} = \frac{0.011\,79^\circ}{\sqrt{5}} = 0.005\,27^\circ$$

(3) 확률분포 : t – 분포

일반적으로 반복측정 횟수가 30회 이상이면 정규, 미만이면 t-분포로 간주한다.

(4) 감도 계수 : –1

감도 계수는 수학적 모델에서 편미분하여 산출한다. ▶ $c_{Mn} = \frac{\partial \Delta A_n}{\partial M_n} = -1$

(5) 불확도 기여도 : – 0.005 27°

감도 계수와 표준불확도의 곱으로 산출한다.

(6) 자유도 : 4

자유도는 n−1, 즉 (반복측정 횟수 −1)로 산출한다.

11.7.4.4 각도장치 분해능 한계에 따른 불확도 $u(\delta_r)$

투영측정기의 회전 투영면의 각도 분할 분해능이 1′ (0.01667°)이므로 제한된 분해능에 따른 변화는 반 너비에 직사각형 확률분포를 적용하여 추정할 수 있다.

(1) 추정값 : 0

분해능으로 인하여 측정결과에 영향을 미친 정도는 사실상 기댓값을 추정하기 어려우므로 0으로 둔다.

(2) 표준불확도 : 0.004 81°

예에서 각도 분할 분해능이 1′ 이므로 제한된 분해능에 따른 변화는 반 너비에 직사각형 확률분포를 적용하여 추정할 수 있다.

$$\frac{0°\,1'}{2\sqrt{3}} = 0.004\,81°$$

(3) 확률분포 : 직사각형

모든 측정 구간에서 눈금을 읽을 때 실수할 수 있는 확률은 최소눈금 한 눈금 내에서 동일한 확률을 발생할 수 있을 것으로 간주하여 직사각형 확률분포로 추정한다.

(4) 감도 계수 : 1

감도 계수는 편미분하여 산출한다. ▶ $c_{\delta r} = \dfrac{\partial \Delta A_n}{\partial \delta_r} = 1$

(5) 불확도 기여도 : 0.004 81°

감도 계수와 표준불확도의 곱으로 산출한다.

(6) 자유도 : ∞

예를 들어 추정한 표준불확도의 값에 대해 상대불확도 R = 0%라면 다음과 같이 산출한다.

$$\frac{1}{2}\left(\frac{100}{R}\right)^2 = \frac{1}{2}\left(\frac{100}{100-100}\right)^2 = 0 = \infty$$

11.7.4.5 목측에 의한 불확도 $u(\delta_x)$

투영면에 새겨진 기준눈금의 폭은 0.1 mm이고, 투영면의 반지름은 250 mm이다. 직각자의 한 면이 투영될 때 눈금폭 0.1 mm에 대한 각도는 $\tan^{-1}$ (0.1 mm /250 mm) = 0.022 92°이다. 여기에 직사각형 확률분포를 적용하여 추정한다.

(1) 추정값 : 90° 00′ 02″

회전 투영면의 각도 분할정확도 교정을 위해 규격이 150 mm × 100 mm 직각자를 사용하였으며, 예에서 직각자의 교정성적서에 150 mm 구간에서의 직각도가 + 1.8μm 라고 되어 있으면 직각자의 각도 S는 90° + tan-1 (0.001 8 mm /150 mm) = 90°00′02″ 이다.

(2) 표준불확도 : 0.006 62°

직각자의 한 면이 투영될 때 눈금폭 0.1 mm에 대한 각도는 대해 반 너비에 직사각형 확률분포를 적용하여 추정한다.

$$u(\delta_x) = \frac{0.022\ 92\ ^\circ}{2\sqrt{3}} = 0.006\ 62\ ^\circ$$

(3) 확률분포 : 직사각형

모든 측정 구간에서 목측 오차의 영향이 동일한 확률로 미칠 것으로 판단하여 직사각형 확률분포라 할 수 있다.

(4) 감도 계수 : 1

감도 계수는 편미분하여 산출한다. ▸ $c_{\delta x} = \frac{\partial \Delta A_n}{\partial \delta_x} = 1$

(5) 불확도 기여도 : 0.006 62 °

감도 계수와 표준불확도의 곱으로 산출한다.

(6) 자유도 : 200

예를 들어 추정한 표준불확도의 값에 대해 95 % 확신한다면 상대불확도 R = 5 %를 적용하여 다음과 같이 추정한다.

$$\frac{1}{2}\left(\frac{100}{R}\right)^2 = \frac{1}{2}\left(\frac{100}{100-95}\right)^2 = 200$$

11.7.4.6 직각자의 허용치에 따른 보정값의 불확도 $u(\delta_s)$

투영 측정기 교정 시 사용된 직각자의 직각도 허용값이 150 mm × 100 mm의 I 형 직각자인 경우 ±3.5 μm 이므로 이에 대한 각도는 $\tan^{-1}$ (0.003 5 mm /150 mm) = 0.00134°이며 이 값에 직사각형 분포를 적용하여 추정할 수 있다.

(1) 추정값 : 0 °

회전 투영면 각도 보정값에 δ_s는 실제 보정하지 않아도 무방하므로 기댓값을 0으로 둔다.

(2) 표준불확도 : 0.00077°

사용된 직각자의 직각도 허용값이 150 mm × 100 mm의 I 형 직각자인 경우 ±3.5 μm 이므로 이에 대한 각도는 tan-1 (0.003 5 mm /150 mm) = 0.00134° 이며, 여기에 직사각형 분포를 적용하면 다음과 같다.

$$u(\delta_s) = \frac{0.001\ 34^\circ}{\sqrt{3}} = 0.000\ 77^\circ$$

(3) 확률분포 : 직사각형

모든 측정 구간에서 목측오차의 영향이 동일한 확률로 미칠 것으로 판단하여 직사각형 확률분포라 할 수 있다.

(4) 감도 계수 : 1

감도 계수는 편미분하여 산출한다. ▶ $c_{\delta s} = \frac{\partial \Delta A_n}{\partial \delta_s} = 1$

(5) 불확도 기여도 : 0.00077°

감도 계수와 표준불확도의 곱으로 산출한다.

(6) 자유도 : 200

예를 들어 추정한 표준불확도의 값에 대해 95 % 확신한다면 상대불확도 R = 5 %를 적용하여 추정한다.

$$\frac{1}{2}\left(\frac{100}{R}\right)^2 = \frac{1}{2}\left(\frac{100}{100-95}\right)^2 = 200$$

11.7.4.7 합성표준불확도 $u_c(\Delta A_n)$

$$u_c(\Delta A_n) = \left[(c_s u(S))^2 + (cM_n u(M_n))^2 + (c_{\delta r} u(\delta_r))^2 + (c_{\delta x} u(\delta_x))^2 + (c_{\delta s} u(\delta_s))^2\right]^{1/2}$$

$$= \left[(0.000\ 46^\circ)^2 + (-0.005\ 27^\circ)^2 + (0.004\ 81^\circ)^2 + (0.006\ 62^\circ)^2 + (0.000\ 77^\circ)^2\right]^{1/2}$$

$$= 0.009\ 78^\circ$$

11.7.4.8 유효자유도 ν_{eff}

Welch-Satterthwaite 공식을 이용하여 유효자유도 ν_{eff}를 추정한다.

$$\nu_{eff} = \frac{u_c^4(\Delta A_n)}{\sum_{i=1}^{N} \frac{[c_i u(x_i)]^4}{\nu_i}} = \frac{u_c^4(\Delta A_n)}{\sum_{i=1}^{5} \frac{[c_i u(x_i)]^4}{\nu_i}}$$

$$= \frac{(0.009\,78^\circ)^4}{\frac{(0.000\,46^\circ)^4}{200} + \frac{(0.005\,27^\circ)^4}{4} + \frac{(0.004\,81^\circ)^4}{\infty} + \frac{(0.006\,62^\circ)^4}{200} + \frac{(0.000\,77^\circ)^4}{200}}$$

$$= 45.1 = 45$$

11.7.4.9 불확도 총괄표(Uncertainty budget)

입력량 (Xi)	추정값 (xi)	표준 불확도 u(xi)	확률 분포	감도 계수 (ci)	|불확도 기여량| ui(y)	자유도 ν
S	90 ° 00′ 02″	0.000 46 °	정규	1	0.000 46 °	200
M_n	269 ° 59′	0.005 27 °	t	−1	−0.005 27 °	4
δ_r	0 ° 00′	0.004 81 °	직사각	1	0.004 81 °	∞
δ_x	0 ° 00′	0.006 62 °	직사각	1	0.006 62 °	200
δ_s	0 ° 00′	0.000 77 °	직사각	1	0.000 77 °	200
ΔA_n	0 ° 01′	−			0.009 78 °	$\nu_{eff} = 45$

11.7.4.10 측정불확도(Expanded uncertainty) U

유효자유도의 크기가 10 이상으로 충분히 크므로 정규분포로 간주하고 신뢰수준 약 95 %, k=2를 적용하여 측정불확도를 추정한다 (KOLAS-G-002 측정결과의 불확도 추정 및 표현을 위한 지침).

$$U = k \times u_c(\Delta A_n) = 2 \times 0.009\,78^\circ = 0.019\,56^\circ \text{ (신뢰수준 약 95 \%, } k=2 \text{ 적용)}$$

$$\fallingdotseq 1' \text{ (신뢰수준 약 95 \%, } k=2 \text{ 적용)}$$

☞ 측정불확도는 유효자리수 1개 또는 2개로 표현한다.

11.7.4.11 결과 보고

수학적 모델에서 추정한 회전 투영면의 각도 분할정확도 (ΔA_n)는 약 1′이며, 이에 대한 측정불확도는 신뢰수준 약 95 %에서 k=2를 적용하여 약 1′으로 추정되었다. 이것을 다음과 같이 표현한다.

$$(\Delta A_n) = (1' \pm 1') \text{ (신뢰수준 약 95 \%, } k=2)$$

교정성적서

교정기관명 : Tel. Fax.	성적서번호 : 페이지 (1)/(총 2)	KOLAS

1. 의 뢰 자
   기 관 명 :
   주 소 :
2. 측 정 기
   기 기 명 : 투영 측정기
   제작회사 및 형식 :
   기기번호 :
3. 교정일자 :
4. 교정환경 : 온 도 : (±)℃ 상대습도 : (±) % R.H.
   교정장소 : □ 고정표준실 □ 이동교정 □ 현장교정
5. 측정표준의 소급성
   위의 기기는 한국계량측정협회에서 발행된 '투영 측정기의 표준교정절차(KASTO 03-01-1190-023)'에 따라 국가측정표준기관으로부터 측정의 소급성이 확보된 아래 표준 장비를 이용하여 비교교정 되었다.

▸ 교정에 사용한 표준장비 명세

사용장비명	제작자 및 형식	기기번호	교정 유효일자	교정기관
표준자				
표준자				
표준자				

6. 교정결과 : 교정결과 참조
7. 측정불확도 : 교정결과 참조

확 인	작성자 성 명 (서 명)	승인자 직 위 : (기술책임자) 성 명 : (서 명)

위 성적서는 국제시험기관인정협력체(International Laboratory Accreditation Cooperation) 상호인정협정(Mutual Recognition Arrangement)에 서명한 한국인정기구(KOLAS)로부터 공인받은 분야의 교정결과입니다.

20 . . .

한국인정기구 인정 ○○교정기관장 (인)

(주) 이 성적서는 측정기의 정밀정확도에 영향을 미치는 요소(과부하, 온도, 습도 등)의 급격한 변화가 발생한 경우에는 무효가 됩니다.

교 정 결 과	성적서번호 : 페이지 (2)/(총 2)	KOREA LABORATORY ACCREDITATION SCHEME KOLAS CALIBRATION NO.

교정번호(Cer. No.) : 0000-000

(2)쪽 중 (2)쪽
Page of Pages

▸ 장비품명 : 투영 측정기
기기번호 :

1. (1) 재물대의 이송정확도 교정결과

지시값 (mm)	보 정 값(μm)	
	X	Y
0		
1		
2		
3		
4		
5		
10		
20		
30		
40		
50		

(2) 측정불확도 U: (신뢰수준 %, k =)

2. 배율 오차 교정결과

호칭배율(배)	배율오차	확장불확도

3. 재물대 이송방향 간의 직각도 교정결과

/ 100 mm 확장불확도 :

4. 회전 투영면의 각도 분할 정확도 교정결과

눈금값	보정값	확장불확도
0 ~ 90 °		
0 ~ 180 °		
0 ~ 270 °		
0 ~ 360 °		

끝

12 게이지 블록 비교교정

12.1 교정대상기기의 교정 항목, 측정 범위 및 교정 방법

교정 항목	측정 범위	교정 방법(교정기기)
중앙 치수	(0.5～500) mm	기준 게이지 블록과의 길이차를 게이지 블록 비교기로 비교 교정
평면도	양쪽 측정면	옵티컬 플랫으로 측정
평행도	가로 방향, 세로 방향	게이지 블록 비교기로 측정

☞ 의뢰자의 특별한 요구가 없는 경우에는 교정항목은 중앙 치수만 행한다.

12.2 필요장비 명세 및 최저요구성능

표준장비명	수량	최저요구성능
게이지 블록 비교기 (gauge block comparator)	1 대	범위 : (0～100) mm 불확도 : 0.05 μm (k = 2)
세라믹 게이지 블록 (gauge blocks)	피교정 게이지 블록의 수량과 같음	피교정 게이지 블록보다 1등급 이상 높은 게이지 블록 또는 국가 표준에 소급성을 가지는 게이지 블록
옵티컬 플랫 (optical flat)	1 개	평면도 0.05 μm
단색 광원 장치 (monochromatic light source)	1 대	인증된 것
표면 온도계 (surface thermometer)	1 대	센서의 끝이 평평하여 게이지 블록의 표면에 밀착할 수 있으며, 20 ℃ 근방에서 교정된 것. 분해능 0.1 ℃.
기타 필요한 부속품	–	세척액, 먼지 나지 않는 티슈, 솜, 헝겊 혹은 세무가죽, 블로워(blower), 붓, 핀셋이나 집게

12.3 교정 준비 및 절차

(1) 표준교정절차서를 숙독한다.

(2) 깨끗한 세척 용기를 준비하고 용기의 바닥에 천이나 탈지면을 깔아 게이지 블록이 상하지 않도록 한다.

(3) 용기에 게이지 블록 전용 세척액(에틸 알콜, 석유 벤젠, 아세톤 등)을 선택하여 용기에 붓고 교정할 게이지 블록이 완전히 잠기도록 한다.

(4) 테이블 또는 정반 위에 헝겊을 준비하여 게이지 블록을 닦아 정렬해 둔다.

(5) 충분한 열평형을 시킨 후 게이지 블록 비교기를 이용하여 중앙치수 및 평행도를 측정을 위한 5지점을 반복 측정한다.

(6) 단색광원의 전원을 미리 켜두어 안정되면 옵티컬 플랫을 이용하여 게이지 블록의 평면도를 측정한다.

☞ 게이지 블록 교정 시 돌기의 유무를 반드시 확인하여 필요시 돌기 제거용 연마석을 이용하여 돌기를 제거해야 게이지 블록을 조합할 경우 서로 상처가 생기지 않으므로 주의한다. 또한 치수를 반복 측정할 때 반드시 핀셋을 이용하여 체온이 전달되지 않도록 한다.

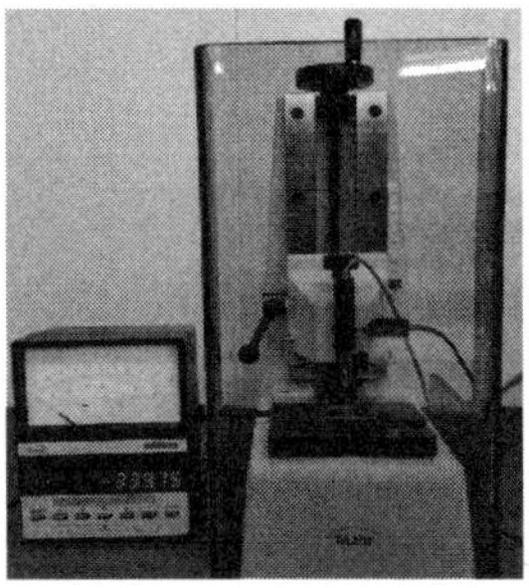

[그림 11.1] 전원 안정화
(감도 변화의 최소화를 위해 교정 전 전원을 ON 시킴)

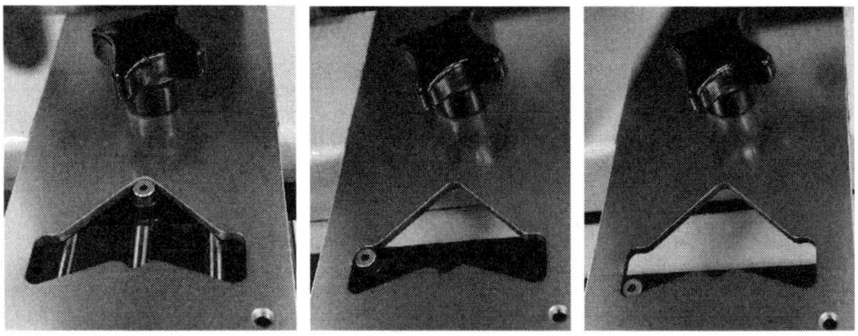

[그림 11.2-11.7] 플레이트 정렬
(게이지 블록 비교기의 플레이트 정렬을 미리 정확하게 해놓아야 중앙치수와 평행도 교정 시 프로브가 정확한 지점에 위치할 수 있음)

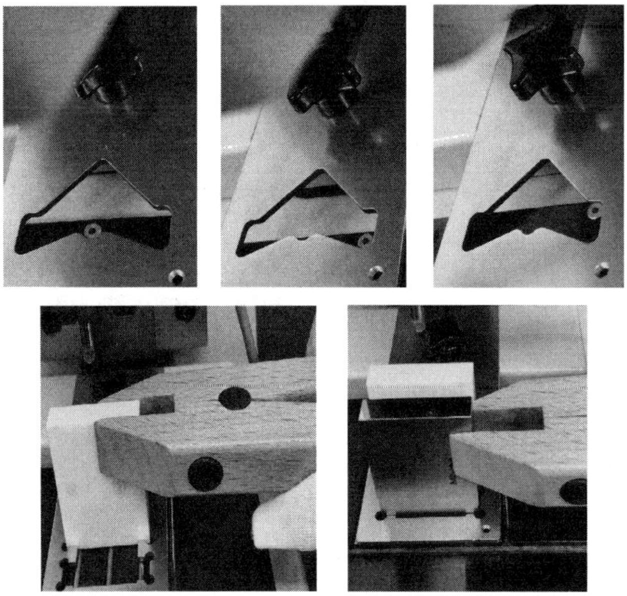

[그림 11.8-11.9] 기준 및 피교정 게이지 블록 정렬
(열의 전달을 방지하기 위해 핀셋을 이용하여 정렬)

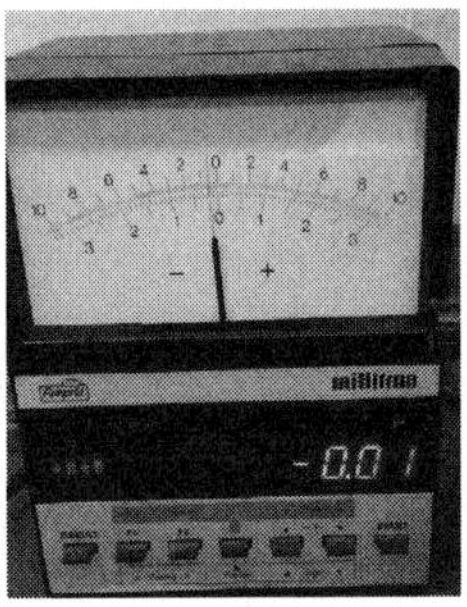

[그림 11.10–11.11] 중앙 치수 교정
(기준 게이지 블록의 중앙을 측정하고 공기 주머니를 손으로 지그시 눌러 프로브를 띄운 상태에서 피교정 게이지 블록에 이동시켜 측정)

[그림 11.12] 눈금 읽기
(기준 및 피교정 게이지 블록의 길이를 읽음)

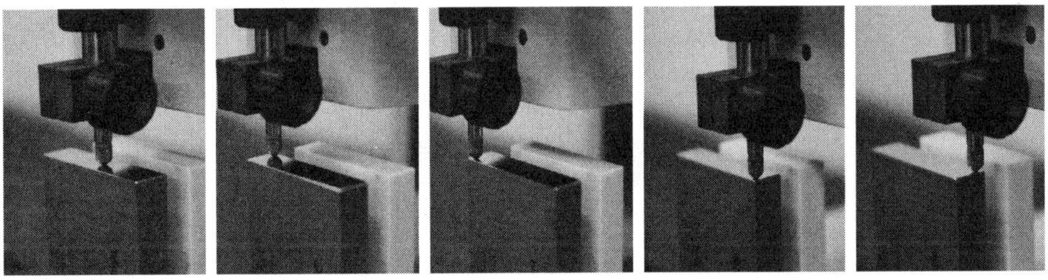

[그림 11.13–11.17] 평행도 교정
(피교정 게이지 블록의 중앙점 및 모서리 네 지점을 측정하여 이들 중 최대치수–최대치수로 평행도 측정)

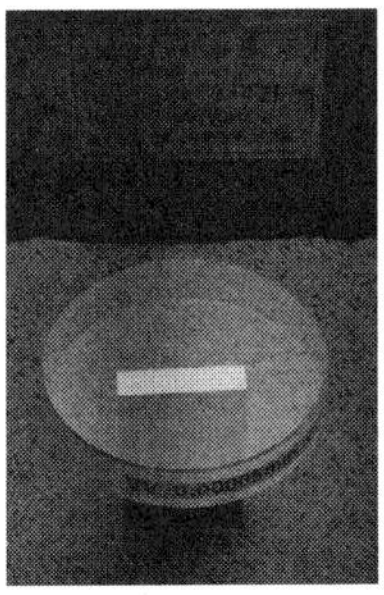

[그림 11.18] 평면도 교정

[그림 11.19] 게이지 블록의 간섭무의

(단색광원을 미리 켜두어 안정시킨 후 피교정 게이지 블록 위에 옵티컬 플랫을 가만히 올려 두고 간섭무늬가 3~4개 나타나도록 천천히 움직임. 간섭무늬가 생기면 선과 선의 간격(a), 한 선의 휨 량(b)을 측정)

12.4 교정데이터 처리

게이지 블록 비교기를 이용하여 게이지 블록 50 mm의 길이를 교정하고 불확도를 산출하는 과정을 설명하였다.

12.5 수학적 모델

피교정 게이지 블록 50 mm의 실제 치수를 추정하기 위한 수식을 다음과 같이 수립한다.

$$l_x = l_r + \delta l_{drift} + d + \delta l_c + \delta l_P - (\overline{\alpha} \cdot \Delta t + \Delta\alpha \cdot \delta t) l_0 + l_{cd}$$

l_r	기준 게이지 블록의 길이
δl_{drift}	기준 게이지 블록이 교정을 받은 후로 생긴 경년변화에 대한 길이 보정값
d	비교기에 의해 측정된 피교정 게이지 블록과 기준 게이지 블록의 길이차
δl_c	비교기의 증폭률, 비선형성 및 분해능의 한계 등에 대한 보정값
δl_P	촉침으로 정확한 중앙점을 읽지 못할 때 게이지 블록의 평행도에 의해 발생된 길이 편차에 대한 보정값
$\overline{\alpha}$	두 게이지 블록의 열팽창계수의 평균값
$\Delta\alpha$	두 게이지 블록의 열팽창계수의 차이
Δt	두 게이지 블록의 온도차
δt	두 게이지 블록의 평균 온도값과 기준온도 20 ℃와의 차이
l_0	호칭치수
l_{cd}	피교정 게이지 블록과 기준 게이지 블록의 재질 차에 따른 탄성변형 차에 대한 보정값

12.6 교정용 표준기값

본 실험에서 사용한 l_r은 세라믹 재질의 기준 게이지 블록의 길이이며, 성적서에 편차가 $+0.01\ \mu$m로 명시되어 있다고 가정하고 실습을 진행한다.

☞ 실제 교정기관에서는 해당 장비 및 기준에 대한 교정성적서의 값을 꼭 참조하여 적용한다.

12.7 중앙치수의 교정

게이지 블록 비교기를 이용하여 10회 반복측정한 길이차, 평균과 표준편차를 산출한다. 표에 기입되어 있는 수치는 설명을 위해 예를 든 것이며 본인의 값을 표의 여백에 기록하여 다음을 참조하여 산출한다.

- **기　준**(r) : 세라믹 기준 게이지 블록
- **피교정**(x) : 스틸 재질의 피교정 게이지 블록
- **길이차**(x-r) : (피교정 게이지 블록 길이 - 기준 게이지 블록 길이)

(단위 : μm)

명목값 (50 mm)	게이지 블록 비교기의 지시값										평균 d	표준 편차
	1회	2회	3회	4회	5회	6회	7회	8회	9회	10회		
기 준 r	0.00	0.00	-0.01	0.01	0.00	0.03	0.01	0.00	0.00	0.00	–	–
피교정 x	0.02	-0.02	0.03	0.00	0.04	0.02	0.04	0.00	0.05	0.06		
길이차 (x-r)	0.02	-0.02	0.04	-0.01	0.04	-0.01	0.03	0.00	0.05	0.06	0.02	0.02828

12.8 열팽창 효과 보정항 계산

기준 게이지 블록은 세라믹(α_r)이며, 피교정 게이지 블록은 스틸(α_x) 재질이다. 그리고 기준 게이지 블록의 온도(t_r)와 피교정 게이지 블록의 온도(t_x)를 직접 측정하지 않는 대신 게이지 블록을 놓아두었던 정반의 온도를 측정하였더니 21.0 ℃였다고 하자.

☞ 교정실습에서 실제 온도계로 측정하여 적용한다.

$$\Delta L = (\overline{\alpha} \cdot \Delta t + \Delta\alpha \cdot \delta t) l_0$$

$$\overline{\alpha} = (\alpha_x + \alpha_r)/2 = (10.0 \times 10^{-6}/℃ + 11.5 \times 10^{-6}/℃)/2 = 10.75 \times 10^{-6}/℃$$

$$\Delta t = (t_x - t_r) = 21.0℃ - 21.0℃ = 0\ ℃$$

$$\Delta\alpha = (\alpha_x - \alpha_r) = 11.5 \times 10^{-6}/℃ - 10.0 \times 10^{-6}/℃ = 1.5 \times 10^{-6}/℃$$

$$\delta t = (t_x + t_r)/2 - 20℃ = (21.0℃ + 21.0℃)/2 - 20℃ = 1.0\ ℃$$

$$\therefore \Delta L = -[(10.75 \times 10^{-6}/℃) \cdot 0\ ℃ + 1.5 \times 10^{-6}/℃ \times 1.0℃] \times 50\ \mathrm{mm}$$

$$= -0.075\,\mu m$$

12.9 촉침에 의한 탄성 변형 차이의 보정 l_{cd}

l_{cd}는 탄성변형에 대한 보정항으로써, 재질이 같은 게이지 블록끼리 비교 교정을 할 경우에는 0이 되어 고려할 필요가 없다. 탄성 변형이란 비교기의 프로브 촉침으로 게이지 블록의 표면을 접촉할 때, 측정력에 의해 게이지 블록의 표면이 약간 변형되는 것을 말한다. 재질이 다른 두 게이지 블록을 비교 측정할 때는 실제로는 두 게이지 블록의 길이가 같더라도 재질에 따른 탄성 변형의 차이 때문에 측정값은 차이를 나타내게 된다.

프로브가 2개(dual probe)인 게이지 블록 비교기 혹은 한 개의 프로브와 기준 접점(reference contact point)를 가지는 게이지 블록 비교기의 경우에 대해 이 탄성 변형량을 도시한 것이다.

A_{ur} 과 A_{lr} 는 각각 위쪽 프로브와 기준 게이지 블록의 측정면, 그리고 아래쪽 프로브와 기준 게이지 블록의 반대쪽 측정면 사이에서 발생하는 탄성 변형량을 나타내고, A_{ux} 와 A_{lx} 는 각각 위쪽 프로브와 피교정 게이지 블록의 측정면 그리고 아래쪽 프로브와 피교정 게이지 블록의 반대쪽 측정면 사이에서 발생되는 탄성 변형량을 나타낸다. 따라서 탄성 변형에 대한 보정값 l_{cd} 는 다음과 같다.

$$l_{cd} = (A_{ux} - A_{ur}) + (A_{lx} - A_{lr})$$

기준 게이지 블록과 피교정 게이지 블록의 재질이 같은 경우에는 보정이 필요 없으나, 본 예의 경우는 기준 게이지 블록과 피교정 게이지 블록의 재질이 다른 경우이므로 다음과 같이 보정해 주어야 한다. 측정에 사용한 비교기는 프로브가 위와 아래에 각각 한 개씩 있는 모델이라고 가정하자. 매뉴얼에 의하면 양쪽 프로브의 촉침은 다이아몬드이며, 그 곡률 반경은 3.2 mm이고, 측정력은 위쪽 프로브의 경우 85 gf이며, 아래쪽 프로브의 경우는 28 gf 이라고 하자. 단위는 N으로 환산해주어 계산한다.

☞ 여기서 r은 기준 게이지 블록의 재질을 나타내며, x는 피교정 게이지 블록의 재질을 나타내고, D는 다이아몬드를 의미한다. 위쪽 프로브를 의미하는 첨자로 u (upper의 약자)를, 아래쪽 프로브를 의미하는 첨자로 l (lower의 약자)을 사용하였다.

$$D_u = 6.4 \times 10^{-3}\,\mathrm{m}$$

$$D_l = 6.4 \times 10^{-3}\,\mathrm{m}$$

$$P_u = 0.085 \times 9.8\,\mathrm{N} = 0.83\,\mathrm{N}$$

$$P_l = 0.028 \times 9.8\,\mathrm{N} = 0.27\,\mathrm{N}$$

다이아몬드 포아송 비(S_d)와 영률(E_d)은 각각 다음과 같다.

$$S_d = 0.09 \qquad E_d = 12.6 \times 10^{11}\ \mathrm{N/m^2}$$

세라믹 재질의 기준 게이지 블록과 피교정 게이지 블록의 포아송 비(S_r)와 영률(E_r) 그리고 스틸 재질의 피교정 게이지 블록의 포아송 비(S_x)와 영률(E_x)은 아래 표를 참조하여 다음과 같이 산출한다.

$$S_r = 0.3 \qquad E_r = 2.06 \times 10^{11}\,\mathrm{N/m^2}$$

$$S_x = 0.3 \qquad E_x = 2.1 \times 10^{11}\,\mathrm{N/m^2}$$

〈주요 게이지 블록 및 다이아몬드의 물리 상수 비교〉

재질 \ 특성	열팽창계수	포아송 비 (Poisson's ratio)	영률 (Young's modulus)
스틸	11.5×10^{-6} /℃ (또는 11.0×10^{-6} /℃)	0.3	2.1×10^{11} N/m^2
텅스텐 카바이드	4.2×10^{-6} /℃	0.2	6.2×10^{11} N/m^2
크롬 카바이드	8.4×10^{-6} /℃	0.28	2.8×10^{11} N/m^2
세라믹	10.0×10^{-6} /℃ 또는 9.8×10^{-6} /℃	0.3	2.06 ×10^{11} N/m^2
다이아몬드	0.8×10^{-6} /℃	0.09	12.6×10^{11} N/m^2

따라서 탄성 변형 차에 대한 보정값 l_{cd}는

$$l_{cd} = (A_{ux} - A_{ur}) + (A_{lx} - A_{lr})$$

프로브의 촉침과 게이지 블록의 한 쪽 측정면에서의 탄성 변형에 대한 수식은, 촉침의 직경이 D_i, 측정력이 P_i 이고, 촉침과 게이지 블록의 재질을 각각 t 와 j 라고 표시하면 다음과 같다.

$$A_{ij} = \frac{P_i^{2/3}}{2}\left[\frac{(3\pi)^2}{D_i}\cdot\left(\frac{1-S_t^2}{\pi E_t}+\frac{1-S_j^2}{\pi E_j}\right)^2\right]^{1/3}$$

여기서 A와 D의 단위는 m이고 P의 단위는 N이다. E는 영률(Young's modulus)로서 단위는 $\mathrm{N/m^2}$이며, S는 포아송 비(Poisson's ratio)를 나타낸다.

$$A_{ur} = \frac{P_u^{2/3}}{2}\left[\frac{(3\pi)^2}{D_u}\left(\frac{1-S_d^2}{\pi E_d}+\frac{1-S_r^2}{\pi E_r}\right)^2\right]^{1/3} \qquad A_{ux} = \frac{P_u^{2/3}}{2}\left[\frac{(3\pi)^2}{D_u}\left(\frac{1-S_d^2}{\pi E_d}+\frac{1-S_x^2}{\pi E_x}\right)^2\right]^{1/3}$$

$$A_{lr} = \frac{P_l^{2/3}}{2}\left[\frac{(3\pi)^2}{D_l}\left(\frac{1-S_d^2}{\pi E_d}+\frac{1-S_r^2}{\pi E_r}\right)^2\right]^{1/3} \qquad A_{lx} = \frac{P_l^{2/3}}{2}\left[\frac{(3\pi)^2}{D_l}\left(\frac{1-S_d^2}{\pi E_d}+\frac{1-S_x^2}{\pi E_x}\right)^2\right]^{1/3}$$

D_u와 D_l은 각각 위쪽과 아래쪽 촉침의 직경을 나타내고, P_u와 P_l는 각각 위쪽과 아래쪽 프로브의 측정력을 나타낸다.

$$A_{ur} = \frac{0.83^{2/3}}{2}\left[\frac{(3\pi)^2}{6.4\times10^{-3}}\left(\frac{1-0.09^2}{\pi\times12.6\times10^{11}}+\frac{1-0.3^2}{\pi\times2.06\times10^{11}}\right)^2\right]^{1/3} = 1.48\times10^{-7}\ \mathrm{m}$$

$$A_{ux} = \frac{0.83^{2/3}}{2}\left[\frac{(3\pi)^2}{6.4\times10^{-3}}\left(\frac{1-0.09^2}{\pi\times12.6\times10^{11}}+\frac{1-0.3^2}{\pi\times2.1\times10^{11}}\right)^2\right]^{1/3} = 1.46\times10^{-7}\mathrm{m}$$

$$A_{lr} = \frac{0.27^{2/3}}{2}\left[\frac{(3\pi)^2}{6.4\times10^{-3}}\left(\frac{1-0.09^2}{\pi\times12.6\times10^{11}}+\frac{1-0.3^2}{\pi\times2.06\times10^{11}}\right)^2\right]^{1/3} = 0.7\times10^{-7}\mathrm{m}$$

$$A_{lx} = \frac{0.27^{2/3}}{2}\left[\frac{(3\pi)^2}{6.4\times10^{-3}}\left(\frac{1-0.09^2}{\pi\times12.6\times10^{11}}+\frac{1-0.3^2}{\pi\times2.1\times10^{11}}\right)^2\right]^{1/3} = 0.69\times10^{-7}\,\mathrm{m}$$

따라서

$$l_{cd} = (A_{ux} - A_{ur}) + (A_{lx} - A_{lr})$$

$$\therefore\ l_{cd} = (1.46\times10^{-7} - 1.48\times10^{-7}) + (0.69\times10^{-7} - 0.7\times10^{-7}) = -3.0\times10^{-9} = -3.0\,\mathrm{nm}$$

12.10 교정값 계산

피교정 게이지 블록의 길이 l_x 계산한다. 여기서 δl_{drift}, δl_C, δl_P는 기댓값이 0이므로 보정할 필요가 없고, 불확도 계산에서 추정한다.

$$l_x = l_r + \delta l_{drift} + d + \delta l_c + \delta l_P - (\overline{\alpha}\cdot\Delta t + \Delta\alpha\cdot\delta t)l_0 + l_{cd}$$

$$l_x \cong l_r + d - (\overline{\alpha}\cdot\Delta t + \Delta\alpha\cdot\delta t)l_0 + l_{cd}$$

$$\therefore\ l_x \cong l_r + d - (\overline{\alpha}\cdot\Delta t + \Delta\alpha\cdot\delta t)l_0 + l_{cd}$$

$$\cong 50.000\,01 + 0.000\,02 - 0.000\,075 - 0.000\,003 = 49.999\,952\ \mathrm{mm}$$

따라서 호칭치수로부터 벗어난 길이, 즉 편차를 E라고 하면 편차는 다음과 같이 산출된다.

$$E = l_x - l_0$$

$$= 49.999\,952 - 50 = -0.000\,048\,\mathrm{mm} = 0.048\ \mu\mathrm{m}$$

12.11 불확도 계산

본 예에서는 게이지 블록 50 mm에 대한 불확도 산출 과정을 자세히 설명하기로 한다.

12.11.1 합성표준불확도(u_c)의 수학적 모델

기본식 $l_x = l_r + \delta l_{drift} + d + \delta l_c + \delta l_P - (\overline{\alpha}\cdot\Delta t + \Delta\alpha\cdot\delta t)l_0 + l_{cd}$에 불확도 전파 법칙(Law of propagation of uncertainty)을 적용하여 각 요인들에 대한 불확도를 추정한다.

☞ 불확도 전파 법칙은 RSSM(Root Sum Squared Method)으로 이해한다.

$$l_x = l_r + \delta l_{drift} + d + \delta l_c + \delta l_P - (\overline{\alpha}\cdot\Delta t + \Delta\alpha\cdot\delta t)l_0 + l_{cd}$$

$$u_c^2(l_x) = c_{lr}^2u^2(l_r) + c_{\delta l_{drift}}^2u^2(\delta l_{drift}) + c_d^2u^2(d) + c_{\delta l_c}^2u^2(\delta l_c)$$

$$+ c_{\delta l_P}^2u^2(\delta l_P) + c_{\overline{\alpha}}^2u^2(\overline{\alpha}) + c_{\Delta t}^2u^2(\Delta t) + c_{\Delta\alpha}^2u^2(\Delta\alpha) + c_{\delta t}^2u^2(\delta t)$$

$$+ c^2(l_{cd})u^2(l_{cd}) + \text{고차항}$$

위의 식에서 각 요인에 감도 계수를 곱해주면 아래와 같이 정리된다.

$$\therefore\ u_c^2(l_x) = u^2(l_r) + u^2(\delta l_{drift}) + u^2(d) + u^2(\delta l_c) + u^2(\delta l_P) + (\Delta t \cdot l_0)^2 u^2(\overline{\alpha})$$
$$+ (\overline{\alpha} \cdot l_0)^2 u^2(\Delta t) + (\delta t \cdot l_0)^2 u^2(\Delta\alpha) + (\Delta\alpha \cdot l_0)^2 u^2(\delta t) + u^2(l_{cd})$$
$$+ \text{고차항}$$

12.11.2 기준 게이지 블록의 길이 $u(l_r)$

객관적 · 과학적인 정보를 근거로 하여 추정하는 방식인 B형 불확도로써 기준 게이지 블록의 교정성적서를 참조하여 불확도를 추정한다. 만일 성적서에 50mm 구간에서 편차가 +0.01 μm, 측정불확도 $U = \sqrt{50^2 + 1.0^2 \times l_0^2}$ nm (신뢰수준 약 95 %, k=2, l_0 의 단위는 mm)라고 명시되어 있다면 다음과 같이 불확도를 추정할 수 있다.

(1) 추정값 : 50.000 01 mm

성적서에 명시된 편차 +0.01 μm를 고려해 준다.

(2) 표준 불확도 : 35.355 nm [수식으로 표현하면 $u(l_r) = \sqrt{25^2 + 0.5^2 \times l_0^2}$ nm, (l_0 : mm)]

$$\frac{U}{k} = \frac{\sqrt{50^2 + 1.0^2 \times l_0^2}}{2} = \sqrt{25^2 + 0.5^2 \times l_0^2} = \sqrt{25^2 + 0.5^2 \times 50^2} = 35.355 \text{ nm} \quad (l_0 = \text{mm})$$

☞ 측정불확도 U를 k 값으로 나누어 산출한다.

(3) 확률분포 : 정규분포

교정기관에서 발급된 교정성적서를 충분히 신뢰할 만한 것으로 여기며, 신뢰수준 약 95 %와 k=2가 적용되었음을 알 수 있으므로 정규분포로 간주한다.

(4) 감도 계수 : 1

감도 계수는 수학적 모델에서 편미분하여 산출한다. ▸ $c_{lr} = \dfrac{\partial l_x}{\partial l_r} = 1$

(5) 불확도 기여도 : 35.355 nm [수식으로 표현하면 $U = \sqrt{25^2 + 0.5^2 \times l_0^2}$ nm, (l_0 : mm)]

감도 계수와 표준불확도의 곱으로 산출한다.

(6) 자유도 : ∞

B형 불확도의 자유도는

$$\frac{1}{2}\left(\frac{100}{R}\right)^2 = \frac{1}{2}\left(\frac{100}{100-\text{확신의 정도}}\right)^2$$

로 추정한다. 성적서에 근거한 표준불확도의 추정이 충분히 신뢰할 만하다고 볼 때 상대불확도 R = 0 %, 즉 100 % 확신의 정도를 적용할 수 있다.

$$\frac{1}{2}\left(\frac{100}{100-100}\right)^2 = 0 = \infty$$

12.11.3 기준 게이지 블록이 교정을 받은 후로 생긴 경년변화에 대한 길이 보정값 $u(\delta l_{drift})$

삼각형 확률분포에 대한 B형 평가로 하며, 반 너비는 과거의 교정성적서를 참조하여 평균 변동폭을 찾아 사용하면 된다. 과거의 데이터가 없는 경우에는 100 mm 이하의 교정의 경우, 45 nm에 교정 이후 경과년수를 곱하여 반 너비로 사용하거나, 국제규격에 제시된 허용값을 사용할 수도 있다. 만일 기준 게이지 블록의 과거의 성적서들을 비교하여본 결과, 평균 변동폭이 0.05 μm 이내였다면 다음과 같이 추정할 수 있다.

☞ 본 항은 그 효과가 미미한 경우가 많으므로 생략할 수 있다.

(1) 추정값 : 0 mm

경년변화에 대한 길이 보정값은 명확한 기댓값을 추정하기 어려우므로 0으로 둔다.

(2) 표준불확도 : 20 nm

과거의 데이터 기록 또는 국제규격에 제시된 허용값을 사용하여 추정한다. 본 예에서는 과거의 평균 변동폭이 0.05 μm 이내라는 것을 알고 있다는 전제하에 추정한다. 여기에 삼각형 확률분포를 적용하여 산출한다.

$$\frac{\text{전체 변동폭}}{2\sqrt{6}} = \frac{0.1}{2\sqrt{6}} = 0.02\,\mu\text{m}$$

(3) 확률분포 : 삼각형 확률분포

일반적으로 측정결과에 대하여 매우 미미한 정도로 산포, 즉 변동폭을 보이며, 중심경향을 띄는 것으로 추정될 경우 삼각형 확률분포를 적용한다. 반 너비, 즉 평균 변동폭에 $\sqrt{6}$ 으로 나누어 불확도를 추정한다.

(4) 감도 계수 : 1

감도 계수는 수학적 모델에서 편미분하여 산출한다. 수학적 모델에서 출력값에 여러 입력값들 중에서 δl_{drift} 값이 영향을 미치는 정도를 의미한다.

$$c_{\delta l_{drift}} = \frac{\partial l_x}{\partial \delta l_{drift}} = 1$$

(5) 불확도 기여도 : 20 nm

감도 계수와 표준불확도의 곱으로 산출한다.

(6) 자유도 : 12

자유도는 추정한 표준불확도에 대하여 80 % 확신의 정도를 지닌다면 상대불확도 R = 20 %로 다음과 같이 산출된다. 추정 결과값의 소수점 이하는 버림한다.

$$\frac{1}{2}\left(\frac{100}{100-80}\right)^2 = 12.5 = 12$$

12.11.4 비교기에 의해 측정된 피교정 게이지 블록과 기준 게이지 블록의 길이차 $u(d)$

반복 측정 횟수가 충분히 크지 않은 경우에는 우연효과가 과소 또는 과대평가될 위험이 있다. 본 예에서는 10회 반복 측정하였으므로 표준편차를 적용하면 된다. 만일 표준편차가 0이거나 반복 측정 횟수를 지나치게 작게 하여 측정한 경우는 합동실험표준편차(pooled standard deviation)를 반복 측정 횟수의 제곱근으로 나누어 구한다. 합동실험표준편차는 과거의 경험으로부터 계산된 값으로서 충분히 많은 반복측정 데이터에 대한 표준편차라고 할 수 있다.

▸ 합동실험표준편차로 추정하는 경우 예

예를 들어 3일에 걸쳐 각각 8회, 10회, 그리고 15회씩의 반복측정을 실시하였을 때 각각 표준편차와 자유도가 다음과 같다고 가정하여 산출하는 방법을 설명하겠다.

첫째 날($s_1 = 13\,\text{nm}$, $\nu_1 = 7$), 둘째 날($s_2 = 10\,\text{nm}$, $\nu_2 = 9$), 셋째 날($s_3 = 9\,\text{nm}$, $\nu_3 = 14$)

합동실험표준편차 s_P 는

$$s_P = \sqrt{\frac{7\times 13^2 + 9\times 10^2 + 14\times 9^2}{7+9+14}} = 10\,\text{nm}$$

즉, 표준편차를 10 nm로 적용하여 불확도를 추정한다.

(1) 추정값 : 0.02 μm

10회 반복 측정한 길이차의 평균값이 추정값이 된다.

(2) 표준불확도 : 9 nm

본 예제에서 10회 반복 측정한 결과에 대한 표준편차는 0.028 28 μm이므로 여기에 반복 측정한 횟수의 제곱근으로 나누어 추정한다(실습에서는 합동실험표준편차 대신 실제 본인의 표준편차를 적용하여 추정한다).

$$\frac{s}{\sqrt{\text{반복측정횟수}}} = \frac{0.028\ 28}{\sqrt{10}} = 0.008\ 9 \fallingdotseq 0.009\,\mu\text{m}$$

(3) 확률분포 : t – 분포

일반적으로 반복측정 횟수가 30회 이상이면 정규분포, 미만이면 t-분포로 간주한다.

(4) 감도 계수 : 1

감도 계수는 수학적 모델에서 편미분하여 산출한다. ▸ $c_d = \dfrac{\partial l_x}{\partial_d} = 1$

(5) 불확도 기여도 : 9 nm

감도 계수와 표준불확도의 곱으로 산출한다.

(6) 자유도 : 9

자유도는 n–1, 즉 (반복측정 횟수 – 1)로 산출한다. ▸ $v = 10 - 1$

12.11.5 비교기의 증폭률, 비선형성 및 분해능의 한계 등에 대한 보정값 $u(\delta l_C)$

비교기의 불확도에 의해 발생되는 불확도 성분으로서 비교기의 교정성적서를 참조하여 추정한다. 성적서에 측정불확도가 0.04 μm, 신뢰수준 약 95 %, k=2라고 되어 있다고 하면 다음과 같이 불확도를 추정할 수 있다.

(1) 추정값 : 0 mm

명확한 기댓값을 추정하기 어려우므로 0으로 둔다.

(2) 표준불확도 : 20 nm

측정불확도 U를 k 값으로 나누어 산출한다. ▶ $\dfrac{U}{k} = \dfrac{0.04}{2} = 0.02\,\mu\text{m}$

(3) 확률분포 : 정규분포

교정기관에서 발급된 교정성적서를 충분히 신뢰할 만한 것으로 여기며, 신뢰수준 약 95%와 k=2가 적용되었음을 알 수 있으므로 정규분포로 간주한다.

(4) 감도 계수 : 1

감도 계수는 수학적 모델에서 편미분하여 산출한다. ▶ $c_{\delta l_c} = \dfrac{\partial l_x}{\partial \delta l_c} = 1$

(5) 불확도 기여도 : 20 nm

감도 계수와 표준불확도의 곱으로 산출한다.

(6) 자유도 : ∞

B형 불확도의 자유도는

$$\frac{1}{2}\left(\frac{100}{R}\right)^2 = \frac{1}{2}\left(\frac{100}{100-\text{확신의 정도}}\right)^2$$

로 추정한다. 성적서에 근거한 표준불확도의 추정이 충분히 신뢰할 만하다고 볼 때 상대불확도 R = 0%, 즉 100% 확신의 정도를 적용할 수 있다.

$$\frac{1}{2}\left(\frac{100}{100-100}\right)^2 = 0 = \infty$$

12.11.6 촉침으로 정확한 중앙점을 읽지 못할 때 게이지 블록의 평행도에 의해 발생된 길이 편차에 대한 보정값 $u(\delta l_P)$

촉침이 게이지 블록 측정면의 중앙점을 정확히 접촉하지 않는 경우, 게이지 블록의 평행도가 0이 아니라면 중앙치수의 측정값에 편차 δl_P가 발생하게 된다. 이 영향에 의한 불확도는 δl_P를 반 너비로 가지는 직사각형 확률분포로부터 계산할 수 있다.

(1) 추정값 : 0 mm

명확한 기댓값을 추정하기 어려우므로 0으로 둔다.

(2) 표준 불확도 : 10 nm

촉침이 블록의 중앙점으로부터 반경 $\epsilon = 1$ mm 이내의 영역을 벗어나지 않는다고 가정하고, 평행도가 게이지 블록의 좁은 폭 $W = 9$ mm 방향을 따라 규격에서 허용되는 최대 평행도 값을 P라고 가정해보자(이것은 존재할 수 있는 최악의 상태를 가정한 것이다). 그러면 비례관계에 의해, 중앙치수의 불확도는

$$P \times \left(\frac{1 \text{ mm}}{9 \text{ mm}}\right) \times \frac{1}{\sqrt{3}} = 0.064P$$

가 된다. 그런데 게이지 블록의 비교교정에는 기준 및 피교정 게이지 블록을 각각 한 번씩 접촉하게 되므로

$$u(\delta l_P) = \sqrt{(0.064 P_{기준})^2 + (0.064 P_{피교정})^2}$$

와 같이 합성되며, KS 규격에서 호칭치수가 100 mm 이하인 00급 및 0급의 게이지 블록의 평행도 허용범위는 각각 0.08, 0.14 μm 이므로(ISO 규격의 경우에는 K급과 0급이 각각 70 nm, 120 nm), 00급인 기준 게이지 블록을 사용하여 0급인 피교정 게이지 블록을 측정할 때는

$$\begin{aligned} u(\delta l_P) &= \sqrt{(0.064 P_{기준})^2 + (0.064 P_{피교정})^2} \\ &= \sqrt{(0.064 \times 0.08)^2 + (0.064 \times 0.14)^2} \\ &= \sqrt{(0.005)^2 + (0.009)^2} \\ &= 0.01\ \mu\text{m} \end{aligned}$$

(3) 확률분포 : 직사각형

관련 정보를 바탕으로 추정되었으므로 직사각 분포로 볼 수 있다.

(4) 감도 계수 : 1

감도 계수는 수학적 모델에서 편미분하여 산출한다. ▸ $c_{\delta l_P} = \dfrac{\partial l_x}{\partial \delta l_P} = 1$

(5) 불확도 기여도 : 10 nm

감도 계수와 표준불확도의 곱으로 산출한다.

(6) 자유도 : 17

촉침이 블록의 중앙점으로부터 반경 $\epsilon = 1$ mm 이내의 영역을 벗어나지 않는다고 가정하고 불확도를 추정하였다. 만일 이 가정에 대해서 확신의 정도가 80%라면 상대불확도 20 %를 적용하여 자유도 12로 산출된다. 이 자유도를 기준과 피교정 게이지 블록의 평행도에 동일하게 적용하면 다음과 같이 합성하여 자유도를 추정할 수 있다.

$$\nu(\delta l_P) = \frac{(10\ \mathrm{nm})^4}{\dfrac{(5\ \mathrm{nm})^4}{12} + \dfrac{(9\ \mathrm{nm})^4}{12}} = 17$$

12.11.7 두 게이지 블록의 열팽창계수의 평균값 $u(\overline{\alpha})$

세라믹 재질의 기준 게이지 블록(α_r)과 스틸 재질의 피교정 게이지 블록(α_x)의 열팽창계수의 평균값에 대한 불확도 성분이다.

(1) 추정값 : 10.75 X 10^{-6}/℃

세라믹과 스틸의 평균 열팽창계수값을 구한다.

$$\overline{\alpha} = \frac{\alpha_r + \alpha_x}{2} = \frac{10.0 \times 10^{-6}/℃ + 11.5 \times 10^{-6}/℃}{2} = 10.75 \times 10^{-6}/℃$$

(2) 표준불확도 : 0.41 X 10^{-6}/℃

B형 불확도의 표준 불확도는 확률분포를 적용하여 추정한다. 확률분포의 종류에는 정규, 직사각, 삼각, 사다리꼴, U자 등이 있다. 직사각 확률분포는 다른 말로 균등분포라고도 한다. 이것은 추정 대상의 확률분포가 전 구간에 걸쳐 동등한 확률로 영향이 미치고 있다고 판단될 때 적용한다. 가장 대표적인 예로, 분해능과 같이 어느 부분을 읽는다고 해도 잘못 읽을 확률은 동등하게 발생할 수 있다고 보고 적용하는 것이다. 이뿐 아니라 주어진 정보를 활용하거나 또는 어떤

확률분포인지 모호하거나 알 수 없는 경우 모두 직사각형 확률분포로 간주한다. 추정 방법은 반너비, 즉 평균 변동폭에 $\sqrt{3}$ 으로 나눈 값으로 산출한다. 여기서 $\overline{\alpha}=(\alpha_r+\alpha_x)/2$ 이므로 불확도 전파법칙에 의하여 수식을 변형시켜 계산한다.

$$u^2(\overline{\alpha}) = \frac{1}{4}u^2(\alpha_r) + \frac{1}{4}u^2(\alpha_x)$$

여기에 기준 게이지 블록과 피교정 게이지 블록의 제작회사로부터 얻은 자료(사양, 관련 정보 등)의 자료에서 참조한 열팽창계수의 오차 범위의 값을 적용한다. 예를 들어 제조사의 사양서에 있는 열팽창계수 오차 범위의 값을 각각 $\pm 1.0\times10^{-6}/℃$ 라고 가정한다면, $u(\alpha_r)=u(\alpha_x)=\pm 1.0\times10^{-6}/℃$ 에 직사각형 확률분포를 적용하여

$$u(\alpha_r) = u(\alpha_x) = \frac{1.0\times10^{-6}/℃}{\sqrt{3}} = 0.000\,000\,577\,℃ \fallingdotseq 0.58\times10^{-6}/℃$$

가 된다. 따라서

$$u^2(\overline{\alpha}) = \frac{1}{4}u^2(\alpha_r) + \frac{1}{4}u^2(\alpha_x) = \frac{1}{4}u^2(0.58\times10^{-6}/℃) + \frac{1}{4}u^2(0.58\times10^{-6}/℃)$$

$$\therefore u(\overline{\alpha}) = \sqrt{\frac{1}{4}u^2(0.58\times10^{-6}/℃) + \frac{1}{4}u^2(0.58\times10^{-6}/℃)}$$

$$= 0.000\,000\,41 = 0.41\times10^{-6}/℃$$

(3) 확률분포 : 직사각형

B형 불확도의 추정방법은 주로 정보를 근거로 하여 추정하기 때문에 직사각형 확률분포가 가장 많다. 본 예제에서도 제조사로부터 확보한 정보, 즉 불확도 값을 이용하여 추정하므로 직사각형 확률분포로 간주한 것이다.

(4) 감도 계수 : 0

감도 계수는 수학적 모델에서 편미분하여 산출한다.

$$c_{\overline{\alpha}} = \frac{\partial l_x}{\partial \overline{\alpha}} = -\Delta t \cdot l_0 = -0℃ \cdot 50\text{ mm} = 0$$

(5) 불확도 기여도 : 0

감도 계수와 표준불확도의 곱으로 산출한다. ▶ $-0.41\times10^{-6}/℃\times0$

(6) 자유도 : 100

예를 들어 추정한 표준불확도의 성분, 즉 기준 게이지 블록의 불확도와 피교정 게이지 블록의 성분에 대해 각각 90 % 확신의 정도를 부여한다면 상대불확도 R = 10 %로

$$\frac{1}{2}\left(\frac{100}{R}\right)^2 = \frac{1}{2}\left(\frac{100}{100-90}\right)^2 = 50$$

이다. 그러므로 두 성분에 대한 자유도의 유효자유도를 구한다.

$$\nu(\overline{\alpha}) = \frac{u^4(\overline{\alpha})}{\dfrac{\left\{\dfrac{1}{4}u^2(\alpha_r)\right\}^2}{50} + \dfrac{\left\{\dfrac{1}{4}u^2(\alpha_r)\right\}^2}{50}}$$

$$= \frac{(0.41\times10^{-6}\ /℃)^4}{\dfrac{\left\{\dfrac{1}{4}\left(\dfrac{1.0\times10^{-6}\ /℃}{\sqrt{3}}\right)^2\right\}^2}{50} + \dfrac{\left\{\dfrac{1}{4}\left(\dfrac{1.0\times10^{-6}\ /℃}{\sqrt{3}}\right)^2\right\}^2}{50}} = 100$$

12.11.8 두 게이지 블록의 열팽창계수의 차이 $u(\Delta\alpha)$

세라믹 재질의 기준 게이지 블록(α_r)과 스틸 재질의 피교정 게이지 블록(α_x)의 열팽창계수의 차이에 의한 불확도 성분이다.

(1) 추정값 : 1.5 X 10^{-6}/℃

열팽창계수의 차이를 계산한다.

$$\Delta\alpha = \alpha_x - \alpha_r = 11.5\times10^{-6}/℃ - 10.0\times10^{-6}/℃ = 1.5\times10^{-6}/℃$$

(2) 표준불확도 : 0.82 X 10^{-6}/℃

$\Delta\alpha = (\alpha_x - \alpha_r)$이므로 불확도 전파법칙에 의해 $u^2(\Delta\alpha) = u^2(\alpha_x) + u^2(\alpha_r)$가 된다. 즉,

$$u(\Delta\alpha) = \sqrt{u^2(\alpha_x) + u^2(\alpha_r)}$$

로 산출한다. 만일 제조사로부터 얻은 기준 게이지 블록과 피교정 게이지 블록의 열팽창계수에 대한 오차 범위가 $\pm1.0\times10^{-6}/℃$라고 한다면, 이것은 정보에 근거한 것이므로 직사각 확률분포를 적용하여 $u(\Delta\alpha)$의 식에 대입하여 구하면 된다. 즉,

$$u(\alpha_r) = u(\alpha_x) = \frac{1.0\times10^{-6}/℃}{\sqrt{3}} = 0.000\,000\,577\,℃ \fallingdotseq 0.58\times10^{-6}/℃$$

을 $u(\Delta\alpha)$의 식에 대입한다.

$$\therefore\ u(\Delta\alpha) = \sqrt{u^2(\alpha_x) + u^2(\alpha_r)} = \sqrt{u^2(0.58\times10^{-6}/℃) + u^2(0.58\times10^{-6}/℃)}$$
$$= 0.82\times10^{-6}/℃$$

(3) 확률분포 : 직사각형

제조사로부터 확보한 정보에 근거하여 추정했으므로 직사각형 확률분포로 간주할 수 있다.

(4) 감도 계수 : −25 mm ℃ [수식 표현으로 − 0.5 ℃ · l_0]

감도 계수는 수학적 모델에서 편미분하여 산출한다.

$$c_{\Delta\alpha} = \frac{\partial l_x}{\partial \Delta\alpha} = -\delta t\cdot l_0 = -0.5℃\times 50\ \mathrm{mm} = -25\,\mathrm{mm}\ ℃$$

(5) 불확도 기여도 : −20.5 nm [수식 표현으로 $-0.41\times10^{-6}\cdot l_0$]

감도 계수와 표준불확도의 곱으로 산출한다.

$$-25\,\mathrm{mm}℃\times0.82\times10^{-6}/℃ = -20.5\,\mathrm{nm}$$

(6) 자유도 : ∞

예를 들어 추정한 표준불확도의 성분, 즉 기준 게이지 블록의 불확도와 피교정 게이지 블록의 성분에 대해 각각 100 % 확신의 정도를 부여한다면 상대불확도 R=0 %로

$$\frac{1}{2}\left(\frac{100}{R}\right)^2 = \frac{1}{2}\left(\frac{100}{100-100}\right)^2 = 0 = \infty$$

이다. 그러므로 두 성분에 대한 자유도의 유효자유도 또한 ∞로 추정된다.

12.11.9 두 게이지 블록의 온도차 $u(\Delta t)$

충분한 열평형 상태가 이루어졌다고 하더라도 측정 데이터를 확보하는 과정 중에 체온이나 그 밖의 어떠한 원인으로 인한 온도 드리프트가 발생하여 영향을 줄 수 있다. 또는 과거의 경험상 몇 ℃ 이내에서 상호간에 일치하는 것을 적용할 수 있다. 예를 들어 직접 측정은 하지 않더라도 경험적으로 ±0.05 ℃ 이내로는 일치할 것으로 추정한다면 다음과 같이 불확도를 추정할 수 있다.

(1) 추정값 : 0 ℃

동일 장소에 일정 시간 두게 되면 열평형이 이루어지기 때문에 온도는 차이가 없는 것으로 간주하여 기댓값을 0으로 본다.

(2) 표준불확도 : 0.03 ℃

과거의 경험상 ±0.05 ℃ 이내에서 상호간 열평형이 이루어진 것을 알고 있다면 여기에 직사각형 확률분포를 적용하여 평균 변동량, 즉 0.05 ℃를 $\sqrt{3}$으로 나누어 산출한다.

$$\frac{\pm 0.05\ ℃}{2\sqrt{3}} = \frac{0.05\ ℃}{\sqrt{3}} = 0.029\ ℃$$

(3) 확률분포 : 직사각형

온도 변화가 어느 일정 구간에서만 ±0.05 ℃의 변화를 보인 것이 아닌 균등하게 어느 측정 환경에서도 동일한 확률분포로 변화가 일어났을 것으로 간주하여 추정한 것이다.

(4) 감도 계수 : −537.5 nm/℃ [수식 표현으로 $(-10.75 \cdot l_0 \mathrm{nm}/℃)$ $(l_0 : \mathrm{mm})$]

감도 계수는 수학적 모델에서 편미분하여 산출한다.

$$c_{\Delta t} = \frac{\partial l_x}{\partial \Delta t} = -\overline{\alpha} \cdot l_0 = -10.75 \times 10^{-6}/℃ \times 50\,\mathrm{mm} = -537.5\,\mathrm{nm}/℃$$

(5) 불확도 기여도 : −16 nm [수식 표현으로 $-0.32 \times l_0 \mathrm{nm}$ $(l_0 : \mathrm{mm})$]

감도 계수와 표준불확도의 곱으로 산출한다.

$$-0.54\,\mathrm{um}/℃ \times 0.03\,℃ = -16.2\,\mathrm{nm}$$

또는 $-10.75 \times 10^{-6}/℃ \times 0.03\,℃ \times l_0 = -0.32 \times 10^{-6} \times l_0$

(6) 자유도 : 12

예를 들어 추정한 표준불확도의 값에 대해 80 % 확신한다고 가정하면 다음과 같다.

$$\frac{1}{2}\left(\frac{100}{R}\right)^2 = \frac{1}{2}\left(\frac{100}{100-80}\right)^2 = 12.5 = 12$$

12.11.10 두 게이지 블록의 평균 온도값과 기준온도 20 ℃와의 차이 $u(\delta t)$

직접 게이지 블록의 온도를 측정하지 않고 게이지 블록이 놓여있던 정반에 올려놓은 다른 게이지 블록(dummy gauge block)의 온도를 측정하므로,

$$\delta t = (t_r + t_x)/2 - 20℃ = t_{dummy} - 20℃$$

가 된다. 그런데 측정 과정 중 온도의 drift가 있을 수 있으며 (δt_{drift}), 또한 dummy 블록의 온도와 두 게이지 블록의 온도에 차이가 있을 수 있으므로 (δt_{Δ}), 이들까지 고려하면 δt는 다음과 같이 산출되며 이 식에 불확도 전파 법칙을 적용하여 불확도를 추정한다.

$$\delta t = t_{dummy} - 20℃ + \delta t_{drift} + \delta t_{\Delta}$$

$$\therefore\ u^2(\delta t) = u^2(t_{dummy}) + u^2(\delta t_{drift}) + u^2(\delta t_{\Delta})^2$$

12.11.10.1 정반에 올려놓은 다른 게이지 블록(dummy gauge block)의 온도 $u(t_{dummy})$

온도계의 교정 불확도가 성적서에 0.1 ℃(신뢰수준 약 95 %, $k = 2$)라고 되어 있다면 다음과 같이 불확도를 추정할 수 있다.

$$u(t_{dummy}) = U/k = (0.1\ ℃)/2 = 0.05\ ℃$$

이고 자유도는 추정한 불확도에 대해 충분히 확신한다는 가정 하에 상대불확도 R = 0 %를 적용하여 ∞로 추정할 수 있다.

12.11.10.2 측정 과정 중 온도의 drift (δt_{drift})

측정 과정 중의 온도 drift가 과거의 측정 경험의 결과에 의해 ±0.05 ℃를 초과하지 않는다고 하면 $u(\delta t_{drift}) = (0.05\ ℃)/\sqrt{3} = 0.03\ ℃$ 이며, 이에 대한 상대불확도 20 %를 적용하여 자유도는 다음과 같다.

$$\nu(\delta t_{drift}) = \frac{1}{2}\left(\frac{100}{20}\right)^2 = 12$$

12.11.10.3 Dummy 블록의 온도와 두 게이지 블록의 온도에 차이 (δt_{Δ})

Dummy 블록과 두 게이지 블록의 온도차는 과거의 측정 경험상 ±0.05 ℃이내에서 일치한다고 하면, $u(\delta t_{\Delta}) = (0.05\ ℃)/\sqrt{3} = 0.03\ ℃$로 불확도를 추정할 수 있으며, 이에 대한 상대불확도를 20 % 적용하여 자유도

$$\nu(\delta t_{\Delta}) = \frac{1}{2}\left(\frac{100}{20}\right)^2 = 12$$

가 된다. 그러므로 이 세 가지 $u(t_{dummy},\ \delta t_{drift},\ \delta t_{\Delta})$ 불확도 요인들을 고려하여 두 게이지 블록의 평균 온도 값과 기준온도 20 ℃와의 차이 $u(\delta t)$의 불확도를 추정한다.

(1) 추정값 : 1.0 ℃

교정이 이루어지는 동안 충분한 열평형 상태이며 기준 게이지 블록과 피교정 게이지 블록의 온도는 각각 21.0 ℃였으므로 추정값은 1.0 ℃가 된다.

$$\delta t = (t_x + t_r)/2 - 20℃ = (21.0℃ + 21.0℃)/2 - 20℃ = 1.0℃$$

(2) 표준불확도 : 0.07 ℃

세 가지 $u(t_{dummy},\ \delta t_{drift},\ \delta t_{\Delta})$ 불확도 요인들을 고려하여 합성표준불확도를 구하면 이것이 표준불확도가 된다.

$$u(\delta t) = \sqrt{0.05^2 + 0.03^2 + 0.03^2} = 0.07℃$$

(3) 확률분포 : 정규분포

추정한 자유도가 177로 충분하므로 정규분포로 간주한다.

(4) 감도 계수 : − 75 nm/℃ [수식으로 표현하면 $-1.5 \times l_0\,\text{nm}/℃$ (l_0 : mm)]

감도 계수는 수학적 모델에서 편미분하여 산출한다.

$$c_{\delta t} = \frac{\partial l_x}{\partial \delta t} = -\Delta\alpha \cdot l_0 = -\Delta\alpha \cdot l_0$$

$$= -1.5 \times 10^{-6}/℃ \times 50\,\text{mm} = -75\,\text{nm}/℃$$

(5) 불확도 기여도 : − 5.3 nm [수식으로 표현하면 $0.1 \times l_0\,\text{nm}$ (l_0 : mm)]

감도 계수와 표준 불확도의 곱으로 산출한다.

(6) 자유도 : 177

세 가지 $u(t_{dummy},\ \delta t_{drift},\ \delta t_{\Delta})$ 불확도 요인의 자유도는 Welch-Satterthwaite 공식에 의해 유효자유도를 추정한다.

$$\nu(\delta t) = \frac{u^4(\delta t)}{\dfrac{u^4(t_{dummy})}{\infty} + \dfrac{u^4(\delta t_{drift})}{12} + \dfrac{u^4(\delta t_{\Delta})}{12}} = \frac{0.07^4}{\dfrac{0.05^4}{\infty} + \dfrac{0.03^4}{12} + \dfrac{0.03^4}{12}} = 177$$

12.11.11 피교정 게이지 블록과 기준 게이지 블록의 재질 차에 따른 탄성변형 차에 대한 보정값 $u(l_{cd})$

l_{cd}는 탄성변형 차이에 대한 보정함으로써 이 항의 불확도는 표현은 복잡하고 작으므로 여기서는 자세히 기술하지 않도록 하겠으나, 통상적인 경우 불확도의 값은 5 nm 정도가 된다. 자유도는 상대불확도가 30 %라고 하면 다음과 같이 산출된다.

$$\nu(l_{cd}) = \frac{1}{2}\left(\frac{100}{30}\right)^2 = 5$$

(1) 추정값 : 0

측정결과에 영향을 미친 정도는 사실상 기댓값을 추정하기 어려우므로 0으로 둔다.

(2) 표준불확도 : 5 nm

통상적인 불확도 값이 5 nm로 이 값을 그대로 적용한다.

(3) 확률분포 : 직사각형

관련 정보를 바탕으로 추정한 값으로서 직사각형 분포로 간주한다.

(4) 감도 계수 : 1

감도 계수는 편미분하여 산출한다. ▶ $c_{l_{cd}} = \frac{\partial l_x}{\partial l_{cd}} = 1$

(5) 불확도 기여도 : 5 nm

감도 계수와 표준불확도의 곱으로 산출한다.

(6) 자유도 : 5

추정한 표준불확도의 값에 대해 확신의 정도가 크지 않으므로 상대불확도 30 %를 적용하면 다음과 같이 산출된다.

$$\frac{1}{2}\left(\frac{100}{R}\right)^2 = \frac{1}{2}\left(\frac{100}{100-70}\right)^2 = 5.5 = 5$$

12.11.12 합성표준불확도 $u_c(l_x)$

합성표준불확도는 수학적 모델에 속한 각각의 불확도 요인에 대한 추정값들을 하나로 합성한다.

$$u_c^2(l_x) = u^2(l_r) + u^2(\delta l_{drift}) + u^2(d) + u^2(\delta l_c) + u^2(\delta l_P) + (\Delta t \cdot l_0)^2 u^2(\overline{\alpha})$$

$$+ (\overline{\alpha} \cdot l_0)^2 u^2(\Delta t) + (\delta t \cdot l_0)^2 u^2(\Delta\alpha) + (\Delta\alpha \cdot l_0)^2 u^2(\delta t) + u^2(l_{cd})$$

$$\therefore\ u_c(l_x) = (u^2(l_r) + u^2(\delta l_{drift}) + u^2(d) + u^2(\delta l_c) + u^2(\delta l_P) + (\Delta t \cdot l_0)^2 u^2(\overline{\alpha})$$

$$+ (\overline{\alpha} \cdot l_0)^2 u^2(\Delta t) + (\delta t \cdot l_0)^2 u^2(\Delta\alpha) + (\Delta\alpha \cdot l_0)^2 u^2(\delta t) + u^2(l_{cd}))^{1/2}$$

$$= ((35.355\ nm)^2 + (20\ nm)^2 + (9\ nm)^2 + (20\ nm)^2 + (10\ nm)^2$$

$$+ (0)^2 + (-20.5\ nm)^2 + (-16\ nm)^2 + (-5.3\ nm)^2 + (5\ nm)^2)^{1/2}$$

$$= 54.4\ nm\ (= \sqrt{40.385^2 + (0.728 \times l_0)^2}\ )\ nm$$

12.11.13 유효자유도 ν_{eff}

Welch-Satterthwaite 공식으로부터 유효자유도 ν_{eff}를 추정한다.

$$\nu_{eff} = \frac{u_c^4(l_x)}{\sum_{i=1}^{N} \frac{[c_i u(x_i)]^4}{\nu_i}} = \frac{u_c^4(l_x)}{\sum_{i=1}^{10} \frac{[c_i u(x_i)]^4}{\nu_i}}$$

$$= \frac{(54.4)^4}{\frac{(35.355)^4}{\infty} + \frac{(20)^4}{12} + \frac{(9)^4}{9} + \frac{(20)^4}{\infty} + \frac{(10)^4}{17} + \frac{(0)^4}{100} + \frac{(-20.5)^4}{\infty} + \frac{(-16)^4}{12} + \frac{(-5.3)^4}{177} + \frac{(5)^4}{5}}$$

$$= 432.6 = 432$$

☞ 수학적 모델에 속한 각각의 표준불확도 요인들에 대한 자유도를 앞에서 산출했다. 이것을 하나의 자유도로 산출함으로써 이 크기에 따라 추정한 합성표준불확도가 얼마나 타당성이 있는지를 나타낸다. 일반적으로 통계학에서는 자유도가 30 이상이면 정규분포의 형태를 지닌다고 가정하여 신뢰구간을 부여하나 교정분야에서는 자유도가 10 이상이면 충분한 것으로 간주한다.

12.11.14 불확도 종괄표(Uncertainty budget)

<table>
<tr><th colspan="2">입력량 (Xi)</th><th colspan="2">추정값 (xi)</th><th>표준 불확도 u(xi)</th><th>확률 분포</th><th>감도 계수 (ci)</th><th>|불확도 기여량| ui(y)</th><th>자유도 ν</th></tr>
<tr><td colspan="2">l_r</td><td colspan="2">50.000 01 mm</td><td>35.355 nm ($\sqrt{25^2+(0.5\times l_0)^2}$ nm (l_0 : mm))</td><td>정규</td><td>1</td><td>35.355 nm ($\sqrt{25^2+(0.5\times l_0)^2}$ nm (l_0 : mm))</td><td>∞</td></tr>
<tr><td colspan="2">δl_{drift}</td><td colspan="2">0 mm</td><td>20 nm</td><td>삼각</td><td>1</td><td>20 nm</td><td>12</td></tr>
<tr><td colspan="2">d</td><td colspan="2">0.000 02 mm</td><td>9 nm</td><td>t</td><td>1</td><td>9 nm</td><td>9</td></tr>
<tr><td colspan="2">δl_C</td><td colspan="2">0 mm</td><td>20 nm</td><td>정규</td><td>1</td><td>20 nm</td><td>∞</td></tr>
<tr><td colspan="2">δl_P</td><td colspan="2">0 mm</td><td>10 nm</td><td>직사각</td><td>1</td><td>10 nm</td><td>17</td></tr>
<tr><td colspan="2">$\overline{\alpha}$</td><td rowspan="4">-75 nm</td><td>10.75×10^{-6}/℃</td><td>0.41×10^{-6}/℃</td><td>직사각</td><td>0</td><td>0</td><td>100</td></tr>
<tr><td colspan="2">$\Delta\alpha$</td><td>1.5×10^{-6} /℃</td><td>0.82×10^{-6}/℃</td><td>직사각</td><td>-25 mm · ℃ ($-0.5\cdot l_0$℃) (l_0 : mm)</td><td>-20.5 nm ($-0.41\cdot l_0$ nm) (l_0 : mm)</td><td>∞</td></tr>
<tr><td colspan="2">Δt</td><td>0 ℃</td><td>0.03 ℃</td><td>직사각</td><td>-537.5 nm ($-10.75\cdot l_0$ nm/℃) (l_0 : mm)</td><td>-16 nm ($-0.32\cdot l_0$ nm) (l_0 : mm)</td><td>12</td></tr>
<tr><td colspan="2">δt</td><td>1.0 ℃</td><td>0.07 ℃</td><td>정규</td><td>-75 nm/℃ ($-1.5\cdot l_0$ nm/℃) (l_0 : mm)</td><td>-5.3 nm ($-0.1\cdot l_0$ nm) (l_0 = mm)</td><td>177</td></tr>
<tr><td rowspan="3">δt</td><td>t_{dummy}</td><td colspan="2">–</td><td>0.05 ℃</td><td>정규</td><td>1</td><td>–</td><td>∞</td></tr>
<tr><td>δt_{drift}</td><td colspan="2">–</td><td>0.03 ℃</td><td>직사각</td><td>1</td><td>–</td><td>12</td></tr>
<tr><td>δt_{Δ}</td><td colspan="2">–</td><td>0.03 ℃</td><td>직사각</td><td>1</td><td>–</td><td>12</td></tr>
<tr><td colspan="2">l_{cd}</td><td colspan="2">-3.0 nm</td><td>5 nm</td><td>직사각</td><td>1</td><td>5 nm</td><td>5</td></tr>
<tr><td colspan="2">l_x</td><td colspan="2">49.999 952 mm</td><td colspan="3">–</td><td>u_c = 54.4 nm ($\sqrt{40.385^2+(0.728\times l_0)}$ nm (l_0 : mm))</td><td>ν_{eff} = 432</td></tr>
</table>

12.11.15 확장불확도(Expanded uncertainty) U

유효자유도의 크기가 10 이상으로 충분히 크므로 정규분포로 간주하고 신뢰수준 약 95.45%, k=2를 적용하여 확장불확도를 추정한다(KOLAS-G-002 측정결과의 불확도 추정 및 표현을 위한 지침).

$$U = k\times u_c(l_x) = 2\times 54.4 = 108.8\ \text{nm} \fallingdotseq 0.1\,\mu\text{m} \qquad (\text{신뢰수준 약 } 95\,\%,\ k=2)$$

또는 수식 표현으로

$$U = \sqrt{80.77^2 + (1.456 \times l_0)^2}\ nm\ (l_0 : \mathrm{mm}) \quad \text{(신뢰수준 약 95 %, k=2)}$$

확장불확도는 유효자리수 1개 또는 2개로 표현한다.

12.11.16 결과 보고

수학적 모델에서 추정한 피교정 게이지 블록의 길이 l_x는 49.999 952 mm이며, 이에 대한 측정불확도는 신뢰수준 약 95.45 %에서 k=2를 적용하여 약 0.1 μm로 추정되었다. 이것을 다음과 같이 표현한다.

$$l_x = 49.999\,952\ \mathrm{mm} \pm 0.1\ \mu\mathrm{m} \quad \text{(신뢰수준 약 95 %, } k\text{=2)}$$

교정성적서

교정기관명 : Tel. Fax.	성적서번호 : 페이지 (1)/(총 2)	KOREA LABORATORY ACCREDITATION SCHEME KOLAS CALIBRATION NO

1. 의 뢰 자
   기 관 명 :
   주 소 :
2. 측 정 기
   기 기 명 : 게이지 블록
   제작회사 및 형식 :
   기기번호 :
3. 교정일자 :
4. 교정환경 : 온 도 : (±)℃ 상대습도 : (±) % R.H.
   교정장소 : □ 고정표준실 □ 이동교정 □ 현장교정
5. 측정표준의 소급성
   위의 기기는 한국계량측정협회에서 발행된 '게이지 블록 비교교정의 표준교정절차(KASTO 03-01-1032-002)'에 따라 국가측정표준기관으로부터 측정의 소급성이 확보된 아래 표준 장비를 이용하여 비교교정 되었다.

▸ 교정에 사용한 표준장비 명세

사용장비명	제작자 및 형식	기기번호	교정 유효일자	교정기관
게이지 블록 비교기				
게이지 블록				
표면 온도계				

6. 교정결과 : 교정결과 참조
7. 측정불확도 : 교정결과 참조

확 인	작성자 성 명 (서 명)	승인자 직 위 : (기술책임자) 성 명 : (서 명)

위 성적서는 국제시험기관인정협력체(International Laboratory Accreditation Cooperation) 상호인정협정(Mutual Recognition Arrangement)에 서명한 한국인정기구(KOLAS)로부터 공인받은 분야의 교정결과입니다.

20 . . .

한국인정기구 인정 ○○교정기관장 (인)

(주) 이 성적서는 측정기의 정밀정확도에 영향을 미치는 요소(과부하, 온도, 습도 등)의 급격한 변화가 발생한 경우에는 무효가 됩니다.

교 정 결 과	성적서번호 : 페이지 (2)/(총 2)	KOLAS

1. 교정결과

교정항목	결과
1. 중앙치수	
2. 평면도	
3. 평행도	
4. 측정불확도	

2. 측정불확도 U :

(신뢰수준 : , k=)

끝

CHAPTER 3

계측기기 표준교정절차 해설 (역학량 분야 계측기 교정 실무과정)

1. 분동
2. 전기식 지시저울
3. 전기식 힘 측정기
4. 토크렌치
5. 게이지압용 압력계
6. 전자기 유량계
7. 디지털 온도계

1 분동

1.1 교정대상기기의 교정 항목, 측정 범위 및 교정 방법

교정 항목	측정 범위	교정 방법(교정기기)
분동의 질량	–	시험 분동보다 한 단계 위의 표준분동과 적절한 저울 및 질량비교기로 비교 측정

1.2 필요장비 명세 및 최저요구성능

표준 장비 및 부대장비	수량	최저요구성능
표준 분동	1 set	각 교정대상 분동의 등급보다 한 단계 상위 표준 분동과 적합한 저울 또는 질량비교기
저울 또는 질량비교기	1 set	
온도계	1대	최소눈금 : 0.1 ℃
습도계	1대	최소눈금 : 1 % R.H.
압력계	1대	최소눈금 : 200 Pa
무진동 실험대	–	진동전달이 없고 견고성을 갖춘 사양

1.3 교정 준비 및 절차

(1) 표준교정절차서를 숙독한다.

(2) 교정대상(시험분동)에 대한 이력을 확인하고 관련 정보를 확보한다.
(과거 성적서, 등급, 재질, 부피, 밀도 및 제조사의 제공 자료 등)

(3) 시험분동의 외관상태를 파악한다(긁힘, 상처, 오염 등).

(4) 시험분동의 등급을 확인 후 상위 표준분동을 선정한다.

(5) 표준분동과 시험분동을 깨끗하게 한 후 열평형이 시킨다.

(6) 사용할 저울이 안정되도록 안정화시간(warming up time)을 갖도록 한다.
(제조사의 권장 시간 또는 최소 약 30분)

(a) 표준분동 측정

(b) 시험분동 측정

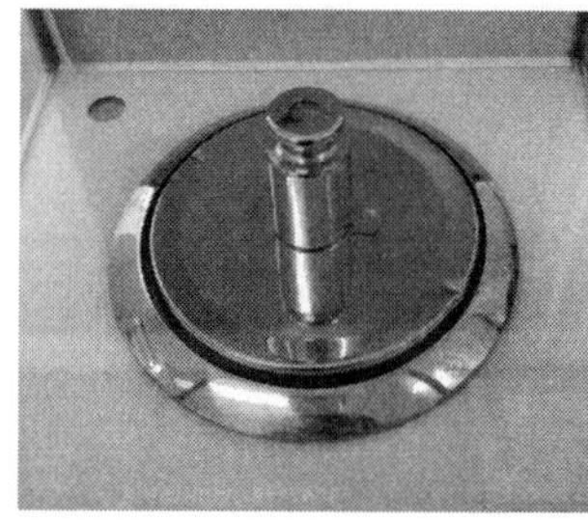

(c) 시험분동 및 감도분동 측정

[그림 1.1] 겉보기 질량 측정(100 g)

1.4 교정데이터 처리

1) 측정환경

시간	온도 (℃)	기압(Pa)	습도 (% R.H.)
시작 : 13:00 완료 : 15:00 시간 : 120분	최저 : 23.9 최고 : 24.2 평균 : 24.05	최저 : 100 570 최고 : 100 580 평균 : 100 575	최저 : 61 최고 : 62 평균 : 61.5

2) 분동 식별 표기

구분	등급	참질량(g)	상용질량(g)	밀도(g/cm^3)	불확도 U (mg) k=2
표준분동 S	F1급	99.999 96	99.999 96	8.0	0.044
시험분동 T	M1급	100.010 91	?	7.9	?
감도분동 Δms	F1급	0.500 20	0.500 00	8.1	0.002

3) 분동 교정 기록지(100g)

(단위 : g)

S(=표준 분동)	T(=시험 분동)	X_k = S−T (지시값의 차이)
O_1 = 99.9984		
	O_2 = 100.0092	X_1 = −0.0108
O_3 = 99.9984		
	O_4 = 100.0092	X_2 = −0.0108
O_5 = 99.9984		
	O_6 = 100.0092	X_3 = −0.01075
O_7 = 99.9985		
	O_8 = 100.0092	X_4 = −0.01075
O_9 = 99.9984		
	O_{10} = 100.0091	X_5 = −0.01070
O_{11} = 99.9984		
	$O_{12}(O_{11}+\Delta m_s)$ = 100.4986	
O_{13} = 99.9984		

4) 교정에 사용된 저울의 편심오차(단위 : g)

중앙	전	후	좌	우	편심오차
−0.01	0.00	0.00	0.01	0.01	0.01

☞ 편심오차 = MAX{(전, 후, 좌, 우)-중앙값}

1.5 분동 100 g의 데이터 처리

1) 겉보기 질량 차이 계산

Δm_{x_1}	단일치환법 공식 $\Delta m_X = \dfrac{\Delta m_s}{(O_{12} - \dfrac{(O_{11}+O_{13})}{2})} \cdot \dfrac{(O_i - O_{i+1}) + (O_{i+2} - O_{i+1})}{2}$ 여기서 k = 1, 2, 3, 4 ....

<table>
<tr><td></td><td>

Δm_X : 저울에 의한 두 분동의 겉보기 질량차이

Δm_s : 사용한 감도 분동의 질량값

$$\Delta m_{x1} = \frac{\Delta m_s}{(O_{12} - \frac{(O_{11} + O_{13})}{2})} \times \frac{(O_1 - O_2) + (O_3 - O_2)}{2}$$

$$= \frac{0.500\,2}{(100.498\,6 - \frac{(99.998\,4 + 99.998\,4)}{2})} \times \frac{(99.998\,4 - 100.009\,2) + (99.998\,4 - 100.009\,2)}{2}$$

$= 0.010\,80\ g$

</td></tr>
<tr><td>Δm_{x_2}</td><td>

$$\Delta m_{x_2} = \frac{\Delta m_s}{(O_{12} - \frac{(O_{11} + O_{13})}{2})} \times \frac{(O_3 - O_4) + (O_5 - O_4)}{2}$$

$$= \frac{0.500\,2}{(100.498\,6 - \frac{(99.998\,4 + 99.998\,4)}{2})} \times \frac{(99.998\,4 - 100.009\,2) + (99.998\,4 - 100.009\,2)}{2}$$

$= 0.010\,80\ g$

</td></tr>
<tr><td>Δm_{x_3}</td><td>

$$\Delta m_{x_3} = \frac{\Delta m_s}{(O_{12} - \frac{(O_{11} + O_{13})}{2})} \times \frac{(O_5 - O_6) + (O_7 - O_6)}{2}$$

$$= \frac{0.500\,2}{(100.498\,6 - \frac{(99.998\,4 + 99.998\,4)}{2})} \times \frac{(99.998\,4 - 100.009\,2) + (99.998\,5 - 100.009\,2)}{2}$$

$= 0.010\,75\ g$

</td></tr>
<tr><td>Δm_{x_4}</td><td>

$$\Delta m_{x_4} = \frac{\Delta m_s}{(O_{12} - \frac{(O_{11} + O_{13})}{2})} \times \frac{(O_7 - O_8) + (O_9 - O_8)}{2}$$

$$= \frac{0.500\,2}{(100.498\,6 - \frac{(99.998\,4 + 99.998\,4)}{2})} \times \frac{(99.998\,5 - 100.009\,2) + (99.998\,4 - 100.009\,2)}{2}$$

$= 0.010\,75\ g$

</td></tr>
</table>

Δm_{x_5}	$\Delta m_{x_5} = \frac{\Delta m_s}{(O_{12} - \frac{(O_{11} + O_{13})}{2})} \times \frac{(O_9 - O_{10}) + (O_{11} - O_{10})}{2}$ $= \frac{0.500\,2}{(100.498\,6 - \frac{(99.998\,4 + 99.998\,4)}{2})} \times \frac{(99.998\,4 - 100.009\,1) + (99.998\,4 - 100.009\,1)}{2}$ $= 0.010\,70\ g$
$\overline{\Delta m_x}$ (겉보기 질량 차이의 평균)	$\overline{\Delta m_x} = \frac{\sum_{i=1}^{5} \Delta m x_i}{n}$ $= \frac{(-0.010\,80) + (-0.010\,80) + (-0.010\,75) + (-0.010\,75) + (-0.010\,70)}{5}$ $= -0.010\,76\ g$
s (표본 표준 편차)	$s = \sqrt{\frac{1}{n-1} \sum_{i=1}^{n} (\Delta m_{x_i} - \overline{m_x})^2}$ $= \sqrt{\frac{1}{5-1} \sum_{i=1}^{5} ((-0.010\,80) - (-0.010\,76))^2 + \cdots + ((-0.010\,76) - (-0.010\,76))^2}$ $= 0.000\,041\,833\ g$

2) 참질량과 상용질량 및 공기밀도 구하기

구분	(참)질량 (g)	상용질량 (g)	밀도 (g/cm^3)	확장 불확도(mg) (k=2)
표준 분동 S	99.999 96	99.999 96	8.0	0.044
감도 분동 Δm	0.500 20	–	8.1	0.002

(1) 공기밀도 ρ

$$\rho = \frac{0.00348444 \times p - h(0.00252 \times t - 0.020582)}{(t + 273.15) \times 1000}$$

$$\rho = \frac{0.00348444 \times 100575 - 61.5(0.00252 \times 24.05 - 0.020582)}{(24.05 + 273.15) \times 1000} = 0.0011709 \text{ g/cm}^3$$

p : 기압 (Pa)

h : 습도 (% R.H.)

t : 온도 (℃)

예) p = 100 575 Pa, h = 61.5 % R.H., t = 24.05 ℃

(2) 표준분동의 참질량 M_s

$$M_s = m_s \times \frac{(1 - \frac{0.0012}{8})}{(1 - \frac{0.0012}{d_s})} = 99.99996 \times \frac{(1 - \frac{0.0012}{8})}{(1 - \frac{0.0012}{8})} = 99.999\,96 \text{ g}$$

m_s : 표준분동의 상용질량(교정성적서에 명시된 값 참조)

d_s : 표준분동의 밀도(g/cm^3)

(3) 표준분동의 상용질량 m_s

(교정성적서에 명시된 값) = 99 999 96 g

(4) 시험분동의 참질량 M_T

$$M_T = \frac{M_s(1 - \frac{\rho}{d_s}) - \overline{\Delta m_x}(1 - \frac{\rho}{d_{\Delta m_s}})}{(1 - \frac{\rho}{d_T})}$$

$$= \frac{99.99996(1 - \frac{0.0011709}{8}) - (-0.01076)(1 - \frac{0.0011709}{8.1})}{(1 - \frac{0.0011709}{7.9})} = 100.0109053\ g$$

M_s : 표준분동의 참질량

$\overline{\Delta m_x}$: 저울에서 측정된 질량차이의 평균값

ρ : 공기밀도

$d_{\Delta m_s}$: 저울에서 측정된 감도분동의 밀도

(5) 시험분동의 상용질량 m_c

$$m_c = M_T \frac{(1-\frac{1.2}{d_T})}{1-(\frac{1.2}{8000})} = 100.0109053 \frac{(1-\frac{1.2}{7900})}{1-(\frac{1.2}{8000})} = 100.0107154\,g$$

M_T : 시험분동의 참질량

d_T : 시험분동의 밀도 (g/cm³)

(6) 부력보정

밀도보정계수 C가 다음을 만족하면 보정은 생략 가능(0으로 간주)

$$C \leq \frac{1}{3}\frac{U}{m_0}$$

$$C = \left| \frac{(d_s - d_T)(\rho_a - \rho_0)}{d_s d_T} \right| = \left| \frac{(8\,000 - 7900)(1.17 - 1.2)}{8\,000 \times 7\,900} \right| = 0.47 \times 10^{-7}\,mg$$

$$\frac{1}{3}\frac{U}{m_0} = \frac{1}{3} \times \frac{0.044}{100} = 0.146 \times 10^{-3}$$

$$\therefore\ 0.48 \times 10^{-7} \leq 0.146 \times 10^{-3}$$

(따라서 $C \leq \frac{1}{3}\frac{U}{m_0}$의 조건을 만족하므로 부력보정은 0으로 간주한다.)

C : 밀도보정계수

m_o : 분동의 명목값

U : 확장불확도

d_s : 표준분동의 밀도

d_T : 시험분동의 밀도

ρ_a : 공기밀도

ρ_0 : 1.2 kg/m³

☞ ($C \leq \frac{1}{3}\frac{U}{m_0}$의 조건을 만족하므로 부력보정 생략)

1.6 불확도 계산

1) 측정불확도의 A형 평가 u_A

$$u_A = \frac{\text{겉보기 질량 차이의 표준편차}}{\sqrt{\text{반복측정횟수}}} = \frac{s}{\sqrt{n}} = \frac{0.000\,041\,833}{\sqrt{5}} = 0.018\,708\ mg$$

2) 측정표준불확도의 B형 평가 u_B

(1) 표준분동의 불확도 u_N

$$u_N = \frac{\text{성적서 상의 표준분동의 확장불확도}}{\text{성적서 상의 표준분동의 포함인자}} = \frac{U}{k} = \frac{0.044}{2} = 0.022\ mg$$

(2) 부력보정의 불확도 u_b

$0.48 \times 10^{-7}\ mg$으로 부력보정계수 $C \le \frac{1}{3}\frac{U}{m_0}$의 조건을 만족하므로(매우 미미) 부력보정 무시하고 0으로 간주할 수 있지만 불확도는 다음 식을 이용하여 평가한다.

$$u_b^2 = \left(M_{SC} \times \frac{d_S - d_T}{d_S \times d_T} \times u_{\rho a}\right)^2 + \{M_{SC} \times (\rho_a - \rho_0)\}^2 \left(\frac{u_{d_S}^2}{d_S^4} + \frac{u_{d_T}^2}{d_T^4}\right)$$

$$= (99.999\,96 \times \frac{8.0 - 7.9}{8.0 - 7.9} \times 0.000\,01)^2$$

$$+ \{99.999\,96 \times (0.001\,170\,9 - 0.001\,2)^2\}\left(\frac{0.1^2}{8.0^4} + \frac{0.01^2}{7.9^4}\right) = 0.48 \times 10^{-7}\ mg$$

M_{SC} : 표준 분동의 상용질량
ρ_a : 공기밀도
ρ_0 : $1.2\,kg/m^3$
$u_{\rho a}$: 공기 밀도의 표준불확도 ($0.01\,\mathrm{kg/m^3}$)
d_s : 표준분동의 밀도
d_T : 시험분동의 밀도
u_{d_S} : 표준 분동 밀도의 불확도
u_{d_T} : 시험 분동 밀도의 불확도

(3) 저울의 불확도

① 저울 감도 불확도 : 저울의 감도시험에 의해서 얻어진 불확도 u_s

$$u_s = \sqrt{u^2(\Delta m_s) + u^2(\Delta I_s)} = \sqrt{(\frac{0.000\,002}{2})^2 + (\frac{0.000\,01}{4\sqrt{3}})^2} = 0.001\,755\,942\ mg$$

$u(\Delta m_s)$: 감도시험에 사용된 감도 분동의 불확도 $\dfrac{U(\Delta m_s)}{k}$

$u(\Delta I_s)$: 감도 분동에 의한 저울 지시값의 불확도

$\dfrac{s}{\sqrt{n}}$ 또는 $\dfrac{d}{4\sqrt{3}}$ (여기서 d : 저울의 눈금 간격)

② 분해능 불확도 : 저울이 가진 분해능에 기인된 불확도 u_d

$$u_d = \frac{d}{2\sqrt{3}} \times \sqrt{2} = \frac{0.000\ 01\ g}{2\sqrt{3}} \times \sqrt{2} = 0.004\ 1\ mg$$

d : 저울 눈금 간격 (이 때, $\sqrt{2}$ 는 표준 분동과 시험 분동을 각각 읽기 때문에 생김)

③ 편심오차 불확도 u_E

$$u_E = \frac{\dfrac{d_1}{d_2} \times D}{2\sqrt{3}} = \frac{\dfrac{1}{2} \times 0.000\ 1}{2\sqrt{3}} = \frac{0.1\ mg}{4\sqrt{3}} = 0.014\ mg$$

d_1 : 편심 오차 시험 시 분동 위치의 간격 (전후 혹은 좌우)

d_2 : 저울 팬 중심에서 한쪽 끝까지의 거리

D : 편심 오차의 최대값과 최소값의 차이

④ 자성의 불확도 u_{ma}

국제법정계량기구(OIML)의 권고에 따라 제작된 분동이므로 자성 불확도를 0으로 간주한다.

3) 합성표준불확도 u_c

$$u_c = \sqrt{u_A^2 + u_B^2} = \sqrt{u_A^2 + u_N^2 + u_b^2 + u_s^2 + u_d^2 + u_E^2 + u_{ma}^2}$$

$$= \sqrt{0.019^2 + 0.022^2 + (0.48 \times 10^{-7})^2 + 0.002^2 + 0.004^2 + 0.014^2 + 0^2}$$

$$= 0.033\ mg$$

4) 유효자유도 $Veff$

$$Veff = \frac{u_c^4}{\dfrac{u_A^4}{\nu} + \dfrac{u_N^4}{\nu} + \dfrac{u_b^4}{\nu} + \dfrac{u_s^4}{\nu} + \dfrac{u_d^4}{\nu} + \dfrac{u_E^4}{\nu} + \dfrac{u_{ma}^4}{\nu}}$$

$$= \frac{0.033^4}{\dfrac{0.019^4}{4} + \dfrac{0.022^4}{\infty} + \dfrac{(0.48 \times 10^{-7})^4}{\infty} + \dfrac{0.002^4}{\infty} + \dfrac{0.004^4}{\infty} + \dfrac{0.014^4}{\infty} + \dfrac{0^4}{\infty}}$$

$$= 36.4 = 36$$

유효자유도 $Veff$가 10 이상으로 충분히 크므로 신뢰수준 약 95%에서 k=2 적용한다.

5) 측정불확도 U

$U = u_c \times k = 0.033 \times 2 = 0.066\ mg$ (신뢰수준 약 95 %, k = 2)

교정성적서

교 정 기 관 명 교정기관 주소 명기 전화번호 및 Fax No. 명기	성적서번호 : 페이지 (1) / (총 2)	KOLAS

1. 의 뢰 자
   기 관 명 :
   주 소 :
2. 측 정 기
   기 기 명 : 분동
   제작회사 및 형식 :
   기기번호 :
3. 교정일자 :
4. 교정환경 : 온 도 : (±)℃ 상대습도 : (±) % R.H.
   교정장소 : □ 고정표준실 □ 이동교정 □ 현장교정
5. 측정표준의 소급성
   상기 기기는 분동의 표준표정절차(KASTO 11-20116-088)에 따라 국가측정표준기관으로부터 측정의 소급성이 확보된 아래의 표준장비를 이용하여 비교 교정되었음.

▸ 교정에 사용한 표준장비 명세

사용장비명	제작자 및 형식	기기번호	교정 유효일자	교정기관
분동				
전기식 지시 저울				
온습도계				
기압계				

6. 교정결과 : 교정결과 참조
7. 측정불확도 : 교정결과 참조

확 인	작성자 성 명 (서 명)	승인자 직 위 : (기술책임자) 성 명 : (서 명)

위 성적서는 국제시험기관인정협력체(International Laboratory Accreditation Cooperation) 상호인정협정(Mutual Recognition Arrangement)에 서명한 한국인정기구(KOLAS)로부터 공인받은 분야의 교정결과입니다.

20 . . .

한국인정기구 인정 ○○교정기관장 (인)

(주) 이 성적서는 측정기의 정밀정확도에 영향을 미치는 요소(과부하, 온도, 습도 등)의 급격한 변화가 발생한 경우에는 무효가 됩니다.

교 정 결 과

성적서번호 :
페이지 (2)/(총 2)

■ 기기명 : 분동
■ 제작회사 및 기기번호 :
■ 교정결과

이름값 (g)	보정값 (mg)	상용질량값 (g)	측정불확도 (신뢰수준 약 95 %, k = 2) (mg)
100	10.72	100.01072	0.066

◇ 상용질량값 : 기준온도 20 ℃에서 공기밀도가 1.2 kg/m^{3}이고 분동의 밀도를 8,000 kg/m^{3}로 가정한 분동의 질량값

끝.

2 전기식 지시저울

2.1 교정대상기기의 교정 항목, 측정 범위 및 교정 방법

교정 항목	측정 범위	교정 방법
편심오차	–	최대용량 또는 측정범위 최대값의 약 1/3 이상인 분동을 사용하여 측정
직선성	–	최대용량 또는 측정범위 최대값을 등간격으로 4곳(25 %, 50 %, 75 %, 100 %) 이상 구분하여 측정

2.2 필요장비 명세 및 최저요구 성능

구분	표준장비명	수량	최저요구성능
표준기	분동 시리즈	1 set	저울 교정에 적합한 분동 Ⅱ급 저울 : F급(F1, F2) 이상 분동
	직사각분동 (육면체분동)	필요량	M급(M1, M2) 이상
부대장비	온도계	1 대	최소눈금 0.1 ℃ 이하
	습도계	1 대	최소눈금 1 %R.H. 이하
	기압계	1 대	최소눈금 200 Pa 이하
	무진동실험대	–	진동전달이 없고 견고한 것

2.3 교정 준비 및 절차

(1) 표준교정절차서를 숙독한다.

(2) 출입문, 에어컨 등에 의한 영향으로 측정값의 변동이 발생하지 않도록 한다.

(3) 저울의 수평상태를 확인하고 맞춘다(하단부).

(4) 측정 전 최소 30분 이상 예열한다(저울의 안정화).

(5) 저울의 스팬 교정이 제대로 되어 있는지 확인한다(표준분동 활용).

(6) 측정환경(온도, 습도, 기압 등)의 처음과 끝을 기록한다.

(7) 분동을 이동시킬 때에는 핀셋을 이용하고, 저울의 팬에 충격을 주지 않는다.

(8) 편심오차를 줄이기 위하여 분동을 팬의 중앙, 전, 후, 좌, 우의 정확한 위치에 올려놓고 측정한다.

(9) 측정값은 즉시 읽지 않고, 측정결과의 변동이 최소일 때 읽고 기록한다.

(a) 중앙

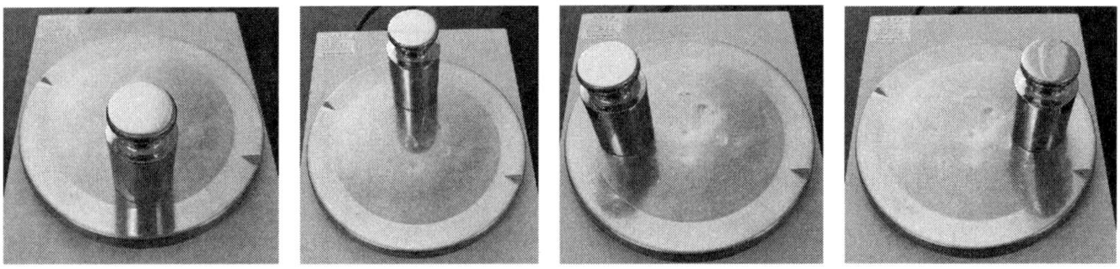

(b) 전 (c) 후 (d) 좌 (e) 우

[그림 2.1] 편심오차 측정(500 g)

(a) 0 % (b) 25 % (c) 50 % (d) 75 % (e) 100 %

[그림 2.2] 직선성 측정

2.4 교정방법 및 세부교정 절차

2.4.1 편심오차

저울의 편심오차는 저울 팬의 중앙으로부터 벗어난 위치에 물체를 올려놓았을 때, 저울의 역학적인 힘의 균형이 벗어나는 경우 나타나는 현상이다. 저울의 역학적인 구조가 대칭적으로 조립되지 않았을 때 이러한 현상은 크게 나타난다. 최대용량(또는 측정범위 최댓값) 약 1/3 이상의 분동을 팬 중앙에 놓고 지시값을 읽고 그림 3과 같이 중앙으로부터 반경의 1/2만큼 벗어난 곳의 전, 후, 좌, 우에 놓고 각각의 지시값을 읽으며, 전, 후, 좌, 우에 놓았을 때 지시한 값과 중앙에 놓았을 때 지시값과의 차이를 구한 값이 편심오차이다.

편심오차 = (전, 후, 좌, 우)지시값 - 중앙값

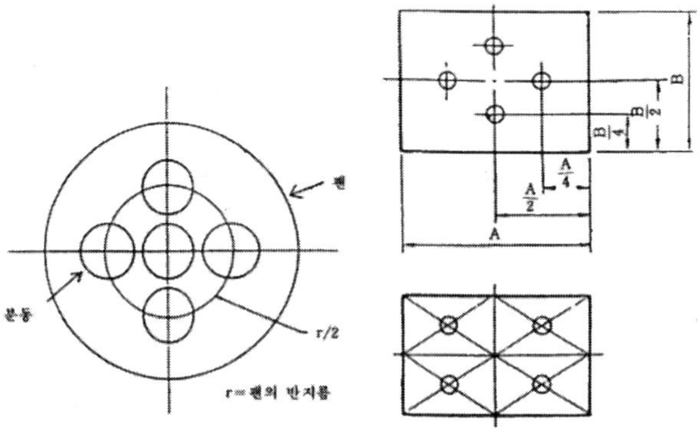

[그림 2.3] 편심오차 시험 시 분동의 위치

2.4.2 직선성

저울의 직선성 시험은 그림 3과 같이 저울의 지시값과 분동의 상용질량값과의 직선성 정도를 교정하는 것이다. 측정범위를 등간격으로 최소 4구간 이상 설정하여 각 구간에 해당되는 분동을 저울에 놓고 지시값을 읽은 후 분동의 상용질량값과 비교하여 차이를 구한다. 방법은 빈접시 상태에서 최대용량(또는 측정범위 최댓값)까지 등간격으로 4구간 설정 시 앞에서 언급한 분동을 0 % → 25 % → 50 % → 75 % → 100 %의 순서로 올려놓고 각각의 지시값을 읽는다.

2.5 수학적 모델

보정값을 구하기 위한 수학적 모델을 수립하여 설명하였다.

$$m_{cor} = m_N - m_{ix} + \delta m_d + \delta m_E$$

m_{cor}	저울의 지시 보정값
m_N	표준분동의 상용질량값
m_{ix}	전기식 지시저울의 지시값
δm_d	저울 분해능에 의한 보정값
δm_E	편심오차에 의한 보정값

2.6 교정데이터 처리

2.6.1 측정환경

시간	온도 (℃)	기압 (Pa)	습도 (%R.H.)
시작 : 14:00 완료 : 15:30 최종 : 90분	최저 : 23.6 최고 : 23.8 평균 : 23.7	최저 : 99 000 최고 : 99 000 평균 : 99 000	최저 : 54 최고 : 55 평균 : 54.5

2.6.2 저울의 편심 오차 시험(최대 용량의 약 1/3 이상 분동)

	중앙	전	후	좌	우
지시값(g)	999.97	999.95	999.99	999.99	999.93
편심오차(g)	–	–0.02	0.02	0.02	–0.04

편심오차 = (전, 후, 좌, 우)값 - 중앙값

2.6.3 저울의 직선성 시험

표준분동 명목값(g)	저울의 지시값(g)				표준편차 (mg)
	1회	2회	3회	평균	
0	0.00	0.00	0.00	0.000	0.00
500	500.00	499.99	499.99	499.993	5.77
1000	999.97	999.97	999.97	999.970	0.00
1500	1 499.93	1 499.92	1 499.93	1 499.927	5.77
2000	1 999.88	1 999.88	1 999.87	1 999.877	5.77

2.6.4 저울의 보정값 계산

표준분동의 명목값(g)	표준분동의 보정값(g)	표준분동의 상용질량값(g)	저울지시 평균값(g)	저울지시 보정값(g)
0	0.000 0	0.000 0	0.000	0.000 0
500	–0.000 5	499.999 5	499.993	0.006 5
1000	–0.001 0	999.999 0	999.970	0.029 0
1500	–0.001 5	1 499.998 5	1 499.970	0.071 5
2000	–0.002 0	1 999.998 0	1 999.877	0.121 0

* 보정값 = 표준분동의 상용질량값 - 저울지시 평균값

2.7 불확도 계산

불확도 전파법칙(RSSM)에 의해 기본식을 다음과 같이 정리하여 불확도를 산출한다.

$$m_{cor} = m_N - m_{ix} + \delta m_d + \delta m_E$$

$$u^2(m_{cor}) = u^2(m_N) + u^2(m_{ix}) + u^2(\delta m_d) + u^2(\delta m_E)$$

2.7.1 전기식 지시저울 지시값의 불확도 $u_{m_{ix}}$

① 추정값 : 1 999.877 g

3회 반복측정한 전기식 지시저울 지시값의 평균값이다.

② 표준불확도 : 3.331 mg

$$u_{m_{ix}} = \frac{\text{표준편차}}{\sqrt{\text{반복측정횟수}}} = \frac{s}{\sqrt{n}}$$

③ 확률분포 : t-분포

반복측정횟수가 30회 미만이므로 t-분포, 30회 이상은 정규분포로 간주한다.

④ 감도 계수 : -1

기본수식에서 편미분하여 추정한다. $\frac{\partial m_{cor}}{\partial m_{ix}}$

⑤ 불확도 기여량 : 3.331 mg

$|\text{표준불확도} \times \text{감도 계수}| = |3.331 \times (-1)|$

⑥ 자유도 : 2

(반복측정횟수-1)=$(n-1) = (3-1)$

2.7.2 표준분동의 불확도 u_{m_N}

① 추정값 : 1 999 998 0 g

교정성적서 상의 표준분동의 상용질량값이다.

② 표준불확도 : 1.600 mg

$$u_{m_N} = \sqrt{\left(\frac{U}{k}\right)^2 + u^2_{표준분동\ 불안정성}(m_s)} = \sqrt{1.6^2 + 0.010^2}$$

직선성 시험 시 사용된 표준분동들의 교정성적서 상의 불확도 합과 표준분동의 불안정성에 기인된 불확도

(각각의 분동의 불확도가 0.8 mg로 가정, 즉 $u_{M1} = \frac{0.8\,mg \times 4}{2} = 1.6\,mg$, 표준분동의 불안정성에 기인한 불확도 $u_{N2} = \frac{\Delta m}{2\sqrt{3}} = \frac{0.035}{2\sqrt{3}} = 0.010\,mg$, 여기서 질량변화량 Δm=0.035 mg으로 가정)

③ 확률분포 : 정규분포

성적서를 참조했으므로 정규분포로 간주한다(성적서 상의 신뢰수준 및 포함인자 k가 명시됨).

④ 감도 계수 : 1

$$\frac{\partial m_{cor}}{\partial m_N}$$

⑤ 불확도 기여량 : 1.600 mg

|표준불확도 × 감도계수| = $|1.600\,mg \times 1|$

⑥ 자유도 : ∞

상대불확도 R = 0 %, 즉 표준불확도 추정에 대한 확신의 정도를 100% 신뢰한다고 가정한다면

$$\frac{1}{2}\left(\frac{100}{R}\right)^2 = \frac{1}{2}\left(\frac{100}{100 - 확신의\ 정도}\right)^2 = \frac{1}{2}\left(\frac{100}{100-100}\right)^2$$

2.7.3 저울 분해능의 불확도 u_{m_d}

① 추정값 : 0

전기식 지시저울의 분해능으로 인하여 측정결과에 영향을 미친 정도는 사실상 기댓값을 추정하기 어려우므로 0으로 둔다.

② 표준불확도 : 2.887 mg

$$u_d = \frac{\text{분해능}}{2\sqrt{3}} = \frac{10\ mg}{2\sqrt{3}}$$

③ 확률분포 : 직사각형

등간격으로 이루어진 분해능으로 인하여 눈금을 잘못 읽을 확률이 동일하다고 가정할 때 직사각형 확률분포로 간주할 수 있다.

④ 감도 계수 : 1

$$\frac{\partial m_{cor}}{\partial m_d}$$

⑤ 불확도 기여량 : 2.887 mg

$$|\text{표준불확도} \times \text{감도계수}| = |2.887\, mg \times 1|$$

⑥ 자유도 : ∞

상대불확도 R = 0 % 가정, 즉 표준불확도 추정에 대한 확신의 정도를 100 % 신뢰한다고 가정한다.

$$\frac{1}{2}\left(\frac{100}{R}\right)^2 = \frac{1}{2}\left(\frac{100}{100 - \text{확신의 정도}}\right)^2 = \frac{1}{2}\left(\frac{100}{100 - 100}\right)^2$$

2.7.4 저울의 편심오차에 의한 불확도 u_{m_E}

① 추정값 : 0

전기식 지시저울의 편심으로 인하여 측정결과에 영향을 미친 정도는 알 수 없으므로 직사각형 확률분포로 간주할 수 있다.

② 표준불확도 : 8.660 mg

저울 편심오차의 최대변화폭을 직사각형 확률분포로하여 추정한다.

$$u_{\delta m_E} = \frac{\text{편심오차의 최대값과 최소값의 차이}}{4\sqrt{3}} = \frac{0.02-(-0.04)g}{2\sqrt{3}} = 8.660\ mg$$

③ 확률분포 : 직사각형

④ 감도 계수 : 1

$$\frac{\partial m_{cor}}{\partial m_E}$$

⑤ 불확도 기여량 : 8.660 mg

|표준불확도 × 감도계수| = $|8.660\ mg \times 1|$

⑥ 자유도 : ∞

상대불확도 R = 0 % 가정한다. $\frac{1}{2}\left(\frac{100}{R}\right)^2$

2.7.5 합성표준불확도 u_c

$$u_c = \sqrt{u_{ix}^2 + u_N^2 + u_d^2 + u_E^2} = \sqrt{3.331^2 + 1.600^2 + 2.887^2 + 8.660^2} = 9.848\ mg$$

2.7.6 유효자유도 ν_{eff}

$$\nu_{eff} = \frac{u_c^4(cor)}{\sum_{i=1}^{n} \frac{[c_i u(x_i)]^4}{\nu_i}} = \frac{(9.848)^4}{\frac{(3.331)^4}{2} + \frac{(1.600)^4}{\infty} + \frac{(2.887)^4}{\infty} + \frac{(8.660)^4}{\infty}} = 152$$

유효자유도가 10 이상으로 신뢰수준 약 95 %, $k = 2$를 적용한다.

2.7.7 불확도 총괄표(Uncertainty budget)

입력량 (Xi)	추정값 (xi) g	표준 불확도 u(xi) mg	확률 분포	감도 계수 (ci)	|불확도 기여량| ui(y) mg	자유도 ν
m_{ix}	1 999.877	3.331	t	−1	3.331	2
m_N	1 999.998 0	1.600	정규	1	1.600	∞
δm_d	0	2.887	직사각형	1	2.887	∞
δm_E	0	8.660	작사각형	1	8.660	∞
m_{cor}	0.121	–			u_c = 6.613 μm	ν_{eff} = 152

2.7.8 측정불확도 U

$$U = k \times u_c = 2 \times 9.848\ mg = 19.696\ mg \cong 0.02\ g$$

교정성적서

교 정 기 관 명 교정기관 주소 명기 전화번호 및 Fax No. 명기	성적서번호 : 페이지(1)/(총 2)	KOLAS

1. 의뢰자
   기관 명:
   주 소:
2. 측정기
   품 명 : 전기식 지시저울
   제작회사 :
   기기번호 :
3. 교정 일자 :
4. 교정 환경
   온 도: ( ) ℃ 상대습도: ( ) % R.H.
   교정 장소: □ 고정 표준실 □ 이동 교정 □ 현장 교정
5. 측정 표준의 소급성

상기 기기는 한국계량측정협회 발행 '전기식 지시저울의 표준교정절차(KASTO 17-20109-075호)'에 따라 국가측정표준기관으로부터 측정의 소급성이 확보된 아래의 표준장비를 이용하여 교정되었다.

교정에 사용한 표준 장비 명세

기기명	제작회사 및 형식	기기번호	차기교정예정일자	교정기관

6. 교정결과 : 교정결과 참조
7. 측정불확도 :

확 인	작성자: 성 명: (서 명)	승인자 직위: 성 명 : (서 명)

위 성적서는 국제시험기관인정협력체(International Laboratory Accreditation Cooperation) 상호인정협정(Mutual Recognition Arrangement)에 서명한 한국인정기구(KOLAS)로부터 공인받은 분야의 교정 결과입니다.

20 . . .

한국인정기구 인정 ○○교정기관장 (인)

(주) 이 성적서는 측정기의 정밀 정확도에 영향을 미치는 요소(과부하, 온도, 습도 등)의 급격한 변화가 발생한 경우에는 무효가 됩니다.

교정 결과	페이지(2)/(총 2)	KOLAS

■ 기 기 명 : 전기식 지시저울

■ 기기번호 : 7886

■ 최대용량 : 2 100 g

■ 분 해 능 : 10 mg

■ 편심오차(1000 g) : –0.02 g(전), 0.02 g(후), 0.02 g(좌), –0.04 g(우)

■ 직 선 성

저울의 명목값 (g)	표준분동의 상용질량값(g)	보정값(g)	측정불확도(g) (신뢰수준 약 95 %, $k=2$)
0.00	0.000 0	0.000 0	0.02
500.00	499.999 5	0.006 5	0.02
1000.00	999.999 0	0.029 0	0.02
1500.00	1 499.998 5	0.071 5	0.02
2000.00	1 999.998 0	0.121 0	0.02

■ 보정값 = (표준분동의 상용질량값 - 저울의 지시값)

끝.

3 전기식 힘 측정기

3.1 교정대상기기의 교정 항목, 측정 범위 및 교정 방법

교정 항목	측정 범위	교정 방법
상대재현도오차	$0.0\ kN \sim 4.9\ kN$	–실하중 힘 교정기 이용 –교정시리즈 1, 2 증가순(0°) 교정시리즈 3, 4 증가 및 감소순(120°) 교정시리즈 5, 6 증가 및 감소순(240°)
상대반복도오차		
상대내삽오차		
상대영점오차		
상대왕복오차		
상대측정불확도(%)		
등급 결정	00급 ~ 2급	–

☞ 압축교정에 한하여 교정을 진행하였다.

3.2 필요장비 명세 및 최저요구성능

구분	장비명	수량	최저요구성능
장비	실하중 힘 교정기	1대	1등급 이내 (0.0~515) kgf
	전기식 힘 측정기 (원통형 로드셀)	1개	분해능 : 0.02 kgf 규격 : 510 kgf
부대 장비	온도계	1개	최소눈금 0.1 ℃ 이하
	습도계	1개	최소눈금 1 %R.H. 이하
	강철자	1개	150 mm

3.3 교정 준비 및 절차

(1) 표준교정절차서를 숙독한다.

(2) 교정 전 교정대상 힘 측정기는 힘 교정기가 설치된 실험실에 충분한 열평형이 이루어지도록 한다(24시간 이상 보관).

(3) 디지털 지시계의 안정화를 위해 최소 30분 전 전원을 공급한다.

(4) 각도별 교정시리즈 교정을 고려하여 연결선이 꼬이지 않도록 사전에 교정 위치를 설정한다.

(5) 교정 전 힘 측정기의 최고용량까지 사전부하를 3회 이상 가하여 이상 유무를 확인하고

무하중과 정격하중 값들을 기록한다.

(6) 50 kgf 간격으로 500 kgf까지 교정시리즈(1 ~ 6)를 측정한다. 이때, 하중을 가하거나 제거 후 최소 30초 이상의 간격을 두어 천천히 하고 충격에 주의한다.

(7) 크리프 시험을 위해 최대 하중이 가해지거나 제거된 후 30초와 300초의 간격을 두고 측정값의 변동량을 기록한다.

(8) 교정을 마친 후 교정기는 힘을 모두 제거하고, 교정대상기기(전기식 힘 측정기)를 분리시킨다.

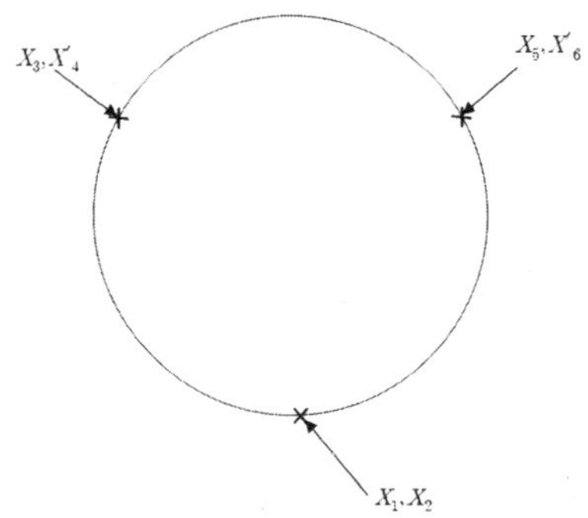

[그림 3.1] 전기식 힘 측정기의 위치(0°, 120°, 240°)

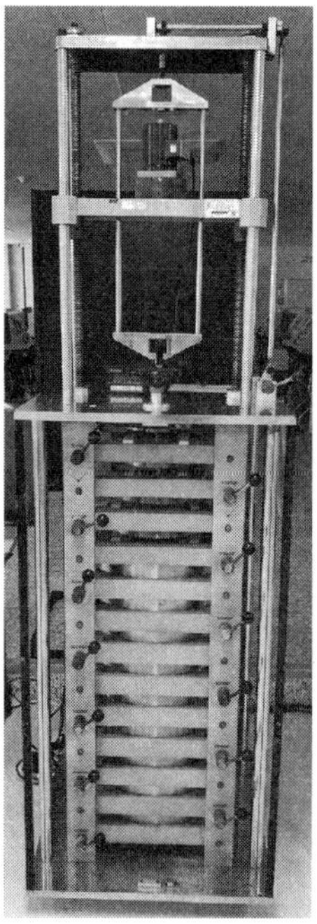

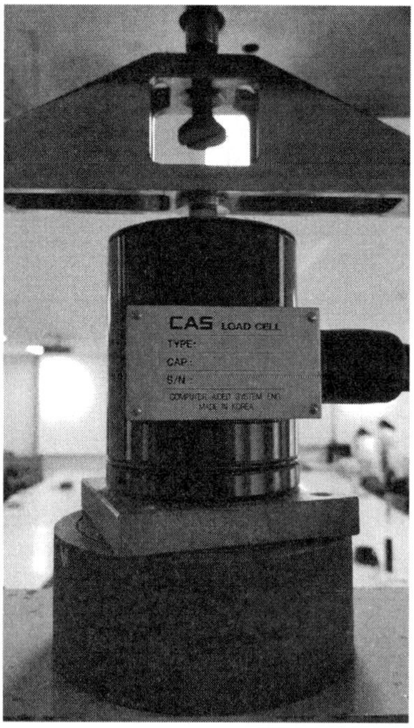

[그림 3.2] 실하중 힘 교정기 [그림 3.3] 전기식 힘 측정기(원통형 로드셀)

3.4 교정데이터 처리

교정기(실하중 힘 교정기)를 이용하여 교정대상기기(전기식 힘 측정기 원통형 로드셀)를 500 kgf까지 측정하여 오차, 측정불확도, 등급을 결정하는 과정을 예시로 설명하였다.

3.4.1 측정환경

시간	온도 (℃)	기압 (Pa)	습도 (%R.H.)
시작 : 14:00 완료 : 16:00 최종 : 120분	최저 : 23.2 최고 : 24.3 평균 : 23.75	최저 : 100 420 최고 : 100 490 평균 : 100 455	최저 : 49 최고 : 54 평균 : 51.5

3.4.2 사전부하

실하중(kgf)	1차	2차	3차
0	0.00	0.00	0.00
500	500.46	500.48	500.44
0	0.00	0.00	0.00

3.4.3 전기식 힘 측정기의 로우 데이터

실하중 (kgf)	기 기 지 시 값(kgf)						
	1차(0°)	2차(0°)	3차(120°)		4차(240°)		평균값
			증가	감소	증가	감소	
0	0.00	0.00	0.00	0.00	0.00	0.00	0.000
100	100.04	100.04	100.02	100.04	100.04	100.04	100.033
200	200.10	200.12	200.10	200.12	200.12	200.08	200.107
300	300.16	300.18	300.18	300.18	300.20	300.16	300.180
400	400.28	400.28	400.30	400.26	400.30	400.28	400.239
500	500.42	500.40	500.44		500.44		500.433
0	0.00	0.00					0.000

3.4.4 교정대상기기(전기식 힘 측정기(원통형 로드셀)) 오차 계산

1) 상대재현도오차와 상대반복도오차 b, b'

$$b = \left| \frac{X_{max} - X_{min}}{\overline{X_r}} \right| \times 100\ (\%)$$

$$b_1 = \left| \frac{100.04 - 100.02}{100.033} \right| \times 100\ (\%) = 0.020\ \%$$

다른 구간도 위의 식을 이용하여 구한다.

$$b_2 = 0.010\ \%,\ b_3 = 0.013\ \%,\ b_4 = 0.005\ \%,\ b_5 = 0.004\ \%$$

b : 상대재현도오차

X_{max} : 교정시리즈 X_1, X_3, X_5 중 최대값

☞ X_1 : 0° 위치에서의 증가, X_3 : 120° 위치에서의 증가, X_3 : 240° 위치에서의 증가

X_{min} : 교정시리즈 X_1, X_3, X_5 중 최소값

$\overline{X_r}$: $\dfrac{X_1 + X_3 + X_5}{3}$

$$b' = \left| \frac{X_1 - X_2}{\overline{X_{wr}}} \right| \times 100\ (\%)$$

$$b_1' = \left| \frac{100.04 - 100.04}{100.04} \right| \times 100\ (\%) = 0.000\ \%$$

다른 구간도 위의 식을 이용하여 구한다.

$$b_2' = 0.010\ \%,\ b_2' = 0.007\ \%,\ b_2' = 0.000\ \%,\ b_2' = 0.004\ \%$$

b' : 상대반복도오차

X_1 : 교정시리즈 1차(0° 위치에서의 증가)

X_2 : 교정시리즈 2차(0° 위치에서의 증가)

$\overline{X_{wr}}$: $\dfrac{X_1 + X_2}{2}$

2) 상대내삽오차 f_c

측정평균과 기준값의 차이를 기준값으로 나눈값으로 교정성적서에 표기된 교정곡선식을 이용하여 계산한다. (수계산 생략)

$$f_c = \frac{\overline{X}_r - X_a}{X_a} \times 100\ (\%)$$

f_c : 상대내삽오차(%)

$\overline{X_r}$: 회전 시 순지시값의 평균

X_a : 교정곡선으로 계산된 순지시값

☞ 순지시값 = (하중을 가했을 때의 지시계 읽음값 - 무하중에서의 지시계 읽음값)

3) 상대영점오차 f_0

각 교정시리즈의 영점 값을 측정하여 상대영점오차 중 절대값이 가장 큰 시리즈의 상대영점오차를 대푯값으로 한다.

$$f_0 = \frac{i_f - i_o}{X_N} \times 100\ (\%)$$

$$f_0 = \frac{0.00 - 0.00}{500.433} \times 100\ (\%) = 0.000\ \%$$

i_f : 힘을 제거한 후 지시계의 읽음값

i_0 : 힘을 가하기 전 지시계의 읽음값

X_N : 최대 교정 힘에 해당하는 순지시값

4) 상대왕복오차 ν

왕복오차는 증가순 교정에서의 읽음값과 감소순 교정에서의 읽음값의 차이로 구한다. 교정시리즈 3, 4과 교정시리즈 5, 6에서 각각 왕복오차를 구하여 평균값으로 상대왕복오차를 계산한다.

$$\nu = \frac{\nu_1 + \nu_2}{2}$$

$$\nu = \frac{0.020 + 0.000}{2} = 0.010\ \%$$

ν_1 : 회전 120°에서의 증감 변화량을 이용한 왕복오차

ν_2 : 회전 240°에서의 증감 변화량을 이용한 왕복오차

$$\nu_1 = \left| \frac{X'_4 - X_3}{X_3} \right| \times 100\ (\%)$$

$$\nu_1 = \left| \frac{100.04 - 100.02}{100.02} \right| \times 100\ (\%) = 0.020\ \%$$

ν_1 : 회전 120°에서의 증감 변화량을 이용한 왕복오차

X'_4 : 회전 120°에서의 감소

X_3 : 회전 120°에서의 증가

$$\nu_2 = \left| \frac{X'_6 - X_5}{X_5} \right| \times 100\ (\%)$$

$$\nu_2 = \left| \frac{X'_6 - X_5}{X_5} \right| \times 100\ (\%)$$

ν_2 : 회전 240°에서의 증감 변화량을 이용한 왕복오차

X'_6 : 회전 240°에서의 감소

X_5 : 회전 240°에서의 증가

5) 상대크립오차 c

일정한 힘이 지시값을 읽기 전에 얼마만큼 오랫동안 가해졌었는지에 따라 지시값이 달라지는데 이를 크립현상이라고 한다. 상대크립오차는 최대 교정 하중이 가해진 또는 제거된 후 30초와 300초 사이에서의 지시값의 차이를 최대 순지시값으로 나누어 백분율로 나타낸다.

$$c = \left| \frac{i_{300} - i_{30}}{X_{\mathrm{N}}} \right| \times 100\ (\%)$$

$$c = \left| \frac{500.44 - 500.44}{500.44 - 0.00} \right| \times 100\ (\%) = 0.000\ \%$$

i_{300} : 최대 교정 힘을 가하거나 또는 제거한 시점으로부터 300초 경과 후 지시계의 읽음값

i_{30} : 최대 교정 힘을 가하거나 또는 제거한 시점으로부터 30초 경과 후 지시계의 읽음값

X_N : 최대 교정 힘에 해당하는 순지시값

3.5 불확도 계산

수학적 모델

$$W = k \times w_c$$

W	상대확장불확도
k	포함인자
w_c	상대합성표준불확도
w_1	상대표준불확도(힘 교정기)
w_2	재현도 오차에 의한 상대표준불확도(회전에 의한 반복도)
w_3	반복도 오차에 의한 상대표준불확도(비회전에 의한 반복도)
w_4	지시계의 분해능에 의한 상대표준불확도
w_5	힘 측정기의 크립에 의한 상대표준불확도
w_6	영점 변화에 의한 상대표준불확도
w_7	교정 시 온도변화에 의한 상대표준불확도
w_8	내삽오차에 의한 상대표준불확도
w_9	왕복오차에 의한 상대표준불확도

3.5.1 상대표준불확도(힘 교정기) w_1

① 상대표준불확도

$$w_1 = \frac{W_{\mathrm{fcm}}}{k} \times 100\ (\%)$$

$$w_1 = \frac{0.03\ \%}{2} = 0.015\ \%$$

W_{fcm} : 상대확장불확도(힘 교정기)

성적서 상에 0.03 %로 명시된 것으로 가정했다.

k : 포함인자

성적서 상에 신뢰수준 약 95 %, 포함인자 k=2로 명시된 것으로 가정했다.

② 확률분포 : 정규분포

성적서에 정규분포 상의 신뢰수준과 포함인자가 명시됨을 고려하여 정규분포로 간주한다.

③ 자유도 : ∞

상대불확도 R = 0 % 적용. 즉, 표준불확도 추정에 대한 확신의 정도를 100 % 신뢰한다고 가정한다.

$$\frac{1}{2}\left(\frac{100}{R}\right)^2 = \frac{1}{2}\left(\frac{100}{100 - \text{확신의 정도}}\right)^2 = \frac{1}{2}\left(\frac{100}{100-100}\right)^2$$

3.5.2 재현도 오차에 의한 상대표준불확도(회전에 의한 반복도) w_2

① 상대표준불확도 $w_2 = \frac{1}{|\overline{X}_r|}\sqrt{\frac{1}{6}\sum_{i=1,3,5}(X_i - \overline{X}_r)^2} \times 100\,(\%)$

$$w_{2,1} = \frac{1}{100.033}\sqrt{\frac{1}{6}\sum_{i=1,3,5}(100.04-100.033)^2+(100.02-100.033)^2+(100.04-100.033)^2} \times 100\,(\%)$$

$= 0.007\ \%$

다른 구간도 위의 식을 이용하여 구한다.

$w_{2,2} = 0.003\ \%$, $w_{2,3} = 0.004\ \%$, $w_{2,4} = 0.002\ \%$, $w_{2,5} = 0.001\ \%$

$\overline{X_r}$: 회전 시 순지시값의 평균

(즉, 무하중에서의 지시값과 하중에서의 지시값의 차이인 순지시값으로 계산)

☞ $\frac{X_1 + X_3 + X_5}{3}$

X_i : 증가분 교정시리즈 1, 3, 5에서 얻어진 순지시값

② 확률분포 : t-분포

A형 불확도로서 3회 반복측정한 산포를 이용하여 계산되었고, 30회 미만으로 t-분포로 간주한다.

③ 자유도 : 2

(반복측정횟수-1) = $(n-1) = (3-1)$

3.5.3 반복도 오차에 의한 상대표준불확도(비회전에 의한 반복도) w_3

반복도 오차에 의한 상대표준불확도는 직사각형 확률분포를 적용하여 계산한다.

① 상대표준불확도 $w_3 = \frac{b'}{\sqrt{3}}\ (\%)$

$$w_{3,1} = \frac{0.000\ \%}{\sqrt{3}} = 0.000\ \%$$

다른 구간도 위의 식을 이용하여 구한다.

$w_{3,2} = 0.006\ \%$, $w_{3,3} = 0.004\ \%$, $w_{3,4} = 0.000\ \%$, $w_{3,5} = 0.002\ \%$

b' : 비회전에 의한 반복도

반복도 오차를 구한 식을 그대로 적용하여 상대표준불확도를 계산한다.

② 확률분포 : 직사각형

일반적인 기기의 특성, 과거 이력 또는 경험에 대한 추정은 직사각형 확률분포를 적용한다.

③ 자유도 : ∞

상대불확도 R = 0 % 적용. 즉, 표준불확도 추정에 대한 확신의 정도를 100 % 신뢰한다고 가정한다.

$$\frac{1}{2}\left(\frac{100}{R}\right)^2 = \frac{1}{2}\left(\frac{100}{100 - \text{확신의 정도}}\right)^2 = \frac{1}{2}\left(\frac{100}{100-100}\right)^2$$

3.5.4 지시계의 분해능에 의한 상대표준불확도 w_4

① 상대표준불확도 $w_4 = \frac{1}{\sqrt{6}}\left|\frac{r}{\overline{X}_{\rm r}}\right| \times 100\,(\%)$

$$w_{4,\,1} = \frac{1}{\sqrt{6}}\left|\frac{0.02}{100.033}\right| \times 100\,(\%) = 0.006\ \%$$

다른 구간도 위의 식을 이용하여 구한다.

$w_{4,\,2} = 0.003\ \%$, $w_{4,\,3} = 0.002\ \%$, $w_{4,\,4} = 0.001\ \%$, $w_{4,\,5} = 0.001\ \%$

r : 지시계의 분해능

$\overline{X_r}$: 회전 시 순지시값의 평균

② 확률분포 : 직사각형

등간격으로 이루어진 분해능으로 인하여 눈금을 잘못 읽을 확률이 동일하다고 가정할 때 직사각형 확률분포로 간주할 수 있다.

③ 자유도 : ∞

상대불확도 R = 0 % 적용. 즉, 표준불확도 추정에 대한 확신의 정도를 100 % 신뢰한다고 가정한다.

$$\frac{1}{2}\left(\frac{100}{R}\right)^2 = \frac{1}{2}\left(\frac{100}{100 - \text{확신의 정도}}\right)^2 = \frac{1}{2}\left(\frac{100}{100-100}\right)^2$$

3.5.5 힘 측정기의 크립에 의한 상대표준불확도 w_5

크립시험을 했다면 $w_5 = \frac{c}{\sqrt{3}}$ (%)를 이용하고, 크립시험을 하지 않은 경우는 왕복오차에 의한 불확도를 직사각형 확률분포에 적용하여 3으로 나누어 계산한다. 즉, $w_5 = \frac{\nu}{3\sqrt{3}}$ (%)

① 상대표준불확도 $w_5 = \frac{0.000}{\sqrt{3}} (\%) = 0.000\ \%$

크립시험을 했기 때문에 $w_5 = \frac{c}{\sqrt{3}}$ (%) 식을 이용하여 구한다.

c : 힘 측정기의 상대크립오차

ν : 힘 측정기의 상대왕복오차

3.5.6 영점 변화에 의한 상대표준불확도 w_6

각 교정시리즈에서 영점의 변화로 인한 측정결과에 영향을 줄 수 있음을 고려한 것이다. 앞서 산출했던 영점 오차를 그대로 불확도로 적용하여 계산할 수 있다.

① 상대표준불확도 $w_6 = |f_0|$ (%)

$w_6 - |0.000|\ (\%) = 0.000\ \%$

f_0 : 상대영점오차

② 확률분포 : 직사각형

일반적인 기기의 특성, 과거 이력 또는 경험에 대한 추정은 직사각형 확률분포를 적용한다.

③ 자유도 : ∞

상대불확도 R = 0 % 적용. 즉, 표준불확도 추정에 대한 확신의 정도를 100 % 신뢰한다고 가정한다.

$$\frac{1}{2}\left(\frac{100}{R}\right)^2 = \frac{1}{2}\left(\frac{100}{100 - \text{확신의 정도}}\right)^2 = \frac{1}{2}\left(\frac{100}{100-100}\right)^2$$

3.5.7 교정 시 온도변화에 의한 상대표준불확도 w_7

힘 측정기의 감도는 온도에 의해 영향을 받을 수 있으며, 이로 인하여 순지시값의 변동을 일으킬 수 있다. 힘 측정기의 감도 계수는 직접 온도변화를 측정한 값을 적용하거나 제조사의 값을 사용하거나, 경험적 또는 이론적으로 온도변화를 추정하여 적용할 수 있다.

① 상대표준불확도 $w_7 = K \times \frac{\Delta T}{2} \times \frac{1}{\sqrt{3}}$ (%)

$$w_7 = 0.01\ \%/℃ \times \frac{3.75\ ℃}{2} \times \frac{1}{\sqrt{3}} = 0.011\ \%$$

K : 힘 측정기의 온도감도 계수로 단위는 %/℃ 또는 %/K이다. 값을 모를 경우 통상적으로 0.01 %/℃를 적용한다.

ΔT : 교정 중 온도변화폭으로 온도측정의 불확도도 포함한다. 즉 온도변화폭과 온도측정 표준불확도를 합성하여 계산한다.

② 확률분포 : 직사각형

일반적인 기기의 특성, 과거 이력, 경험, 제조사에서 제공한 정보 등에 대한 추정은 직사각형 확률분포를 적용한다.

③ 자유도 : ∞

상대불확도 R = 0 % 적용. 즉, 표준불확도 추정에 대한 확신의 정도를 100 % 신뢰한다고 가정한다.

$$\frac{1}{2}\left(\frac{100}{R}\right)^2 = \frac{1}{2}\left(\frac{100}{100 - \text{확신의 정도}}\right)^2 = \frac{1}{2}\left(\frac{100}{100-100}\right)^2$$

3.5.8 내삽오차에 의한 상대표준불확도 w_8

교정 하중점에서의 증가분 순지시값의 평균과 교정곡선에서 얻어진 순지시값의 차이로 구할 수 있다. (수계산 생략)

$$w_8 = \left| \frac{\overline{X}_{\mathrm{r}} - X_{\mathrm{a}}}{\overline{X}_{\mathrm{r}}} \right| \times 100\ (\%)$$

$\overline{X_r}$: 회전 시 순지시값의 평균

X_a : 교정곡선으로 계산된 순지시값

3.5.9 왕복오차에 의한 상대표준불확도 w_9

증가힘 불확도에 왕복오차에 의한 불확도를 합성하여 감소힘 불확도를 구한다. 왕복오차에

의한 불확도는 왕복오차를 사각형분포로 가정하여 계산된다.

① 상대표준불확도 $w_9 = \frac{\nu}{\sqrt{3}}$ (%)

$$w_{9,\,1} = \frac{0.010\ \%}{\sqrt{3}} = 0.006\ \%$$

다른 구간도 위의 식을 이용하여 구한다.

$w_{9,\,2} = 0.009\ \%$, $w_{9,\,3} = 0.004\ \%$, $w_{9,\,4} = 0.004\ \%$

ν : 힘 측정기의 상대왕복오차

② 확률분포 : 직사각형

일반적인 기기의 특성, 과거 이력, 경험, 제조사에서 제공한 정보 등에 대한 추정은 직사각형 확률분포를 적용한다.

③ 자유도 : ∞

상대불확도 R = 0 % 적용한다. 즉, 표준불확도 추정에 대한 확신의 정도를 100 % 신뢰한다고 가정한다.

$$\frac{1}{2}\left(\frac{100}{R}\right)^2 = \frac{1}{2}\left(\frac{100}{100-\text{확신의 정도}}\right)^2 = \frac{1}{2}\left(\frac{100}{100-100}\right)^2$$

3.5.10 상대합성표준불확도 w_c

상대표준불확도를 모두 합성하여 구한다.

① 상대표준불확도 $w_c = \sqrt{\sum_{i=1}^{9} w_i^2}$

$$w_{c,\,1} = \sqrt{0.015^2 + 0.007^2 + 0.000^2 + 0.002^2 + 0.000^2 + 0.011^2 + 0.000^2 + 0.006^2}$$

$$= 0.022\ \%$$

다른 구간도 위의 식을 이용하여 구한다.

$$w_{c,\,2} = 0.022\ \%,\ w_{c,\,3} = 0.020\ \%,\ w_{c,\,4} = 0.019\ \%,\ w_{c,\,5} = 0.019\ \%$$

3.5.11 유효자유도 ν_{eff}

$$\nu_{eff} = \frac{u_c^4}{\sum_{i=1}^{n} \frac{[c_i u(x_i)]^4}{\nu_i}} = \frac{(0.022)^4}{\frac{(0.007)^4}{2} + \cdots} = 195$$

다른 구간도 위의 식을 이용하여 구한다.

$$\nu_{eff_2} = 5\,784,\ \nu_{eff_3} = 1\,250,\ \nu_{eff_4} = 12\,290,\ \nu_{eff_5} = 260\,642$$

3.5.12 불확도 총괄표(Uncertainty budget)

입력량 (Xi)		상대표준 불확도 u(xi) %	확률 분포	감도 계수 (ci)	|불확도 기여량| ui(y) %	자유도 ν
w_1	상대표준불확도(힘 교정기)	0.015	정규분포	1	0.015	∞
w_2	재현도 오차에 의한 상대표준불확도 (회전에 의한 반복도)	0.007	t-분포	1	0.007	2
w_3	반복도 오차에 의한 상대표준불확도 (비회전에 의한 반복도)	0.000	직사각형	1	0.000	∞
w_4	지시계의 분해능에 의한 상대표준불확도	0.006	직사각형	1	0.006	∞
w_5	힘 측정기의 크립에 의한 상대표준불확도	0.000	직사각형	1	0.000	∞
w_6	영점 변화에 의한 상대표준불확도	0.000	직사각형	1	0.000	∞
w_7	교정 시 온도변화에 의한 상대표준불확도	0.011	직사각형	1	0.011	∞
w_8	내삽오차에 의한 상대표준불확도	0.000	직사각형	1	0.000	∞
w_9	왕복오차에 의한 상대표준불확도	0.006	직사각형	1	0.006	∞
w_c	상대합성표준불확도	–			0.022	ν_{eff} = 195

3.5.13 상대확장불확도 W

유효자유도가 충분히 크므로(10 이상) 정규분포로 간주할 수 있으며, 신뢰수준 약 95 %의 $k = 2$를 적용한다.

$$W = k \times w_{\mathrm{c}}$$

$$W_1 = 2 \times 0.022\ \% = 0.044\ \%$$

다른 구간도 위의 식을 이용하여 구한다.

$$W_2 = 0.044\ \%,\ W_3 = 0.040\ \%,\ W_4 = 0.038\ \%,\ W_5 = 0.038\ \%$$

교정성적서

교 정 기 관 명 교정기관 주소 명기 전화번호 및 Fax No. 명기	성적서번호 : 페이지(1)/(총 3)	KOLAS

1. 의뢰자
   기 관 명 :
   주　　소 :

2. 측 정 기
   기 기 명 : 전기식 힘 측정기
   제작회사 및 형식 :
   기기번호 :

3. 교정일자 :

4. 교정환경
   온　도 : (　　±　　) ℃　　　습　도 : (　　±　　) % R.H.
   교정장소 : ■ 고정표준실　　□ 이동교정　　□ 현장교정

5. 측정표준의 소급성
   상기 기기는 한국계량측정협회에서 발행된 '힘 측정기의 표준교정절차(KASTO 17-20202-104)'에 따라 국가측정표준기관으로부터 측정의 소급성이 확보된 아래의 표준장비를 이용하여 교정되었다.

* 교정에 사용한 표준장비 명세

기기명	제작회사 및 형식	기기 번호	차기교정 예정일자	교정기관	상대불확도
실하중 힘 교정기					%

6. 교정결과 : '교정결과' 참조

7. 측정불확도 : '교정결과' 참조

확 인	작성자 성　명　　　　　(서 명)	승인자 직　위 : 기술책임자(정, 부) 성　명 :　　　　　(서 명)

위 성적서는 국제시험기관인정협력체(International Laboratory Accreditation Cooperation) 상호인정협정(Mutual Recognition Arrangement)에 서명한 한국인정기구(KOLAS)로부터 공인받은 분야의 교정결과입니다.

20 .　　.　　.

한국인정기구 인정　○○교정기관장 (인)

(주) 이 성적서는 측정기의 정밀정확도에 영향을 미치는 요소(과부하, 온도, 습도 등)의 급격한 변화가 발생한 경우에는 무효가 됩니다.

교 정 결 과

성적서번호 :
페이지(2)/(총 3)

KOLAS

압 축 교 정

실하중 (kN)	증가 시 평균 순지시값(kgf)	증가힘의 상대측정불확도(%)
0.00	0.000	–
0.98	100.033	0.044
1.96	200.107	0.044
2.94	300.180	0.040
3.92	400.293	0.038
4.90	500.433	0.038
0.00	0.000	–

1. KASTO–17–20202–104에 따라 상대측정불확도(신뢰수준 약 95 %, k = 2)를 계산하였으며 교정의 측정불확도에는 힘 측정기의 장기적 특성 변화에 의한 불확도 성분을 포함하지 않는다.

2. 교정하중점에서만 성적서의 상대측정불확도가 유효하다.

3. Indicator 사용조건
   - Model No.:
   - Serial No.:
   - 분해능(resolution): 0.01 kgf

4. 무하중에서 지시값(영점 출력): 0.00 kgf

다음 쪽에 계속.

교 정 결 과

성적서번호 :
페이지 (3) / (총 3)

KOREA LABORATORY ACCREDITATION SCHEME KOLAS CALIBRATION NO.

힘 측정기의 특성 및 등급(압축교정)

실하중 (kN)	상대재현도 오차(%)	상대반복도 오차(%)	상대영점 오차(%)	상대왕복 오차(%)	상대크립 오차(%)	등 급
0.00	0.000	0.000	0.000	0.000	0.000	–
0.98	0.000	0.000	0.000	0.010	0.000	–
1.96	0.020	0.010	0.000	0.015	0.000	–
2.94	0.010	0.007	0.000	0.007	0.000	–
3.92	0.013	0.000	0.000	0.007	0.000	–
4.90	0.005	0.004	0.000	0.000	0.000	–
0.00	0.000	0.000	0.000	0.000	0.000	

1. KASTO–17–20202–104에 따라 '등급 결정 요건'과 최소교정하중을 고려하여 Case A (교정곡선 미사용, 증가힘 사용) 조건에서 등급을 결정하였다.

2. 최소 등급 요건을 만족시키지 못하여 등급을 부여하지 않았다.

3. 크립 시험 결과
   - 240도 위치에서 최대 교정 하중(사전부하)을 최소 30초 동안 유지한 후 제거한 다음 30초와 300초에서 순지시값을 기록하였다.
   - 30초에서 순지시값 : 0.00 kgf
   - 300초에서 순지시값 : 0.00 kgf

끝.

4 토크렌치

4.1 교정대상기기의 교정 항목, 측정 범위 및 교정 방법

교정 항목	측정 범위	교정 방법(교정기기)
정확도	교정대상기기의 정격토크 전 범위	토크측정기를 이용한 비교측정

4.2 필요장비 명세 및 최저요구성능

표준장비명	수량	최저요구성능
토크측정기	1 대	상대확장불확도 1.0 % 이내
부속 장비	–	연결 소켓류, 설치대 등

4.3 교정 준비 및 절차

(1) 표준교정절차서를 숙독한다.

(2) 교정에 사용되는 모든 장비의 외관 검사 및 정상 작동 여부를 검사한다.

(3) 데이터의 변동량을 최소화하기 위해 교정 전 최소 30분 이상 예열한다.

(4) 온도에 의한 영향을 최소화하기 위해 기준(토크측정기) 및 교정대상기기(토크렌치)를 같은 공간에 두어 열평형을 시킨다.

(5) 측정 전 토크측정기의 정렬상태, 토크렌치 유효중심선(손으로 잡는 부분)의 접촉 위치 등을 확인하고 수평 및 수직 상태가 이루어지도록 세팅하여 0점을 맞춘다.

(6) 교정점을 선정하되 토크렌치 0 위치부터 정격용량의 전 범위를 하되 가능한 균일한 간격으로 최소 5개소 이상을 선정하여 측정한다.

(7) 측정 속도는 일정하고 적정 속도를 유지하되 지나치게 빠르거나 천천히 측정하지 않도록 주의한다.

(8) 측정 전 사전부하시험을 3회 이상 실시한다.

(9) 측정결과를 읽고 기록할 때 주의할 것은 선정한 토크렌치 교정점에 위치시킨 후 약 20초간 유지하고, 측정값의 변동이 없을 때 토크측정기의 눈금을 읽어 기록한다.

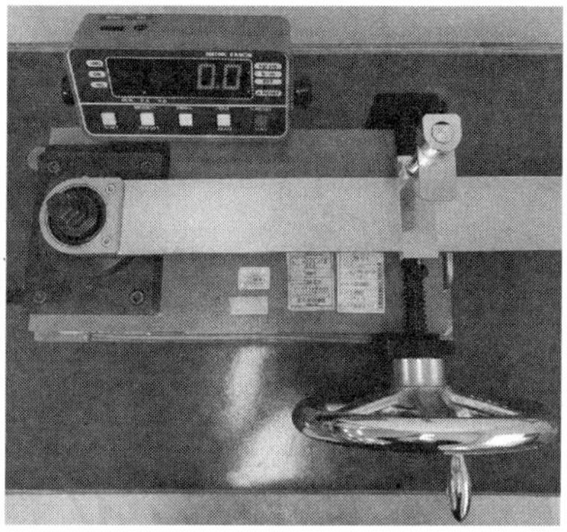

[그림 4.1] 토크측정기

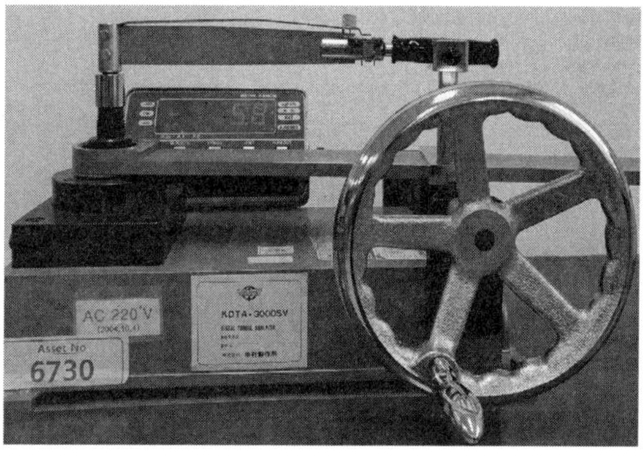

[그림 4.2] 토크렌치 설치(수직, 수평 정렬)

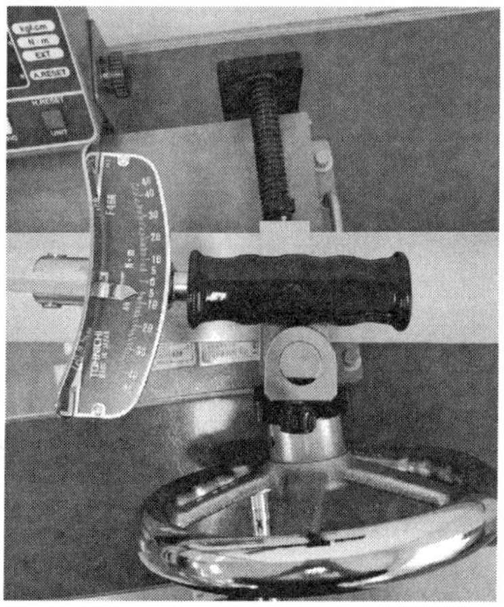

[그림 4.3] 시계방향 측정

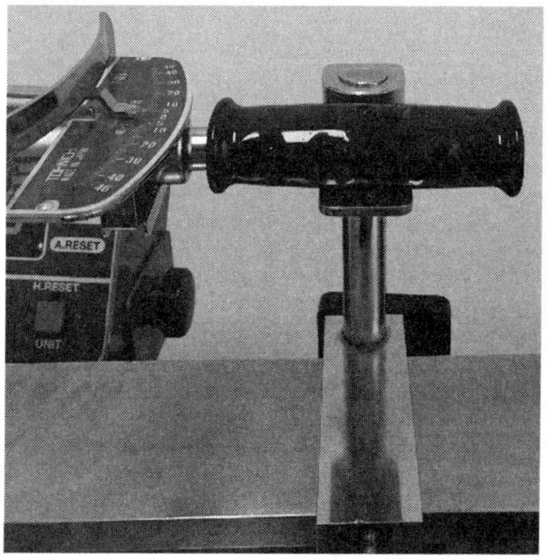

[그림 4.4] 반시계방향 측정

4.4 교정데이터 처리

4.4.1 측정환경

시간	온도 (℃)	기압 (Pa)	습도 (%R.H.)
시작 : 10:00 완료 : 12:00 최종 : 120분	최저 : 23.6 최고 : 24.2 평균 : 23.9	최저 : 100 270 최고 : 100 280 평균 : 100 275	최저 : 59 최고 : 61 평균 : 60

4.4.2 토크렌치 교정 시 토크측정기의 지시값

교정 토크점에서의 순 지시값				
측정방향	교정토크 (N.m)	토크측정기의 지시값(N.m)		
		1차	2차	3차
시계방향	0.0	0.0	0.0	0.0
	5.0	4.8	4.9	4.9
	10.0	10.0	9.9	10.1
	15.0	15.1	15.0	15.2
	20.0	20.0	20.3	20.1
	25.0	25.4	25.4	25.5
반시계방향	0.0	0.0	0.0	0.0
	5.0	4.5	4.6	4.6
	10.0	9.4	9.6	9.6
	15.0	14.5	14.6	14.6
	20.0	19.7	19.6	19.6
	25.0	24.9	24.9	24.8

4.4.3 토크측정기의 교정성적서에 나타난 평균지시값

현업에서는 토크측정기의 교정성적서를 반드시 적용시켜야 한다. 여기서는 다음의 값을 임의로 부여하여 산출하였다.

토크측정기의 교정성적서 값(시계방향 CW)

실토크(N.m)	평균지시값(N.m)	상대확장불확도(%)
0.0	0.000	–
5.0	4.962	1.40
10.0	9.984	0.80
15.0	14.952	0.90
20.0	19.998	0.80
25.0	25.193	0.80

위 데이터는 교정성적서를 참조하는 것이다. 반시계방향의 교정성적서도 참고하여 적용해야 한다. 여기서는 시계방향과 반시계방향의 교정결과가 같은 것으로 적용하였다.

4.4.4 실토크 값으로 환산된 값

측정방향	토크렌치의 지시토크 (N.m)	실토크값(N.m)			
		1차	2차	3차	평균
시계방향	0.0	0.00	0.00	0.00	0.00
	5.0	4.84	4.94	4.94	4.91
	10.0	10.02	9.92	10.12	10.02
	15.0	15.15	15.05	15.25	15.15
	20.0	20.00	20.30	20.10	20.13
	25.0	25.21	25.21	25.30	25.24
반시계방향	0.0	0.00	0.00	0.00	0.00
	5.0	4.53	4.64	4.64	4.60
	10.0	9.42	9.62	9.62	9.55
	15.0	14.55	14.65	14.65	14.62
	20.0	19.70	19.60	19.60	19.63
	25.0	24.71	24.71	24.61	24.68

(계산과정) 실토크로 환산 $T_{ij} = T_s \times \frac{d_{ij}}{\overline{d_i}}$

T_{ij} : 교정 토크점 i 단계의 j번째 실토크(N · m)

T_S : 토크측정기 교정 시 가해진 실토크(토크렌치의 교정 토크점과 동일)(N · m)

d_{ij} : 교정 토크점 i 단계의 j번째 반복측정에서의 토크측정기의 순지시값

$\overline{d_i}$: 토크측정기의 교정 토크점 i 단계의 반복측정에서의 평균지시값(교정성적서 값)

실토크 값으로 환산된 값	
시계방향(CW)	반시계방향(CCW)
$T_{11}=5.0\times\frac{4.8}{4.962}=4.84$	$T_{11}=5.0\times\frac{4.5}{4.962}=4.53$
$T_{12}=5.0\times\frac{4.9}{4.962}=4.94$	$T_{12}=5.0\times\frac{4.6}{4.962}=4.64$
$T_{13}=5.0\times\frac{4.9}{4.962}=4.94$	$T_{13}=5.0\times\frac{4.6}{4.962}=4.64$
$T_{21}=10.0\times\frac{10.0}{9.984}=10.02$	$T_{21}=10.0\times\frac{9.5}{9.984}=9.52$
$T_{22}=10.0\times\frac{9.9}{9.984}=9.92$	$T_{22}=10.0\times\frac{9.6}{9.984}=9.62$
$T_{23}=10.0\times\frac{10.1}{9.984}=10.12$	$T_{23}=10.0\times\frac{9.6}{9.984}=9.62$
$T_{31}=15.0\times\frac{15.1}{14.952}=15.15$	$T_{31}=15.0\times\frac{14.5}{14.952}=14.55$
$T_{32}=15.0\times\frac{15.0}{14.952}=15.05$	$T_{32}=15.0\times\frac{14.6}{14.952}=14.65$
$T_{33}=15.0\times\frac{15.2}{14.952}=15.25$	$T_{33}=15.0\times\frac{14.6}{14.952}=14.65$
$T_{41}=20.0\times\frac{20.0}{19.998}=20.00$	$T_{41}=20.0\times\frac{19.7}{19.998}=19.70$
$T_{42}=20.0\times\frac{20.3}{19.998}=20.30$	$T_{42}=20.0\times\frac{19.6}{19.998}=19.60$
$T_{43}=20.0\times\frac{20.1}{19.998}=20.10$	$T_{43}=20.0\times\frac{19.6}{19.998}=19.60$
$T_{51}=25.0\times\frac{25.4}{25.193}=25.21$	$T_{51}=25.0\times\frac{24.9}{25.193}=24.71$
$T_{52}=25.0\times\frac{25.4}{25.193}=25.21$	$T_{52}=25.0\times\frac{24.9}{25.193}=24.71$
$T_{53}=25.0\times\frac{25.5}{25.193}=25.30$	$T_{53}=25.0\times\frac{24.8}{25.193}=24.61$

4.4.5 상대정확도 오차 q_i

$$q_i=\frac{(T_i-\overline{T_i})}{\overline{T_i}}\times 100\ (\%)\qquad (i=1,2,\ \cdots)$$

q_i : 토크렌치와 토크측정기의 상대지시 편차(상대정확도 오차)(%)

T_i : 교정 토크점 i 단계에서 교정 토크(토크렌치의 지시토크)(N · m)

$\overline{T_i}$: 교정 토크점 i 단계의 반복측정에서 평균 실토크(N · m)

상대정확도 오차(%)	
시계방향(CW)	반시계방향(CCW)
$q_1 = \frac{5-4.91}{4.91} \times 100\ (\%) = 1.8\,\%$	$q_1 = \frac{5-4.60}{4.60} \times 100\ (\%) = 8.7\,\%$
$q_2 = -0.2\,\%$	$q_2 = 4.3\,\%$
$q_3 = -1.0\,\%$	$q_2 = 2.6\,\%$
$q_4 = -0.6\,\%$	$q_2 = 1.9\,\%$
$q_5 = -1.6\,\%$	$q_2 = 1.3\,\%$

4.5 수학적 모델

토크 측정결과에 영향을 미친 요인들을 합성하여 상대합성표준불확도로 불확도를 계산한다. 아래의 세 가지 요인들에 대한 불확도를 구하며 결과는 백분율로 나타낸다.

$$w_{c,i} = \sqrt{w_{rep,i}^2 + w_{res,i}^2 + w_{std}^2}$$

$w_{c,i}$: 상대합성표준불확도(%)
$w_{rep,i}$: 반복성에 의한 상대표준불확도(%)
$w_{res,i}$: 분해능에 의한 상대표준불확도(%)
w_{std} : 토크측정기와 상대표준불확도(%)

$w_{c,i}$	상대합성표준불확도(%)
$w_{rep,i}$	반복성에 의한 상대표준불확도(%)
$w_{res,i}$	분해능에 의한 상대표준불확도(%)
w_{std}	토크측정기와 상대표준불확도(%)
w_{stdc}	교정시 토크측정기의 상대표준불확도
w_{temp}	토크측정기의 사용 시 온도 편차에 의한 상대표준불확도
w_{drift}	토크측정기의 감도 드리프트에 의한 상대표준불확도

4.6 불확도 계산

시계방향(CW)에 대한 불확도 산출을 예시로 보였다.

4.6.1 반복성에 의한 상대표준불확도 $w_{rep,i}$

반복측정에서 발생되는 산포를 이용하여 불확도를 구할 수 있다(A형 불확도).

① 상대표준불확도 : 0.679 %

$$w_{rep,\,i} = \frac{1}{\sqrt{n}}\left(\frac{1}{\overline{T_i}}\sqrt{\frac{1}{(n-1)}\sum_{j=1}^{n}(T_{ij}-\overline{T_i})^2}\right)\times 100\ (\%)$$

$$w_{rep,\,1} = \frac{1}{\sqrt{3}}\left(\frac{1}{4.91}\sqrt{\frac{1}{(3-1)}\sum(4.84-4.91)^2+(4.94-4.91)^2+(4.94-4.91)^2}\right)\times 100$$

$$= 0.679\ \%$$

$$w_{rep,\,2} = 0.576\ \%$$

$$w_{rep,\,3} = 0.381\ \%$$

$$w_{rep,\,4} = 0.438\ \%$$

$$w_{rep,\,5} = 0.119\ \%$$

② 확률분포 : t-분포

측정횟수가 30회 미만으로 t-분포로 간주한다.

③ 감도 계수 : 1

수학적 모델을 편미분하여 구한다.

④ 불확도 기여량 : 0.679 %

감도 계수와 표준불확도를 곱하여 절대값을 씌워 구한다. $|1\times 0.679|$

⑤ 자유도 : 2

A형 불확도의 자유도는 (측정횟수 - 1), 즉 (3 - 1) = 2이다.

4.6.2 분해능에 의한 상대표준불확도 $w_{res,i}$

토크렌치의 분해능에 대하여 직사각형 확률분포를 적용하여 구할 수 있다.

① 상대표준불확도 : 0.588 %

$$w_{res,i} = \sqrt{\frac{r^2}{(12 \times \overline{T_i^2})}} \times 100 \ (\%)$$

$$w_{res,\,1} = \sqrt{\frac{0.1^2}{(12 \times \overline{4.91^2})}} \times 100 \ = 0.588 \ \%$$

$w_{res,\,2} = 0.288\ \%$

$w_{res,\,3} = 0.191\ \%$

$w_{res,\,4} = 0.143\ \%$

$w_{res,\,5} = 0.114\ \%$

② 확률분포 : 직사각형 확률분포

기기특성에 따른 등간격의 분해능으로 인하여 측정결과에 영향을 미친 정도가 균등하다고 볼 수 있으므로 직사각형 확률분포로 간주한다.

③ 감도 계수 : 1

수학적 모델을 편미분하여 구한다.

④ 불확도 기여량 : 0.588 %

감도 계수와 표준불확도를 곱하여 절대값을 씌워 구한다. $|1 \times 0.588|$

⑤ 자유도 : ∞

추정한 표준불확도를 충분히 신뢰할 만하다고 가정할 때, 상대불확도 R = 0 %를 적용하였다.

$$\frac{1}{2}\left(\frac{100}{R}\right)^2 = \frac{1}{2}\left(\frac{100}{100 - \text{확신의 정도}}\right)^2 = \frac{1}{2}\left(\frac{100}{100-100}\right)^2$$

4.6.3 토크측정기와 상대표준불확도 w_{std}

토크측정기와 관련된 상대표준불확도(w_{std})는 교정 시 토크측정기의 상대표준불확도(w_{stdc}), 토크측정기의 사용 시 온도편차에 의한 상대표준불확도(w_{temp}), 토크측정기의 감도 드리프트에 의한 상대표준불확도(w_{drift})를 합성하여 계산한다.

① 상대표준불확도 : 0.701 %

세 요인을 모두 합성하여 구한다.

$$w_{std} = \sqrt{w_{stdc}^2 + w_{temp}^2 + w_{drift}^2}\ (\%)$$

$$w_{std} = \sqrt{0.700^2 + 0.003^2 + 0.029^2} = 0.701\ \%$$

② 확률분포 : 정규분포

세 요인을 합성하여 얻은 유효자유도의 크기가 충분히 크므로 정규분포로 간주한다.

③ 감도 계수 : 1

수학적 모델을 편미분하여 구한다.

④ 불확도 기여량 : 0.701 %

감도 계수와 표준불확도를 곱하여 절대값을 씌워 구한다. $|1 \times 0.701|$

⑤ 자유도 : ∞

세 가지 불확도 요인을 합성하여 유효자유도를 구한다.

$$V_{eff} = \frac{u_c^4(y)}{\sum_{i=1}^{n} \frac{[c_i u(x_i)]^4}{v_i}} = V_{eff} = \frac{(0.071)^4}{\frac{(0.007)^4}{\infty} + \frac{(0.003)^4}{\infty} + \frac{(0.029)^4}{\infty}} = \infty$$

1) 교정 시 토크측정기의 상대표준불확도 w_{stdc}

교정 시 사용된 토크측정기의 교정범위 중 가장 큰 상대확장불확도 W_{stdc}를 포함인자 값 k로 나누어 계산한다.

① 상대표준불확도 : 0.70 %

$$w_{stdc} = \frac{1.40\ \%}{2}$$

② 확률분포 : 정규분포

교정성적서를 근거로 하여 추정했으므로 정규분포로 간주한다.

③ 감도 계수 : 1

수학적 모델을 편미분하여 구한다.

④ 불확도 기여량 : 0.70 %

감도 계수와 표준불확도를 곱하여 절대값을 씌워 구한다. $|1 \times 0.70\ \%|$

⑤ 자유도 : ∞

교정성적서를 충분히 신뢰할만하다고 간주하여 상대불확도 R=0 % 적용할 수 있다.

2) 토크측정기의 사용 시 온도편차에 의한 상대표준불확도 w_{temp}

토크측정기의 교정성적서 상에 명시된 교정 시 온도와 토크렌치를 교정할 때의 평균온도와의 편차에 대한 상대표준불확도를 구한다. 이때, 토크측정기의 감도변화율을 고려하여 직사각형 확률분포를 적용한다.

① 상대표준불확도 : 0.003 %

토크측정기 교정 시 온도가 19.9 ℃라고 교정성적서에 명시되어 있다고 가정했다. 또한 실제 토크렌치 교정 시 평균온도는 23.9 ℃였으므로 다음과 같이 구할 수 있다.

$$w_{temp} = \frac{\alpha \cdot \Delta_{temp}}{\sqrt{3}} = w_{temp} = \frac{0.0012\%/℃ \times 4.0\ ℃}{\sqrt{3}} = 0.003\ \%$$

② 확률분포 : 직사각형 확률분포

교정성적서와 기기특성상 일반적으로 발생될 수 있는 정보를 활용했으므로 직사각형 분포로 간주할 수 있다.

③ 감도 계수 : 1

수학적 모델을 편미분하여 구한다.

④ 불확도 기여량 : 0.003 %

감도 계수와 표준불확도를 곱하여 절대값을 씌워 구한다. $|1 \times 0.003\ \%|$

⑤ 자유도 : ∞

추정된 상대표준불확도가 충분히 신뢰할 만하다고 간주하여 상대불확도 R = 0 % 적용할 수 있다.

3) 토크측정기의 감도 드리프트에 의한 상대표준불확도 w_{drift}

토크측정기의 과거 교정성적서와 현재 교정성적서를 비교하여 상대반복도오차(a_{drift})에 직사각형 확률분포를 적용하여 상대표준불확도를 구한다.

① 상대표준불확도 : 0.029 %

토크측정기의 과거와 현재의 상대반복도 오차(a_{drift})가 ±0.05 %라고 한다면 다음과 같이 구할 수 있다.

$$w_{drift} = \frac{a_{drift}}{\sqrt{3}}\ (\%) = \frac{0.05}{\sqrt{3}} = 0.029\ \%$$

② 확률분포 : 직사각형 확률분포

과거의 정보를 활용했으므로 직사각형 분포로 간주할 수 있다.

③ 감도 계수 : 1

수학적 모델을 편미분하여 구한다.

④ 불확도 기여량 : 0.029 %

감도 계수와 표준불확도를 곱하여 절대값을 씌워 구한다. $|1 \times 0.029\ \%|$

⑤ 자유도 : ∞

추정된 상대표준불확도가 충분히 신뢰할 만하다고 간주하여 상대불확도 R = 0 % 적용할 수 있다.

4.6.4 상대합성표준불확도 $w_{c,i}$

상대표준불확도 요인 세 가지를 모두 합성하여 구할 수 있다.

$$w_{c,i} = \sqrt{w_{rep,i}^2 + w_{res,i}^2 + w_{std}^2}$$

$$w_{c,\,1} = \sqrt{0.679^2 + 0.588^2 + 0.701^2} = 1.139\ \%$$

$w_{c,\,2} = 0.952\ \%$

$w_{c,\,3} = 0.820\ \%$

$w_{c,\,4} = 0.839\ \%$

$w_{c,\,5} = 0.720\ \%$

4.6.5 유효자유도 V_{eff}

$$\nu_{eff,i} = \frac{w_{c,i}^4}{\left(\dfrac{w_{rep,i}^4}{\nu_{rep,i}}\right)} = \nu_{eff,1} = \frac{w_{c,1}^4}{\left(\dfrac{w_{rep,1}^4}{\nu_{rep,1}}\right)} = \frac{1.139^4}{\dfrac{0.679^4}{2}} = 15$$

$\nu_{eff,\,2} = 14$

$\nu_{eff,\,3} = 42$

$\nu_{eff,\,4} = 26$

$\nu_{eff,\,5} = 2680$

4.6.6 불확도 총괄표

표준불확도성분 $w_{x,1}$	불확도 요인	확률 분포	상대표준 불확도(%)	감도 계수	|불확도 기여량|	자유도
$w_{rep,1}$	측정결과의 반복성	t	0.679	1	0.679	2
$w_{res,1}$	토크렌치의 분해능	직사각형	0.588	1	0.588	∞
w_{std}	기준 토크측정기의 요인	정규	0.701	1	0.701	∞
w_{stdc}	토크측정기의 불확도	정규	0.700	1	0.700	∞
w_{temp}	사용 시 온도편차	직사각형	0.003	1	0.003	∞
w_{drift}	감도 드리프트	직사각형	0.029	1	0.029	∞
$w_{c,1}$	상대합성표준불확도	정규	–	–	1.139	15

4.6.7 상대확장불확도 W_i

상대표준유효자유도가 10 이상으로 충분히 크므로 신뢰수준 약 95 %, 포함인자 $k = 2$를 적용하여 계산한다. 이때 각 교정 토크점에서 유효자유도가 가장 작은 교정점을 기준으로 하여 상대확장불확도로 결정한다. 즉, $\nu_{eff,\,2} = 14$가 가장 작으므로 해당 구간의 상대합성표준불확도에 포함인자를 곱하여 구한다.

$$W_i = k \times w_{c,i} \ (\%) \quad (i = 1, 2, \cdots) \quad W_2 = 2 \times 0.952 = 1.904 \cong 1.9\ \%$$

4.6.8 교정결과의 보고

토크렌치 사용범위(5 ~ 25)N · m의 교정결과 상대정확도 오차는 −0.2 %였으며, 이 때, 상대측정불확도는 신뢰수준 약 95 %, 포함인자 $k = 2$일 때, 1.9 %이다.

교정성적서

교 정 기 관 명 교정기관 주소 명기 전화번호 및 Fax No. 명기	성적서번호 : 페이지 (1) / (총 2)	KOLAS

1. 의 뢰 자
   기 관 명 :
   주　　소 :
2. 측 정 기
   기 기 명 : 토크렌치(플레이트형)
   제작회사 및 형식 :
   기기번호 :
3. 교정일자 : 20 . . .
4. 교정환경
   온　도 : (　±　) ℃　　습　도 : (　±　) % R.H.
   교정장소 : ■ 고정표준실　□ 이동교정　□ 현장교정
5. 측정표준의 소급성

위의 기기는 한국계량측정협회에서 발행된 '토크렌치 및 토크드라이버의 표준교정절차(KASTO 17-20303-244'에 따라 국가측정표준기관으로부터 소급성이 유지된 기준장비를 사용하여 교정되었다.

교정에 사용한 표준장비 명세

기기명	제작자 및 형식	기기번호	차기교정예정일자	교정기관
전기식토크측정기				

6. 교정결과 : 붙임 '교정결과' 참조
7. 측정불확도 : 붙임 '교정결과' 참조

확 인	작성자 성 명　(서 명)	승인자 직 위 : (기술책임자) 성 명 :　(서 명)

위 성적서는 국제시험기관인정협력체(International Laboratory Accreditation Cooperation) 상호인정협정(Mutual Recognition Arrangement)에 서명한 한국인정기구(KOLAS)로부터 공인받은 분야의 교정결과입니다.

20 . . .

한국인정기구 인정　○○교정기관장 (인)

(주) 이 성적서는 측정기의 정밀정확도에 영향을 미치는 요소(과부하, 온도, 습도 등)의 급격한 변화가 발생한 경우에는 무효가 됩니다.

# 교정결과	페이지(2)/(총 2)	KOLAS

교정번호 : 00 – 000 – 000
Certificate No.

1. 토크렌치 정확도 교정(시계방향)
   * 교정범위 : (5 ~ 25) N · m

토크렌치 지시토크 (N · m)	실토크 (N · m)	상대정확도오차 (%)	상대측정불확도 (%)
0.0	0.0	0.0	1.9
5.0	4.9	1.8	
10.	10.0	–0.2	
15.0	15.1	–1.0	
20.0	20.1	–0.6	
25.0	25.2	–1.6	

1) 'KASTO 17–20303–244'에 따라 상대정확도오차 및 상대측정불확도(신뢰수준 약 95 %, k = 2)를 계산하였음.

2) 토크렌치의 분해능 : 0.1 N · m

끝.

5 게이지압용 압력계

5.1 교정대상기기의 교정 항목, 측정 범위 및 교정 방법

교정 항목	측정 범위	교정 방법 (교정기기)
보정값	전 구간	분동식 압력계 등 압력표준기와의 비교교정

5.2 필요장비 명세 및 최저요구성능

구분	표준장비명	수량	최저요구성능
표준기	분동식 압력계 (Pressure Balance)	1 set	측정범위 : 교정대상기기 측정범위의 전 구간을 10 %로 분할 가능한 장비

5.3 교정 준비 및 절차

(1) 표준교정절차서를 숙독한다.

(2) 교정 전 교정대상 힘 측정기는 힘 교정기가 설치된 실험실에 충분한 열평형이 이루어지도록 한다.

(3) 표준기의 수평 상태를 점검하고 조정한다.

(4) 교정대상기기(디지털 압력계)를 설치한다.

(5) 교정 전 3 MPa까지 사전부하를 3회 이상 가하여 이상 유무를 확인하고 무하중과 정격하중 값을 기록한다.

(6) 표준기와 분동의 기준높이 차가 최소화되도록 주의한다.

(7) 분동을 가하거나 제거할 경우 하나씩 이동시키고, 충격이 가해지지 않도록 주의한다.

(8) 편심에 의한 오차가 발생하지 않도록 천천히 부드럽게 회전시키고, 회전이 이루어지는 동안 압력값을 읽어 기록한다.

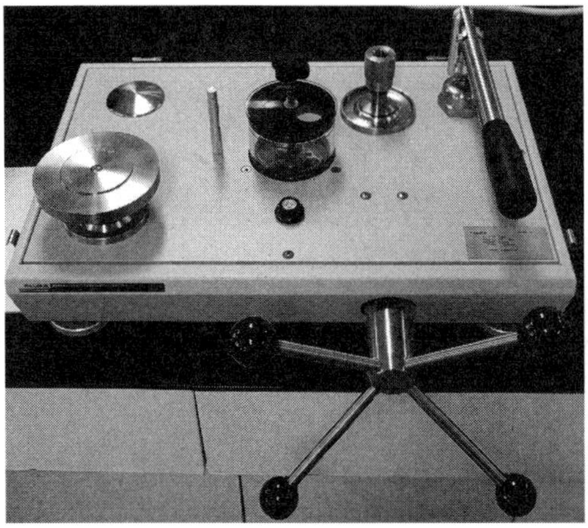

[그림 5.1] 압력교정기 점검

[그림 5.2] 압력계 설치 및 0점 세팅

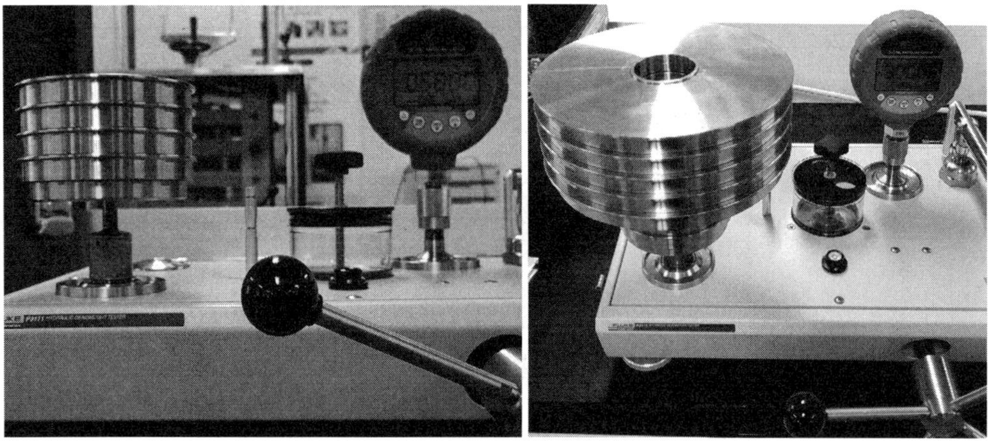

[그림 5.3] 압력 측정

☞ 사전부하 후 압력측정을 한다. 편심을 제거하기 위해 분동을 가볍게 회전시키고, 눈금은 회전이 이루어지는 동안 읽어 기록한다.

5.4 교정데이터 처리

교정대상기기로는 분해능 0.000 1 MPa, 측정범위 (0 ~ 3) MPa의 디지털 압력계의 교정처리 과정을 예시로 설명하였다.

5.4.1 측정환경

시간	온도 (℃)	기압 (Pa)	습도 (%R.H.)
시작 : 14:00 완료 : 16:00 최종 : 120분	최저 : 22.1 최고 : 22.3 평균 : 22.2	최저 : 101 000 최고 : 101 000 평균 : 101 000	최저 : 50 최고 : 54 평균 : 52

5.4.2 디지털 압력계의 로우 데이터

측정점 번호		표준기 압력 (교정대상기기의 기준높이에서의 압력), p_r	디지털 압력계 지시값 종합교정절차(3회 반복 측정), p_i		
			1회	2회	3회
		MPa	MPa	MPa	MPa
가압	1	0.000 0	0.000 1	0.000 0	0.000 1
	2	1.000 0	1.000 0	1.000 0	1.000 0
	3	1.500 0	1.499 9	1.499 9	1.500 0
	4	2.000 0	1.999 9	1.999 9	2.000 0
	5	2.500 0	2.499 9	2.499 9	2.500 0
	6	3.000 0	2.999 9	2.999 9	2.999 9
감압	6	3.000 0	2.999 9	2.999 9	2.999 9
	5	2.500 0	2.499 9	2.499 9	2.499 9
	4	2.000 0	1.999 9	1.999 9	1.999 9
	3	1.500 0	1.499 9	1.499 9	1.499 9
	2	1.000 0	1.000 0	1.000 0	1.000 0
	1	0.000 0	0.000 0	0.000 0	–0.000 2

5.4.3 2.5 MPa에서의 측정데이터

보정값 및 측정불확도 산출을 위해 임의의 한 구간(2.5 MPa)을 예시로 설명하였다.

측정점 번호		표준기 압력 (교정대상기기의 기준높이에서의 압력), p_r	디지털 압력계 지시값 종합교정절차(3회 반복 측정), p_i			평균
			1회	2회	3회	
		MPa	MPa	MPa	MPa	MPa
가압	5	2.500 0	2.499 9	2.499 9	2.500 0	2.499 9
감압	5	2.500 0	2.499 9	2.499 9	2.499 9	2.499 9
보정값 = (표준기 압력 - 교정대상기기의 가압과 감압의 평균 압력) = (2.500 0 - 2.499 9) = 0.000 1 MPa						2.499 9

5.5 수학적 모델

보정값을 구하기 위한 모델을 수립하여 보정값을 구한다. 측정불확도는 불확도전파법칙에 따라 RSSM방법으로 산출한다. 불확도 요인에는 표준기에 대한 불확도와 교정대상기기에 대한 불확도를 산출하는데 교정대상기기의 불확도에는 분해능, 영점오차, 반복도, 히스테리시스에 의한 불확도가 있다. 각 항목들의 감도 계수는 1로 적용하여 산출한다.

$$c = p_s - p_i$$

$$u_c = \sqrt{u_{\mathrm{s}}^2 + u_{\mathrm{i}}^2} = \sqrt{u_{\mathrm{s}}^2 + u_{\mathrm{res}}^2 + u_{\mathrm{zero}}^2 + u_{\mathrm{rep}}^2 + u_{\mathrm{hys}}^2}$$

c	보정값
p_s	교정대상기기 기준면에서의 표준압력
p_i	교정대상기기 지시값
u_c	합성표준불확도
u_s	표준기의 불확도
u_i	교정대상기기의 불확도
u_{res}	분해능에 의한 불확도
u_{zero}	영점오차에 의한 불확도
u_{rep}	반복도에 의한 불확도
u_{hys}	히스테리시스에 의한 불확도

5.6 불확도 계산

5.6.1 표준기의 표준불확도 u_s

① 추정값 : 2.500 0 MPa

② 표준불확도 : 0.000 10 MPa

$$u_{\mathrm{s}} = \frac{U(p)}{k} = \frac{8.0 \times 10^{-5} \times 2.5\,\mathrm{MPa}}{2}$$

교정성적서를 참고하여 측정불확도를 포함인자 k로 나누어 산출한다. 가정하여 적용하였으며, 실제 교정에 사용된 표준기의 교정성적서를 참고하여 표준불확도를 산출한다.

③ 확률분포 : 정규분포

성적서를 참조했으므로 정규분포로 간주한다(성적서 상의 신뢰수준 및 포함인자 k가 명시됨).

④ 감도 계수 : 1

⑤ 불확도 기여량 : 0.000 10 MPa

$$|\text{표준불확도} \times \text{감도 계수}| = |0.000\ 10\,\mathrm{MPa} \times 1|$$

⑥ 자유도 : ∞

상대불확도 R = 0 %, 즉 표준불확도 추정에 대한 확신의 정도를 100 % 신뢰한다고 가정한다.

$$\frac{1}{2}\left(\frac{100}{R}\right)^2 = \frac{1}{2}\left(\frac{100}{100-\text{확신의 정도}}\right)^2 = \frac{1}{2}\left(\frac{100}{100-100}\right)^2$$

5.6.2 교정대상기기의 표준불확도 u_i

1) 분해능에 의한 불확도 u_{res}

① 추정값 : 0

분해능으로 인하여 측정결과에 영향을 미친 정도는 사실상 기댓값을 추정하기 어려우므로 0으로 둔다.

② 표준불확도 : 0.00003 MPa

디지털 압력계의 분해능에 직사각형 확률분포를 적용하여 산출한다.

$$u_{res} = \frac{r}{2\sqrt{3}} = \frac{0.000\,1\,\text{MPa}}{2\sqrt{3}} = 0.000\,03\ \text{MPa}$$

③ 확률분포 : 직사각형

등간격으로 이루어진 분해능으로 인하여 눈금을 잘못 읽을 확률이 동일하다고 가정할 때 직사각형 확률분포로 간주할 수 있다.

④ 감도 계수 : 1

⑤ 불확도 기여량 : 0.00003 MPa

$$|\text{표준불확도} \times \text{감도 계수}| = |0.000\,03\,\text{MPa} \times 1|$$

⑥ 자유도 : ∞

상대불확도 R = 0 % 가정, 즉 표준불확도 추정에 대한 확신의 정도를 100 % 신뢰한다고 가정한다.

$$\frac{1}{2}\left(\frac{100}{R}\right)^2 = \frac{1}{2}\left(\frac{100}{100-\text{확신의 정도}}\right)^2 = \frac{1}{2}\left(\frac{100}{100-100}\right)^2$$

2) 영점오차에 의한 불확도 u_{zero}

f_0 교정대상기기의 대기압에 노출시켰을 경우 측정 사이클 전과 후에 반드시 기록되어야 하며 다음 식으로 계산한다. 직사각형 확률분포를 적용하여 표준불확도를 계산한다.

① 추정값 : 0.000 1 MPa

$$f_0 = \text{MAX}\{|X_{2,0} - X_{1,0}|, |X_{4,0} - X_{3,0}|, |X_{6,0} - X_{5,0}|\}$$

$$f_0 = \text{MAX}\left\{\begin{array}{l}|1\text{회 측정 시 0점 감압값} - 1\text{회 측정 시 0점 가압값}|, \\ |2\text{회 측정 시 0점 감압값} - 2\text{회 측정 시 0점 가압값}|, \\ |3\text{회 측정 시 0존 감압값} - 3\text{회 측정 시 0점 가압값}|\end{array}\right\}$$

$$\therefore\ f_0 = \text{MAX}\{|0.000\,0 - 0.000\,1|, |0.000\,0 - 0.000\,0|, |(-0.000\,2) - (-0.000\,1)\ |\} = 0.000\,1\,\text{MPa}$$

② 표준불확도 : 0.00003 MPa

직사각형 확률분포를 적용하여 산출한다.

$$u_{zero} = \frac{f_0}{2\sqrt{3}} = \frac{0.0001\,\text{MPa}}{2\sqrt{3}} = 0.000\,03\,\text{MPa}$$

③ 확률분포 : 직사각형

일반적인 기기의 특성에 대한 과거 이력 또는 경험에 대한 추정은 직사각형 확률분포를 적용한다.

④ 감도 계수 : 1

⑤ 불확도 기여량 : 0.00003 MPa

$$|\text{표준불확도} \times \text{감도 계수}| = |0.000\,03\,\text{MPa} \times 1|$$

⑥ 자유도 : 50

상대불확도 R = 10 % 가정, 즉 표준불확도 추정에 대한 확신의 정도를 90 % 신뢰한다고 가정했다.

$$\frac{1}{2}\left(\frac{100}{R}\right)^2 = \frac{1}{2}\left(\frac{100}{100 - \text{확신의 정도}}\right)^2 = \frac{1}{2}\left(\frac{100}{100-90}\right)^2$$

3) 반복성에 의한 불확도 u_{rep}

반복성을 구하기 위해서는 0점 보정 전 초기 로우 데이터표를 이용하여 영점을 보정한 자료로 산출한다. 영점보정은 압력이 가해지지 않은 초기상태를 0으로 하여 지시값의 변화량을 재구성한 것이다. 반복성은 각 표준 압력점에서 지시값의 최대 차이값을 변화구간으로 하여 직사각형분포로 가정하여 구할 수 있다.

MPa에서의 영점보정 후 측정데이터

측정점 번호	표준압력	교정대상기기 지시값 (영점보정)			
		1회	2회	3회	변화구간 (반복성)
	MPa	MPa	MPa	MPa	MPa
5(가압)	2.500 0	2.499 8	2.499 9	2.499 9	0.000 1
5(감압)	2.500 0	2.499 9	2.499 9	2.500 1	0.000 2

1회 측정 : (가압 지시값–가압 영점 변화량) = (2.499 9–0.000 1) = 2.499 8
1회 측정 : (감압 지시값–감압 영점 변화량) = (2.499 9–0.000 0) = 2.499 9

2회 측정 : (가압 지시값–가압 영점 변화량) = (2.499 9–0.000 0) = 2.499 9
2회 측정 : (감압 지시값–감압 영점 변화량) = (2.499 9–0.000 0) = 2.499 9

3회 측정 : (가압 지시값–가압 영점 변화량) = (2.500 0–0.000 1) = 2.499 9
3회 측정 : (감압 지시값–감압 영점 변화량) = (2.499 9–(–0.000 2)) = 2.500 1

5(가압)의 변화구간(반복성) : (0점 보정 지시값의 최대–최소) = (2.499 9–2.499 8) = 0.000 1
5(감압)의 변화구간(반복성) : (0점 보정 지시값의 최대–최소) = (2.500 1–2.499 9) = 0.000 2
반복성 : 변화구간(반복성)의 가압과 감압 중 최댓값, 즉 0.000 2 〉 0.000 1

---

① 추정값 : 0.000 2 MPa

위의 영점보정 데이터의 변화구간 최대값이다.

② 표준불확도 : 0.000 06 MPa

직사각형 확률분포를 적용하여 산출한다.

$$u_{rep} = \frac{\text{최대변화구간}}{2\sqrt{3}} = \frac{0.000\ 2\ \text{MPa}}{2\sqrt{3}} = 0.000\,06\ \text{MPa}$$

③ 확률분포 : 직사각형

일반적인 기기의 특성, 과거 이력 또는 경험에 대한 추정은 직사각형 확률분포를 적용한다.

④ 감도 계수 : 1

⑤ 불확도 기여량 : 0.00006 MPa

$$|표준불확도 \times 감도\ 계수| = |0.000\ 06\ MPa \times 1|$$

⑥ 자유도 : 50

상대불확도 R = 10 % 가정, 즉 표준불확도 추정에 대한 확신의 정도를 90 % 신뢰한다고 가정했다.

$$\frac{1}{2}\left(\frac{100}{R}\right)^2 = \frac{1}{2}\left(\frac{100}{100 - 확신의\ 정도}\right)^2 = \frac{1}{2}\left(\frac{100}{100-90}\right)^2$$

4) 히스테리시스에 의한 불확도 u_{hys}

히스테리시스에 의한 오차는 초기 로우 데이터를 이용하여 구한다. 가압과 감압 시에 측정되는 지시값의 출력 차이로 계산하며, 직사각형 확률분포를 적용하여 표준불확도를 산출한다.

① 추정값 : 0.000 03 MPa

$$h_j = \frac{1}{3}(|x_{2,j} - x_{1,j}| + |x_{4,j} - x_{3,j}| + |x_{6,j} - x_{5,j}|)$$

$$\begin{aligned} h_j = \frac{1}{3}(&|1회\ 감압측정데이터 - 1회\ 가압측정데이터| \\ &+ |2회\ 감압측정데이터 - 2회\ 가압측정데이터| \\ &+ |3회\ 감압측정데이터 - 3회\ 가압측정데이터|) \end{aligned}$$

$$h_j = \frac{1}{3}(|2.4999 - 2.4999| + |2.4999 - 2.4999| + |2.4999 - 2.5000|)$$

$$= 0.000\ 03\,\text{MPa}$$

② 표준불확도 : 0.000 01 MPa

직사각형 확률분포를 적용하여 산출한다.

$$u_{\text{rep}} = \frac{최대변화구간}{2\sqrt{3}} = \frac{0.000\ 03\,\text{MPa}}{2\sqrt{3}} = 0.00001\,\text{MPa}$$

③ 확률분포 : 직사각형

④ 감도 계수 : 1

⑤ 불확도 기여량 : 0.00001 MPa

$$|\text{표준불확도} \times \text{감도 계수}| = |0.000\ 01\ \text{MPa} \times 1|$$

⑥ 자유도 : 22

상대불확도 R = 15 % 가정, 즉 표준불확도 추정에 대한 확신의 정도를 85 % 신뢰한다고 가정했다.

$$\frac{1}{2}\left(\frac{100}{R}\right)^2 = \frac{1}{2}\left(\frac{100}{100-\text{확신의 정도}}\right)^2 = \frac{1}{2}\left(\frac{100}{100-85}\right)^2$$

● 교정대상기기의 표준불확도

불확도 전파법칙에 의해 분해능, 영점, 반복, 히스테리시스 오차에 의한 불확도기여량을 합성하여 표준불확도를 구한다.

① 추정값 : 2.499 9 MPa

② 표준불확도 : 0.000 07 MPa

불확도 전파법칙에 의해 교정대상기기의 모든 불확도 요인을 합성하여 구한다.

$$u_{\text{i}} = \sqrt{u_{\text{res}}^2 + u_{\text{zero}}^2 + u_{\text{rep}}^2 + u_{\text{hys}}^2}$$
$$= \sqrt{0.000\ 03^2 + 0.000\ 03^2 + 0.000\ 06^2 + 0.000\ 01^2} = 0.000\ 07\ \text{MPa}$$

③ 확률분포 : 정규분포

④ 감도 계수 : -1

⑤ 불확도 기여량 : 0.000 07 MPa

$$|\text{표준불확도} \times \text{감도 계수}| = |0.000\ 07\ \text{MPa} \times -1|$$

⑥ 자유도 : 87

교정대상기기의 불확도 4개에 대한 유효자유도를 구한다.

$$\frac{u_c^4(y)}{\sum_{i=1}^{n}\frac{u_i^4(y)}{\nu_i}} = \frac{u_c^4}{\frac{u_{res}^4}{\nu_{res}}+\frac{u_{zero}^4}{\nu_{zero}}+\frac{u_{rep}^4}{\nu_{rep}}+\frac{u_{hys}^4}{\nu_{hys}}}$$

$$= \frac{0.000\,07^4}{\frac{0.000\,03^4}{\infty}+\frac{0.000\,03^4}{50}+\frac{0.000\,06^4}{50}+\frac{0.000\,01^4}{22}} = 87.03 = 87$$

5.6.3 합성표준불확도

보정값 c의 합성표준불확도는 표준압력의 불확도기여량과 교정대상기기의 지시압력의 불확도기여량의 합성으로 구한다.

$$u_c = \sqrt{u_s^2 + u_i^2} = \sqrt{0.000\,10^2 + 0.000\,07^2} = 0.000\,12\ \text{MPa}$$

5.6.4 유효자유도 ν_{eff}

$$\nu_i = \frac{u^4(y)}{\sum_{i=1}^{n}\frac{u_i^4(y)}{\nu_i}} = \frac{u_c^4}{\frac{u_s^4}{\nu_s}+\frac{u_i^4}{\nu_i}} = \frac{0.000\,12^4}{\frac{0.000\,10^4}{\infty}+\frac{0.000\,07^4}{87}} = 751.36 = 751$$

유효자유도 $Veff$가 10 이상으로 충분히 크므로 신뢰수준 약 95 %에서 k = 2를 적용한다.

5.6.5 불확도 총괄표

NO	불확도 성분	불확도 원인	표준 불확도값 $u(x_i)$ MPa	감도 계수 c_i	|불확도 기여량| $u_i(y) = \|c_i\| \times u(x_i)$	자유도 ν_i
1	u_s	표준기	0.000 10	1	0.000 10	∞
2	u_i	교정대상기기	0.001 13	−1	0.001 13	87
	u_{res}	분해능	0.000 03	1	0.000 03	∞
	u_{zero}	영점	0.000 03	1	0.000 03	50
	u_{rep}	반복측정	0.000 06	1	0.000 06	50

	u_{hys}	히스테리시스	0.000 01	1	0.000 01	22
	합성표준불확도		0.000 12	–	유효자유도	751

5.6.6 측정불확도 U

$U = u_c \times k = 0.000\ 12 \times 2 = 0.000\ 24\ \mathrm{MPa}$ (신뢰수준 약 95 %, k = 2 적용)

교정성적서

교 정 기 관 명 교정기관 주소 명기 전화번호 및 Fax No. 명기	성적서번호 : 페이지(1)/(총 2)	KOLAS

1. 의뢰자
   기 관 명 :
   주 소 :

2. 측 정 기
   기 기 명 : 게이지압 압력계
   제작회사 및 형식 :
   기기번호 :

3. 교정일자 :

4. 교정환경
   온 도 : (±) ℃ 습 도 : (±) % R.H.
   교정장소 : ■ 고정표준실 □ 이동교정 □ 현장교정

5. 측정표준의 소급성
상기 기기는 한국계량측정협회 발행 '아날로그 및 디지털 압력계의 표준교정절차(KASTO 18-20411-011)'에 따라 국가측정표준기관으로부터 측정의 소급성이 확보된 아래 표준장비를 이용하여 비교교정되었다.

* 교정에 사용한 표준장비 명세

기기명	제작회사 및 형식	기기번호	차기교정예정일자	교정기관
유압 분동식 압력계				

6. 교정결과 : '교정결과' 참조

7. 측정불확도 : '교정결과' 참조

확 인	작성자 성 명 (서 명)	승인자 직 위 : 기술책임자(정, 부) 성 명 : (서 명)

위 성적서는 국제시험기관인정협력체(International Laboratory Accreditation Cooperation) 상호인정협정(Mutual Recognition Arrangement)에 서명한 한국인정기구(KOLAS)로부터 공인받은 분야의 교정결과입니다.

20 . . .
한국인정기구 인정 ○○교정기관장 (인)

(주) 이 성적서는 측정기의 정밀정확도에 영향을 미치는 요소(과부하, 온도, 습도 등)의 급격한 변화가 발생한 경우에는 무효가 됩니다.

교정결과	페이지(2)/(총 2)	KOLAS

■ 기 기 명 : 게이지압용 압력계

■ 제작회사 및 형식 : PDK

■ 기 기 번 호 : 12345

측정점 번호	표준기	분동식 표준 압력계		
	표준압력	지시값 평균	보정값	측정불확도 (k = 2)
	MPa	MPa	MPa	MPa
1	0.000 0			
2	1.000 0			
3	1.500 0			
4	2.000 0			
5	2.500 0	2.499 9	0.000 1	0.000 24
6	3.000 0			

■ 표준기 불확도 : $U(p) = 8.0 \times 10^{-5} p$, 신뢰수준 약 95 %, k =2 적용

끝.

6 전자기 유량계

6.1 교정대상기기의 교정 항목, 측정 범위 및 교정 방법

교정 항목	측정 범위	교정 방법(교정기기)
유량측정 편차	기준기 범위 이내	기준기유량계 측정값과 교정대상기기의 측정값의 비교교정

6.2 필요장비 명세 및 최저요구성능

표준장비명	수량	최저요구성능
기준유량계 방식 유량계교정장치	1 대	측정범위: 기준유량계를 이용한 유량계 교정 장치의 최대 유량 이내 불 확 도: 기준유량계를 이용한 유량계 교정 장치의 교정측정능력 이내
타이머	1 대	측정범위: 유량계 교정을 위한 최대 수집시간 이내 불 확 도: 교정성적서에 표기된 측정불확도
카운터	1 대	측정범위: 유량계에서 지시되는 최대 펄스개수 이내 불 확 도: 교정성적서에 표기된 측정불확도
멀티미터	1 대	측정범위: 유량계에서 지시되는 최대 전류 이내 불 확 도: 교정성적서에 표기된 측정불확도
압력계	1 대	측정범위: 시험 배관의 최대 압력 이내 불 확 도: 교정성적서에 표기된 측정 불확도
온도계	1 대	측정범위: 시험 배관의 최소 온도 ~ 최대 온도 불 확 도: 교정성적서에 표기된 측정불확도

☞ 상기 필요 장비는 교정대상기기의 종류와 분해능 및 정확도에 대체 가능한 장비를 사용할 수 있다.

6.3 교정 준비 및 절차

(1) 표준교정절차서를 숙독한다.

(2) 측정환경을 기록한다.

(3) 기준탱크가 중량 측정장치의 중심에 위치하도록 확인하고 조정한다.

(4) 측정 전 시운전을 통해 유량계 관로 내부의 기포를 제거한다.

(5) 최소 3회 이상 수집탱크의 최대용량까지 액체를 수집하여 시운전 한다.

(6) 액체의 수집시간과 양을 결정한다. 이 때, 오차 최소화를 고려하여 수집탱크의 충분한 양이 측정되도록 한다.

(7) 고객의 특별한 요구가 없을 경우 최소 유량과 최대 유량 범위에서 최소 5개의 측정지점을 선정하여 유동률을 3회 이상 실험한다.

☞ 본 실험에서는 1개의 유동률을 선정하여 5회 측정하여 유량측정 정확도와 불확도를 구한다.

[그림 6.1] 유량시스템(전자기 유량계)

[그림 6.2] 사전 시험 및 기포 제거

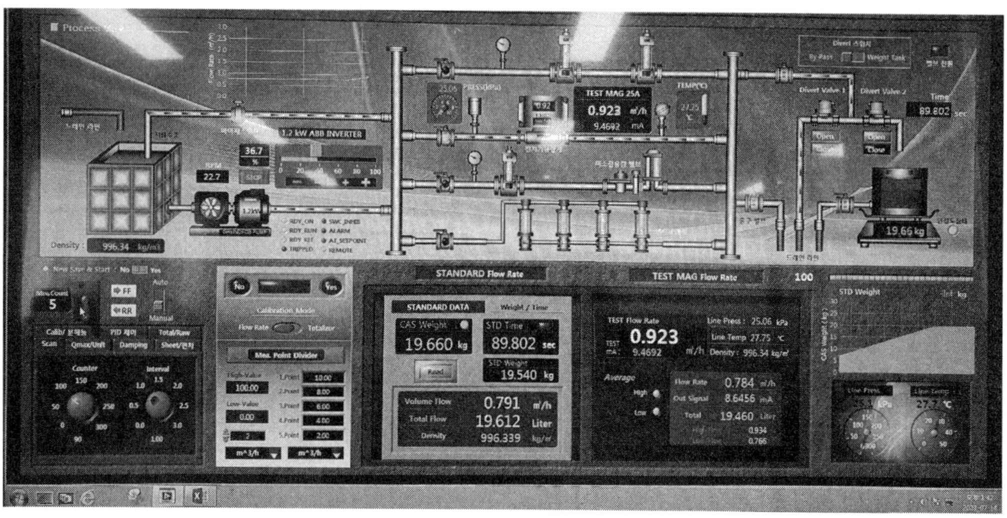

[그림 6.3] 유량교정시스템(1회 ~ 5회 반복측정)

6.4 교정데이터 처리

6.4.1 교정값 계산

기준유량계를 이용한 액체용 유량계 교정장치는 기준유량계의 기준값과 교정대상유량계의 지시값을 비교하거나 교정하기 위한 목적으로 사용된다. 그러므로 기준유량계를 이용한 액체용 유량계 교정장치의 수학적 모델은 유량계를 교정하기 위한 시험배관을 지나는 유체 온도가 ±1℃ 이내로 일정하게 유지되는 조건 하에 다음 식을 적용하여 산출한다.

$$E = \left(\frac{q_{DUT}}{q_{REF}} - 1\right) \times 100$$

$$E = \left(\frac{0.782}{0.790} - 1\right) \times 100 = -1.013\ \%$$

E : 상대측정편차(%)

q_{DUT} : 교정대상 유량계 지시값(m^3/h)

q_{REF} : 교정대상 유량계 설치위치에서 측정되는 기준유동율(m^3/h)

6.4.2 측정환경

시간	온도(℃)	기압(Pa)	습도(%R.H.)	밀도(kg/m^3)
시작 : 15:00 완료 : 16:30 최종 : 90분	최저 : 23.6 최고 : 23.8 평균 : 23.7	최저 : 100 700 최고 : 100 700 평균 : 100 700	최저 : 48 최고 : 48 평균 : 48	최저 : 996.338 최고 : 996.344 평균 : 996.341

6.4.3 전자기 유량계의 로우 데이터

(1) 명목값 : 1.0 m^3/h, 시간 : 90초

측정항목	1회	2회	3회	4회	5회	평균
기준기 유량계의 시간당 부피유량(m^3/h) (= 시간을 고려한 기준순시유량)	0.79	0.79	0.79	0.79	0.79	0.790
전자기 유량계의 시간당 부피유량 (m^3/h) (= 시간을 고려한 전자기 유량계 순시유량)	0.78	0.78	0.78	0.79	0.78	0.782
상대측정편차(E) 예) $E = \left(\frac{0.78}{0.79} - 1\right) \times 100 = -1.266\ \%$	-1.266	-1.266	-1.266	0.000	-1.266	-1.013

6.5 수학적 모델

불확도를 산출하기 위해서는 q_{DUT}와 q_{REF}를 측정량과 보정량으로 구분한다. 측정량은 비교교정으로 측정한 지시값이다. 측정량의 평균은 E를 계산하는 과정에서, 측정량의 불확도는 E의 반복측정 불확도를 산출하는 과정에서 자연스럽게 유도된다. 보정량은 부속장비의 소급성을 의미한다. 유량계에 연결된 모든 부속장비들이 소급성을 확보하면 보정량의 불확도를 합성할 수 있다. 부속장비들이 이미 보정되어 있으면 보정량의 평균값은 0이다. E에 대한 불확도 산출식은 아래와 같다.

$$u(E) = \sqrt{(c_{qDUT}\,u(q_{DUT}))^2 + (c_{qREF}\,u(q_{REF}))^2}$$

$u(E)$: 합성표준불확도 (%)

c_i : 감도 계수 ($\frac{\partial E}{\partial x_i}$)

$u(x_i)$: 각 측정량의 표준불확도

x_i : 측정량

각 불확도 요인의 감도 계수는 E를 각 불확도 요인에 대해 편미분하여 구한다.

$$c_{qDUT} = \frac{\partial u(E)}{\partial q_{DUT}} = \frac{1}{q_{REF}} = \frac{E+1}{q_{DUT}}$$

$$c_{qREF} = \frac{\partial u(E)}{\partial q_{REF}} = -\frac{q_{DUT}}{q^{2}_{REF}} = -\frac{E+1}{q_{REF}}$$

$$\therefore\ u(E) = \sqrt{\left((E+1)\frac{u(q_{DUT})}{q_{DUT}}\right)^2 + \left(-(E+1)\frac{u(q_{REF})}{q_{REF}}\right)^2}$$

각 불확도 요소의 상대 불확도를 u_r이라고 하고 다음과 같이 정리한다.

$$u_r(q_{DUT}) = \frac{u(q_{DUT})}{q_{DUT}},\ \ u_r(q_{REF}) = \frac{u(q_{REF})}{q_{REF}}$$

각 상대불확도의 감도 계수는 다음과 같다.

$c_{r\,q_{DUT}} = (E+1),\ c_{r\,q_{REF}} = -(E+1)$

$\therefore\ u(E) = \sqrt{(c_{rqDUT}u_r(q_{DUT}))^2 + (c_{rqREF}u_r(q_{REF}))^2}$

c_{rx_i} : 상대표준불확도의 감도 계수

$u_r(x_i)$: 상대표준불확도

위의 식을 A형 불확도와 B형 불확도 성분으로 구분하여 정리하면 다음과 같다.

$u(E) = \sqrt{u^2(E_A) + u^2(E_B)}$

$u(E_A)$: 상대측정편차의 A형 불확도

☞ $u(E_A) = \sqrt{\frac{1}{n(n-1)}\sum_{i=1}^{n}(E_{A,\,i} - \overline{E})^2}$

E_i : 상대측정편차의 i번째 측정값(%)

$\overline{E}$: E_i의 평균값(%)

n : 측정횟수

$u(E_B)$: 상대측정편차의 B형 불확도

☞ $u(E_B) = \sqrt{(c_{rq_{DUT}}u_r(\delta q_{DUT}))^2 + (c_{rqREF}u_r(\delta q_{REF}))^2}$

δq_{DUT} : 교정대상유량계의 부피유량 보정량 (m^3/h)

δq_{REF} : 기준유량계의 부피유량 보정량 (m^3/h)

$u_r(\delta q_{DUT})$: 교정대상유량계의 B형 상대불확도(%)

$u_r(\delta q_{REF})$: 기준유량계의 B형 상대불확도(%)

따라서 상대측정편차의 합성표준불확도는 다음과 같이 산출한다.

$u_c(E) = \sqrt{u^2(E_A) + (c_{rq_{DUT}}u(\delta q_{DUT}))^2 + (c_{rqREF}u(\delta q_{REF}))^2}$

$u_c(E)$: 합성표준 불확도 (%)

$u(E_A)$: 상대편차의 반복측정에 대한 불확도 (%)

$u(\delta q_{DUT})$: 교정대상유량계 부속장비의 상대 보정량에 대한 불확도 (%)

$u(\delta q_{REF})$: 기준유량계 부속장비의 상대 보정량 불확도 (%)

6.6 불확도 계산

수학적 모델에서 살펴보았듯이 불확도는 세 가지 요인, 즉 1) 상대측정편차의 반복측정에 대한 불확도 $u(E_A)$, 2) 교정대상 유량계의 보정량(분해능)에 대한 불확도 $u(\delta q_{DUT})$, 3) 기준 유량계의 보정량에 대한 불확도$u(\delta q_{REF})$를 산출하여 합성한다.

6.6.1 상대측정편차의 반복측정에 대한 불확도 $u(E_A)$

① 추정값 : -1.013 %

$$E = \left(\frac{0.782}{0.790} - 1\right) \times 100 = -1.013\ \%$$

로우 데이터에서 전자기유량기와 기준유량기의 평균값을 이용하여 구한다.

② 표준불확도 : 0.253 %

$$u(E_A) = \frac{s}{\sqrt{n}} = \sqrt{\frac{1}{n(n-1)}\sum_{i=1}^{n}(E_{A,\,i} - \overline{E})^2}$$

$$= \sqrt{\frac{1}{5(5-1)}\sum_{i=1}^{5}((-1.266) - (-1.013))^2 + \cdots + ((-1.266) - (-1.013))^2}$$

$$= 0.253\ \%$$

5회 반복측정하여 전자기유량기와 기준유량기의 값에 대한 상대측정편차 값에 대한 표준편차를 구하여 반복측정횟수의 제곱근으로 나누어 구한다.

③ 확률분포 : t-분포

반복측정횟수가 30회 이상이 아니므로 t-분포로 간주한다.

④ 감도 계수 : 1

수학적 모델에서 감도 계수는 1이다.

⑤ 불확도 기여량 : 0.253 %

표준불확도와 감도 계수의 곱으로 구한다. |0.253 % ×1|

⑥ 자유도 : 4

A형 불확도의 자유도는 (반복측정 횟수 - 1) = (5 - 1)로 구한다.

6.6.2 교정대상 유량계의 보정량(분해능)에 대한 불확도 $u(\delta q_{DUT})$

① 추정값 : 0.000 m^3/h

분해능으로 인하여 측정결과에 미친 영향은 정확히 알 수 없으므로 기댓값은 0 m^3/h로 간주한다.

② 표준불확도 : 0.017 %

전자기유량계의 전류출력 분해능에 대한 불확도와 경년변화에 대한 불확도를 합성하여 구한다. 전류출력 분해능에 대한 불확도는 디지털 전압계의 교정성적서를 참고하여 불확도를 구하고, 경년변화에 대한 불확도는 이 값에 직사각형 확률분포를 적용하여 구한 후 합성한다. 만일, 디지털 전압계의 교정성적서의 불확도 값이 0.012 %, 최대감도 계수가 3.5였다면 불확도 기여량은 (0.012 % × 3.5) = 0.042 %, 경년변화에 대한 불확도는 $\dfrac{0.042\ \%}{2\sqrt{3}} = 0.012\ \%$, 불확도 기여량은 (0.012 % × 3.5) = 0.042 %가 된다. 따라서 이 두 불확도 기여량을 합성하여 구한다.

$$\sqrt{0.012^2 + 0.012^2} = 0.017\ \%$$

③ 확률분포 : 직사각형 확률분포

분해능 및 관련 정보를 이용하여 불확도를 추정했으므로 직사각형 확률분포로 간주한다.

④ 감도 계수 : 0.990

수학적 모델에서 편미분하여 감도 계수를 구한다.

$$(E+1) = \left(1 + \frac{E_A}{100}\right) = \left(1 + \frac{-1.013}{100}\right) = 0.990$$

⑤ 불확도 기여량 : 0.017 %

표준불확도와 감도 계수의 곱으로 구한다. $|0.017\ \% \times 0.990|$

⑥ 자유도 : 50

상대불확도 R = 10 % 가정, 즉 표준불확도 추정에 대한 확신의 정도를 90 % 신뢰한다고 가정했다.

$$\frac{1}{2}\left(\frac{100}{R}\right)^2 = \frac{1}{2}\left(\frac{100}{100 - \text{확신의 정도}}\right)^2 = \frac{1}{2}\left(\frac{100}{100-90}\right)^2$$

6.6.3 기준유량계의 보정량에 대한 불확도 $u(\delta q_{REF})$

① 추정값 : 0.000 m^3/h

기준유량계의 보정량에 대한 기댓값은 0 m^3/h로 간주한다.

② 표준불확도 : 0.135 %

기준유량계의 교정성적서를 참고하여 적용한다. 만일 기준유량계의 CMC 산출보고서에 불확도가 0.270 %로 명시되어 있다면 이 값을 포함인자 k로 나누어 구한다.

$$\frac{U}{k} = \frac{0.270\ \%}{2}$$

③ 확률분포 : 정규분포

성적서를 참고하였으며, 성적서 상에 신뢰수준과 포함인자가 명시되어 있으므로 정규분포로 간주할 수 있다.

④ 감도 계수 : -0.990

수학적 모델에서 편미분하여 감도 계수를 구한다.

$$-(E+1) = -\left(1+\frac{E_A}{100}\right) = -\left(1+\frac{-1.013}{100}\right) = -0.990$$

⑤ 불확도 기여량 : 0.134 %

표준불확도와 감도 계수의 곱으로 구한다. $|0.135\,\% \times -0.990|$

⑥ 자유도 : ∞

상대불확도 R = 0 % 가정, 즉 성적서를 참고하여 표준불확도를 추정하는 데에 확신의 정도를 100 % 신뢰한다고 적용하여 계산했다.

$$\frac{1}{2}\left(\frac{100}{R}\right)^2 = \frac{1}{2}\left(\frac{100}{100-\text{확신의 정도}}\right)^2 = \frac{1}{2}\left(\frac{100}{100-100}\right)^2$$

6.6.4 합성표준불확도 $u_c(E)$

불확도전파법칙(RSSM)에 의하여 세 가지의 불확도 요인을 모두 합성하여 구한다.

$$u_c(E) = \sqrt{u^2(E_A) + (c_{rq_{DUT}} u(\delta q_{DUT}))^2 + (c_{rqREF} u(\delta q_{REF}))^2}$$

$$u_c(E) = \sqrt{(0.253)^2 + (0.017)^2 + (0.134)^2} = 0.287\ \%$$

6.6.5 유효자유도 V_{eff}

$$V_{eff} = \frac{u_c^4(E)}{\sum_{i=1}^{n} \frac{[c_i u(x_i)]^4}{v_i}} = \frac{(0.287)^4}{\frac{(0.253)^4}{4} + \frac{(0.017)^4}{50} + \frac{(0.134)^4}{\infty}} = 6.6 = 6$$

6.6.6 불확도 총괄표

입력량 X_i	추정값 x_i	상대표준불확도 u(xi)	확률 분포	상대감도 계수 ci	|상대불확도기여량| ci · u(xi)	자유도 ν_i
E_A	−1.013 %	0.253 %	t	1	0.253 %	4
δq_{DUT}	0.000 m^3/h	0.017 %	직사각	0.990	0.017 %	50
δq_{REF}	0.000 m^3/h	0.135 %	정규	−0.990	0.134 %	∞
E	−1.013 %	−	−	−	$u_c(E)$=0.287 %	6

6.6.7 상대측정불확도 $U(E)$

유효자유도가 10 미만으로 신뢰수준 95 %, k = 2.45을 적용하여 다음과 같이 구한다.

$$U = k \times u_c = 0.287\ \% \times 2.45 = 0.70\ \%$$

교정성적서

교 정 기 관 명 교정기관 주소 명기 전화번호 및 Fax No. 명기	성적서번호 : 페이지(1)/(총 2)	KOREA LABORATORY ACCREDITATION SCHEME KOLAS CALIBRATION NO.

1. **의뢰자**
   기 관 명:
   주　　소:
2. **측정기**
   품　　명 : 전자기 유량계
   제작회사 :
   기기번호 :
3. **교정 일자 :**
4. **교정 환경**
   온　　도: (　　　　　) ℃　　상대습도: (　　　　　) % R.H.
   교정 장소: □ 고정 표준실　　□ 이동 교정　　□ 현장 교정
5. **측정 표준의 소급성**

교정방법 및 소급성 서술 : 상기 기기는 한국계량측정협회 발행 '전자기유량계의 표준교정절차(KASTO 03-10-4080-107)'에 따라 국가측정표준기관으로부터 측정의 소급성이 확보된 아래의 표준 장비를 이용하여 교정되었다.

교정에 사용한 표준 장비 명세

사용장비명	제작자 및 형식	기기번호	교정유효일자	교정기관
기준유량계(중량식)				
온도계				
압력계				

6. **교정결과 :** 교정결과 참조
7. **측정불확도 :** (신뢰수준 95%, k = 2.45 적용) : 교정결과 참조

확　인	작성자: 성　명:　　　　　(서 명)	승인자 직위: 성　명 :　　　　　(서 명)

위 성적서는 국제시험기관인정협력체(International Laboratory Accreditation Cooperation) 상호인정협정(Mutual Recognition Arrangement)에 서명한 한국인정기구(KOLAS)로부터 공인받은 분야의 교정 결과입니다.

20　.　.　.

한국인정기구 인정　○○교정기관장　　(인)

(주) 이 성적서는 측정기의 정밀정확도에 영향을 미치는 요소(과부하, 온도, 습도 등)의 급격한 변화가 발생한 경우에는 무효가 됩니다.

교정결과	페이지(2)/(총 2)	KOLAS

순번	교정대상 유량계의 유동율(X) (m^3/h)	기준기의 유동율(Y) (m^3/h)	측정오차 $(\frac{X}{Y}-1)\times 100$ (%)	상대측정 편차 평균 (%)	상대측정불확도 U (%)
1	0.78	0.79	−1.266	−1.013	0.70
2	0.78	0.79	−1.266		
3	0.78	0.79	−1.266		
4	0.79	0.79	0.000		
5	0.78	0.79	−1.266		

■ 포함인자 k : 2.45(신뢰수준 95 %)

■ 고정유체 : 물

■ 제작회사 및 형식 : XX회사

■ 기기번호 : 01234

끝.

7 디지털 온도계

7.1 교정대상기기의 교정 항목, 측정 범위 및 교정 방법

교정 항목	측정 범위	교정 방법(교정기기)
지시온도 (온도센서 포함)	−30 ℃ ~ 140 ℃	기준온도계와 항온조에서 비교교정

7.2 필요장비 명세 및 최저요구성능

표준장비명		수량	최저요구성능
온도센서 포함	기준온도 측정시스템	1 set	온도 측정범위 : −50 ℃ ~ 200 ℃ 불확도 : $U=0.01$ ℃ 이내(CL = 약 95 %, $k=2$)
	빙점조	1 set	사용온도 : 0 ℃ 온도안정도 : ±0.005 ℃
	항온유지 장치	1 set	사용 온도범위 : −40 ℃ ~ 160 ℃ 불확도 : ±0.005 ℃ 이내

7.3 교정 준비 및 절차

(1) 표준교정절차서를 숙독한다.

(2) 교정에 사용되는 모든 장비의 외관 검사 및 정상작동 여부를 검사한다.

(3) 데이터의 변동량을 최소화하기 위해 교정 전 최소 1시간 예열한다.

(4) 교정 시 외부 온도의 영향을 최소화하기 위해 기준 및 교정대상기기의 온도감지부는 항온장치 내의 항온지역 내에서 같은 깊이에 설치하도록 한다.

(5) 빙점 측정 후 물기를 완전히 제거한 후 충분한 시간을 갖고 다른 온도를 측정한다.

(6) 측정은 기준 및 교정대상기기를 번갈아 3회 이상 측정하며, 데이터의 변동량이 없도록 충분히 안정되었을 때 눈금을 읽고 기록한다.

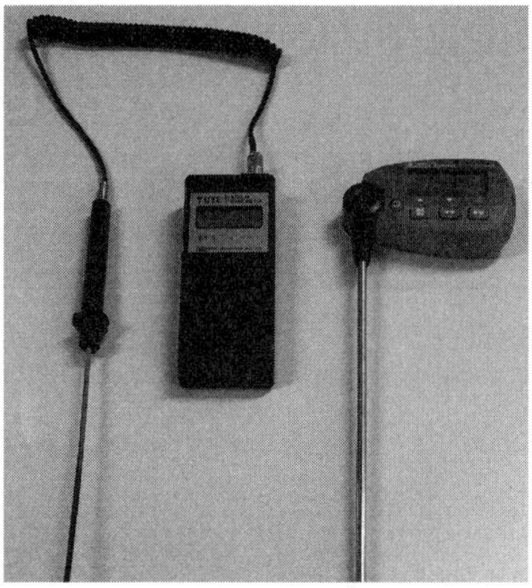

[그림 7.1] 표준기 및 교정대상기기

[그림 7.2] 빙점측정용 얼음

[그림 7.3] 항온조

7.4 교정데이터 처리

7.4.1 측정환경

시간	온도(℃)	기압(Pa)	습도(%R.H.)
시작 : 14:00 완료 : 17:00 최종 : 180분	최저 : 22.2 최고 : 22.8 평균 : 22.5	최저 : 100 500 최고 : 100 500 평균 : 100 500	최저 : 59 최고 : 61 평균 : 60

7.4.2 기준온도계와 교정대상 온도계의 비교교정, 보정값 결과

(단위 : ℃)

항온조 설정 온도 (℃)	기준온도계(RTD온도계)			교정대상기기온도계 (디지털 온도계)			보정값
	측정온도 (℃)	평균 (℃)	|최대–최소|	측정온도 (℃)	평균 (℃)	|최대–최소|	기준온도–교정 대상기기 지시값
0 (빙점)	0.00 0.00 0.00	0.00	0.00	0.30 0.40 0.30	0.30	0.10	−0.30
20	19.96 19.99 19.98	19.98	0.03	20.40 20.30 20.30	20.30	0.10	−0.32
40	39.96 39.95 39.95	39.95	0.01	40.30 40.30 40.20	40.30	0.10	−0.35
60	60.00 60.01 60.00	60.00	0.01	60.60 60.60 60.50	60.60	0.10	−0.60
80	79.94 79.96 79.95	79.95	0.02	80.90 80.90 80.80	80.90	0.10	−0.95
100	99.92 99.92 99.94	99.93	0.02	101.00 100.90 101.00	101.0 0	0.10	−1.07

7.5 수학적 모델

디지털 온도계의 0 ℃부터 100 ℃까지의 측정결과를 기준 온도계의 측정값과 비교하여 온도 보정식을 다음과 같이 수립하였다. 또한 불확도 전파법칙(RSSM)에 따라 교정대상기기와 기준 온도계의 합성표준불확도를 구한다.

$$\Delta t = t_r - t_{DUT}$$

$$u_c(\Delta t) = \sqrt{u^2(t_r) + u^2(t_{DUT})}$$

Δt	보정온도/℃
t_r	기준온도계 온도 측정값/℃
t_{DUT}	교정대상온도계 온도 측정값/℃
$u_c(\Delta t)$	보정온도의 합성표준불확도
$u(t_r)$	기준온도계 측정값의 표준불확도
$u(t_{DUT})$	교정대상온도계 측정값의 표준불확도
$u(t_{r,\,r})$	기준온도계의 교정에 따른 표준불확도
$u(t_{r,\,bs})$	항온조의 안정도에 따른 표준불확도
$u(t_{r,\,bu})$	항온조의 온도구배에 따른 표준불확도
$u(t_{r,\,rep})$	반복측정에 따른 표준불확도
$u(t_{DUT,\,res})$	교정대상기기의 분해능에 따른 표준불확도
$u(t_{DUT,\,rep})$	온도의 반복측정에 따른 표준불확도
$u(t_{DUT,\,h})$	산업용 저항 온도계의 히스테리시스 또는 열전대의 불균질도에 따른 표준불확도

7.6 불확도 계산

7.6.1 기준온도 측정값의 표준불확도 $u(t_r)$

1) 기준온도계의 교정에 따른 표준불확도 $u(t_{r,\,r})$

표준온도 측정장치를 이용한 온도 측정에 따른 불확도 인자로서 최저요구성능을 만족해야 한다. 교정성적서 상에 측정불확도 $U = 0.01$ ℃, 신뢰수준 약 95 %, $k = 2$를 적용했다고 가정하고 산출하였다.

① 추정값 : 0 ℃

측정량이 아닌 측정값에 영향을 미치는 종속인자이므로 추정값, 즉 기댓값은 0 ℃으로 한다.

② 확률분포 : 정규분포

성적서를 근거로 하였으므로 충분히 신뢰할 수 있다고 볼 수 있다. 따라서 정규분포로 간주한다.

③ 표준불확도 : 0.005 ℃

성적서에 주어진 측정불확도 $U = 0.01$ ℃를 포함인자 $k = 2$로 나누어 구한다.

$$\frac{0.01\ ℃}{2} = 0.005\ ℃$$

④ 감도 계수 : 1

수학적 모델을 편미분하여 구한다.

⑤ 불확도 기여량 : 0.005 ℃

감도 계수와 표준불확도를 곱하여 절대값을 씌워 구한다. $|1 \times 0.005\ ℃|$

⑥ 자유도 : ∞

성적서를 충분히 신뢰할 만하다고 가정할 때, 상대불확도 R = 0 %를 적용하여 ∞로 한다.

2) 항온조의 안정도에 따른 표준불확도 $u(t_{r,\ bs})$

항온조는 설정된 온도를 일정하게 유지할 수 있는 장치이다. 항온조의 안정도에 따라 측정값이 달라질 수 있다. 기준온도계와 교정대상기기(디지털 온도계)을 항온조 내부에 깊이 담구어 측정값이 변동이 없을 때까지 충분히 기다린 후 측정값을 각각 읽어준다. 측정된 온도의 최대편차를 직사각형 확률분포를 적용하여 표준불확도를 계산한다.

① 추정값 : 0 ℃

측정량이 아닌 측정값에 영향을 미치는 종속인자이므로 추정값, 즉 기댓값은 0 ℃으로 한다.

② 확률분포 : 직사각형 확률분포

기기 특성에 따른 최대 변화량의 크기로 불확도를 추정하므로 직사각형 분포로 간주할 수 있다.

③ 표준불확도 : 0.003 ℃

항온조의 최저 요구성능에서 ±0.005 ℃를 고려하여 직사각형 분포를 적용하여 계산한다.

$$\frac{0.005\ ℃}{\sqrt{3}} = 0.0028 \cong 0.003\ ℃$$

④ 감도 계수 : 1

수학적 모델을 편미분하여 구한다.

⑤ 불확도 기여량 : 0.003 ℃

감도 계수와 표준불확도를 곱하여 절대값을 씌워 구한다. $|1 \times 0.003\ ℃|$

⑥ 자유도 : 200

상대불확도 R = 5 % 가정, 즉 표준불확도 추정에 대한 확신의 정도를 95 % 신뢰한다고 가정했다.

$$\frac{1}{2}\left(\frac{100}{R}\right)^2 = \frac{1}{2}\left(\frac{100}{100-\text{확신의 정도}}\right)^2 = \frac{1}{2}\left(\frac{100}{100-95}\right)^2$$

3) 항온조의 온도구배에 따른 표준불확도 $u(t_{r,\,bu})$

항온조를 일정한 온도로 설정하여 안정시킨 후 내부에 기준온도계를 수직으로 넣어 항온조 미세 이동하면서 발생하는 온도변화의 최대편차를 구하여 직사각형 확률분포를 적용하여 계산한다.

① 추정값 : 0 ℃

측정량이 아닌 측정값에 영향을 미치는 종속인자이므로 추정값, 즉 기댓값은 0 ℃으로 한다.

② 확률분포 : 직사각형 확률분포

기기 특성에 따른 항온조 온도의 최대 변화량의 크기로 불확도를 추정하므로 직사각형분포로 간주한다.

③ 표준불확도 : 0.003 ℃

±0.005 ℃로 직사각형 분포를 적용하여 계산하였다.

$$\frac{0.005\ ℃}{\sqrt{3}} = 0.0028 \cong 0.003\ ℃$$

④ 감도 계수 : 1

수학적 모델을 편미분하여 구한다.

⑤ 불확도 기여량 : 0.003 ℃

감도 계수와 표준불확도를 곱하여 절대값을 씌워 구한다. $|1 \times 0.003\ ℃|$

⑥ 자유도 : 200

상대불확도 R = 5 % 가정, 즉 표준불확도 추정에 대한 확신의 정도를 95 % 신뢰한다고 가정했다.

$$\frac{1}{2}\left(\frac{100}{R}\right)^2 = \frac{1}{2}\left(\frac{100}{100-\text{확신의 정도}}\right)^2 = \frac{1}{2}\left(\frac{100}{100-95}\right)^2$$

4) 기준온도의 반복측정에 따른 표준불확도 $u(t_{r,\ rep})$

기준온도계로 반복측정을 하면서 우연효과에 따라 측정결과가 일정하지 않을 수 있음을 고려한 인자이다. 3회 측정한 결과에 대하여 직사각형 확률분포를 적용하여 불확도를 구한다.

① 추정값 : 0 ℃

측정량이 아닌 측정값에 영향을 미치는 종속인자이므로 추정값, 즉 기댓값은 0 ℃으로 한다.

② 확률분포 : 직사각형 확률분포

기기 특성에 따른 항온조 온도의 최대 변화량의 크기로 불확도를 추정하므로 직사각형분포로 간주한다.

③ 표준불확도 : 0.001 ℃

0.005 ℃로 직사각형 분포를 적용하여 계산하였다.

$$\frac{0.005\ ℃}{2\sqrt{3}} = 0.0014 \cong 0.001\ ℃$$

④ 감도 계수 : 1

수학적 모델을 편미분하여 구한다.

⑤ 불확도 기여량 : 0.001 ℃

감도 계수와 표준불확도를 곱하여 절대값을 씌워 구한다. $|1 \times 0.001\ ℃|$

⑥ 자유도 : ∞

추정한 표준불확도를 충분히 신뢰할 만하다고 가정할 때, 상대불확도 R = 0 %를 적용한다.

$$\frac{1}{2}\left(\frac{100}{R}\right)^2 = \frac{1}{2}\left(\frac{100}{100-\text{확신의 정도}}\right)^2 = \frac{1}{2}\left(\frac{100}{100-100}\right)^2$$

7.6.2 교정대상기기(디지털 온도계)의 표준불확도 $u(t_{DUT})$

1) 온도의 반복측정에 따른 표준불확도 $u(t_{DUT,\ rep})$

교정대상기기(디지털 온도계)로 반복측정을 하면서 우연효과에 따라 측정결과가 일정하지 않을 수 있음을 고려한 인자이다. 3회 측정한 결과에 대하여 측정결과의 최대차이에 직사각형 확률분포를 적용하여 불확도를 구한다.

① 추정값 : 0 ℃

측정량이 아닌 측정값에 영향을 미치는 종속인자이므로 추정값, 즉 기댓값은 0 ℃으로 한다.

② 확률분포 : 직사각형 확률분포

기기 특성에 따른 반복측정결과의 최대 변화량의 크기로 불확도를 추정하므로 직사각형 분포로 간주한다.

③ 표준불확도 : 0.028 ℃

최대 변화량은 0.10 ℃로 직사각형 분포를 적용하여 계산하였다.

$$\frac{0.10\ ℃}{2\sqrt{3}} = 0.028\ ℃$$

④ 감도 계수 : 1

수학적 모델을 편미분하여 구한다.

⑤ 불확도 기여량 : 0.028 ℃

감도 계수와 표준불확도를 곱하여 절대값을 씌워 구한다. $|1 \times 0.028\ ℃|$

⑥ 자유도 : ∞

추정한 표준불확도를 충분히 신뢰할 만하다고 가정할 때, 상대불확도 R = 0 %를 적용한다.

$$\frac{1}{2}\left(\frac{100}{R}\right)^2 = \frac{1}{2}\left(\frac{100}{100 - \text{확신의 정도}}\right)^2 = \frac{1}{2}\left(\frac{100}{100 - 100}\right)^2$$

2) 교정대상기기의 분해능에 따른 표준불확도 $u(t_{DUT,\ res})$

교정대상기기 지시계의 분해능에 의한 불확도로 직사각형 확률분포를 적용하여 불확도를 구한다.

① 추정값 : 0 ℃

측정량이 아닌 측정값에 영향을 미치는 종속인자이므로 추정값, 즉 기댓값은 0 ℃으로 한다.

② 확률분포 : 직사각형 확률분포

기기 특성에 따른 등간격의 분해능을 고려하여 직사각형분포로 간주한다.

③ 표준불확도 : 0.003 ℃

분해능 0.01 ℃로 직사각형 분포를 적용하여 계산하였다.

$$\frac{0.01\ ℃}{2\sqrt{3}} = 0.0028\ ℃ \cong 0.003\ ℃$$

④ 감도 계수 : 1

수학적 모델을 편미분하여 구한다.

⑤ 불확도 기여량 : 0.003 ℃

감도 계수와 표준불확도를 곱하여 절대값을 씌워 구한다. $|1 \times 0.003\ ℃|$

⑥ 자유도 : ∞

추정한 표준불확도를 충분히 신뢰할 만하다고 가정할 때, 상대불확도 R = 0 %를 적용한다.

$$\frac{1}{2}\left(\frac{100}{R}\right)^2 = \frac{1}{2}\left(\frac{100}{100 - 확신의\ 정도}\right)^2 = \frac{1}{2}\left(\frac{100}{100-100}\right)^2$$

3) 산업용 저항 온도계의 히스테리시스 또는 열전대의 불균질도에 따른 표준불확도 $u(t_{DUT,\ h})$

교정대상기기기의 히스테리시스 값에 직사각형 확률분포를 적용하여 불확도를 산출한다. 여기서는 히스테리시스 값을 0.01 ℃로 가정하여 불확도를 구했다.

① 추정값 : 0 ℃

측정량이 아닌 측정값에 영향을 미치는 종속인자이므로 추정값, 즉 기댓값은 0 ℃으로 한다.

② 확률분포 : 직사각형 확률분포

기기특성에 따른 일반적인 과거의 이력 또는 경험을 근거로 추정하므로 직사각형분포로 간주한다.

③ 표준불확도 : 0.003 ℃

분해능 0.01 ℃로 직사각형 분포를 적용하여 계산하였다.

$$\frac{0.01\ ℃}{2\sqrt{3}} = 0.0028\ ℃ \cong 0.003\ ℃$$

④ 감도 계수 : 1

수학적 모델을 편미분하여 구한다.

⑤ 불확도 기여량 : 0.003 ℃

감도 계수와 표준불확도를 곱하여 절대값을 씌워 구한다. $|1 \times 0.003\ ℃|$

⑥ 자유도 : ∞

추정한 표준불확도를 충분히 신뢰할 만하다고 가정할 때, 상대불확도 R = 0 %를 적용한다.

$$\frac{1}{2}\left(\frac{100}{R}\right)^2 = \frac{1}{2}\left(\frac{100}{100 - \text{확신의 정도}}\right)^2 = \frac{1}{2}\left(\frac{100}{100 - 100}\right)^2$$

7.6.3 합성표준불확도

기준온도계 측정값의 표준불확도$u(t_r)$은 포함된 4가지 불확도 요인들을 모두 합성하여 구한다. 그리고 교정대상온도계 측정값의 표준불확도$u(t_{DUT})$도 포함된 3가지 불확도 요인들을 모두 합성하여 구한다. 각각 구한 불확도를 합성하여 합성표준불확도를 계산한다.

$$u_c(\Delta t) = \sqrt{u^2(t_r) + u^2(t_{DUT})}$$

$$u_c(\Delta t) = \sqrt{0.007^2 + 0.028^2} = 0.0288 \cong 0.029 \ ℃$$

7.6.4 유효자유도 V_{eff}

기준온도계 측정값의 표준불확도$u(t_r)$은 포함된 4가지 불확도 요인들을 모두 합성하여 유효자유도를 구한다. 그리고 교정대상온도계 측정값의 표준불확도$u(t_{DUT})$도 포함된 3가지 불확도 요인들을 모두 합성하여 유효자유도를 구한다. 각각 구한 두 요인의 유효자유도를 합성하여 유효자유도를 계산한다.

$$V_{eff} = \frac{u_c^4(y)}{\sum_{i=1}^{n} \frac{[c_i u(x_i)]^4}{v_i}} = \frac{(0.029)^4}{\frac{(0.007)^4}{2964}} = 873128 \cong \infty$$

7.6.5 불확도 총괄표

100 ℃ 교정점에서의 불확도 총괄표

양 X_i	추정값 x_i, ℃	표준불확도 $u(x_i)$, ℃	감도계수 c_i	|불확도 기여량| $u_i(y)$, ℃	확률분포	자유도 ν
t_r	99.93	0.007	1	0.007	정규	2964
$t_{r,\,r}$	0.00	0.005	1	0.005	정규	∞
$t_{r,\,bs}$	0.00	0.003	1	0.003	직사각	200
$t_{r,\,bu}$	0.00	0.003	1	0.003	직사각	200
$t_{r,\,rep}$	0.00	0.001	1	0.001	직사각	∞
t_{DUT}	101.00	0.028	−1	0.028	정규	∞
$t_{DUT,\,rep}$	0.00	0.028	1	0.028	직사각	∞
$t_{DUT,\,res}$	0.00	0.003	1	0.003	직사각	∞
$t_{DUT,\,h}$	0.00	0.00	1	0.003	직사각	∞
Δt	−1.07	–	–	0.029	정규	873128

7.6.6 측정불확도

유효자유도가 10 이상으로 신뢰수준 약 95 %, $k = 2$를 적용하여 다음과 같이 구한다.

$$U = k \times u_c = 2 \times 0.029 = 0.058 \text{ ℃}$$

교정성적서

교 정 기 관 명 교정기관 주소 명기 전화번호 및 Fax No. 명기	성적서번호 : 페이지(1)/(총 2)	KOLAS

1. 의뢰기관
   기 관 명 :
   주 소 :

2. 측 정 기
   기 기 명 : 디지털 온도계
   제작회사 및 형식 :
   기기번호 :

3. 교정 일자 : 20 . .

4. 교정 환경
   온 도 : (±) ℃ 상대습도 : (±) % R.H.
   교정장소 : ■ 고정표준실 □ 이동교정 □ 현장(출장, 교정실내)교정

5. 측정표준의 소급성
   상기 기기는 한국계량측정협회에서 발행된 (KASTO 20-50102-116)에 따라 국가측정표준기관으로부터 측정의 소급성이 확보된 아래의 표준장비를 이용하여 교정되었다.

교정에 사용한 표준장비 명세 (예시)

사용장비명	제작회사 및 형식	기기번호	교정유효일자	교정기관

6. 교정 결과 : 교정결과 참조
7. 측정 불확도 : 교정결과 참조

확 인	작성자 성 명	승인자 직 위 : 성 명 : (서 명)

위 성적서는 세계시험소인정기구(International Laboratory Accreditation Cooperation) 상호인정협정(Mutual Recognition Arrangement)에 서명한 한국교정시험기관인정기구(KOLAS)로부터 공인 받은 교정항목의 교정결과입니다.

20 . . .

한국인정기구 인정 ㅇㅇ교정기관장 (인)

(주) 이 성적서는 측정기의 정밀정확도에 영향을 미치는 요소(과부하, 온도, 습도 등)의 급격한 변화가 발생한 경우에는 무효가 됩니다.

교정결과	페이지(2)/(총 2)	KOLAS

■ **장비품명** : 디지털 온도계
■ **제작회사 및 형식** : ㈜와이즈센서, 산업용 백금저항 온도계
■ **온도영역** : 0 ℃ ~ 60 ℃ (0.1 ℃ 눈금)

지시값 [℃]	보정값 [℃]	측정불확도 (신뢰수준 약 95 %, $k=2$) [℃]
0.00	−0.30	0.058
20.00	−0.32	
40.00	−0.35	
60.00	−0.60	
80.00	−0.95	
100.00	−1.07	

보정값 = (기준온도 - 교정대상기기 지시값)

끝.

부록

1. t-분포표 (자유도 ν에 대하여 신뢰수준 p를 포함하는 $t(\nu)$의 값)

자유도 ν	신뢰수준 p (%)					
	68.27	90	95	95.45	99	99.73
1	1.84	6.31	12.71	13.97	63.66	235.80
2	1.32	2.92	4.30	4.53	9.92	19.21
3	1.20	2.35	3.18	3.31	5.84	9.22
4	1.14	2.13	2.78	2.87	4.60	6.62
5	1.11	2.02	2.57	2.65	4.03	5.51
6	1.09	1.94	2.45	2.52	3.71	4.90
7	1.08	1.89	2.36	2.43	3.50	4.53
8	1.07	1.86	2.31	2.37	3.36	4.28
9	1.06	1.83	2.26	2.32	3.25	4.09
10	1.05	1.81	2.23	2.28	3.17	3.96
11	1.05	1.80	2.20	2.25	3.11	3.85
12	1.04	1.78	2.18	2.23	3.05	3.76
13	1.04	1.77	2.16	2.21	3.01	3.69
14	1.04	1.76	2.14	2.20	2.98	3.64
15	1.03	1.75	2.13	2.18	2.95	3.59
16	1.03	1.75	2.12	2.17	2.92	3.54
17	1.03	1.74	2.11	2.16	2.90	3.51
18	1.03	1.73	2.10	2.15	2.88	3.48
19	1.03	1.73	2.09	2.14	2.86	3.45
20	1.03	1.72	2.09	2.13	2.85	3.42
25	1.02	1.71	2.06	2.11	2.79	3.33
30	1.02	1.70	2.04	2.09	2.75	3.27
35	1.01	1.70	2.03	2.07	2.72	3.23
40	1.01	1.68	2.02	2.06	2.70	3.20
45	1.01	1.68	2.01	2.06	2.69	3.18
50	1.01	1.68	2.01	2.05	2.68	3.16
100	1.005	1.660	1.984	2.025	2.626	3.077
∞	1.000	1.645	1.960	2.000	2.576	3.000

☞ 본인이 추정한 유효자유도가 10 이상이면 신뢰수준 약 95%(= 약 95.45 %, 95.45 %)에서 자유도 ∞에 해당되는 포함인자 k=2를 적용한다. 만일 유효자유도가 1~9로 작게 산출된 경우에는 신뢰수준 95 %에서 해당되는 자유도에 대한 포함인자 k를 찾아 적용한다.

2. 참고문헌

· KASTO(2021). 불확도 전문교육 교재.
· KASTO(2006). 산업체용 측정시스템 관리실무 지침서. 국가기술표준원.
· KOLAS(2016). 교정 · 측정능력 산출 및 유지 · 관리지침. 국가기술표준원.
· 강창욱 외 6(2013). 확률과 통계. 청문각.
· 강주식(2003). 게이지 블록 비교교정 표준교정절차. KASTO.
· 강주식 외 1(2004). 내측 마이크로미터의 표준교정절차.KASTO.
· 김경식 외 4(2011). 다이얼 게이지의 표준교정절차. KASTO.
· 김명희 외 2(2011). 깊이 마이크로미터의 표준교정절차.KASTO.
· 김명희(2001). 정밀측정실기. 한국산업인력공단.
· 김부곤 외 4(2013). 정밀 직각 기준, 직각자의 표준교정절차.KASTO.
· 김부곤(2002). 투영 측정기의 표준교정절차. KASTO.
· 김상익 외 6(2005). 통계학의 이해와 응용. 민영사.
· 박명복 외 5(2011). 내 · 외측 캘리퍼스의 표준교정절차.KASTO.
· 양재연 외 2(2005). 3점식 마이크로미터의 표준교정절차.KASTO.
· 엄태봉 외 5(2004). 높이 마이크로미터의 표준교정절차.KASTO.
· 엄태봉 외 5(2004). 표준자의 표준교정절차. KASTO.
· 염경철 외 1(2008). 통계적 품질관리. 성안당.
· 이성준(2011). 분동의 표준교정절차. KASTO.
· 송평영(2017). 전기식 지시저울의 표준교정절차. KASTO.
· 김민석(2017). 힘 측정기의 표준교정절차. KASTO.
· 박명복(2017). 토크렌치의 표준교정절차. KASTO.
· 최인묵(2018). 게이지압용 압력계의 표준교정절차. KASTO.
· 임기원(2003). 전자기 유량계의 표준교정절차. KASTO.
· 김용규(2020). 온도지시/기록/제어장치의 표준교정절차. KASTO.
· 이갑조 외 1(2011). 높이 게이지의 표준교정절차. KASTO.
· 이건준(2005). 공학도를 위한 정밀계측. 기전연구사.
· 이용상 외 2(2011). 외측 마이크로미터의 표준교정절차. KASTO.
· 이종성(2008). 공업통계학. 교우사.
· 임재영 외 1(2003). 테스트 인디케이터의 표준교정절차. KASTO.
· KOLAS(2016). 측정결과의 불확도추정 및 표현을 위한 지침. 국가기술표준원.
· KOLAS(2016). 측정결과의 소급성 유지를 위한 지침. 국가기술표준원.
· 최부희(2015). 계측공학의 이해. 씨마스.
· Edgar Dietrich and Alfred Schulze(2003).Measurement Process Qualification. Q-DAS.
· Connie M. Borror(2008). The Certified Quality Engineer Handbook. ASQ.
· JAY L. Bucher92006). The Quality Calibration Handbook. ASQ.
· S. K. Kimothi(2002). The Uncertainty of Measurements. ASQ.
· C. Robert Pennella(2003). Managing the Metrology System. ASQ.
· Jay L. Bucher(2004). The Metrology Handbook. ASQ.
· Donald W. Benbow, Ahmad K. Elshennawy and H.Fred Walker(2002). The Certified Quality Technician Handbook. ASQ.

저자 소개

최 인 수

- 한양대학교 산업경영공학과 공학석사
- 한양대학교 산업경영공학과 공학박사 과정
- 現. 한국폴리텍대학 반도체융합캠퍼스 반도체품질측정과 교수
- 前. 르노삼성자동차(주) 중앙연구소(파워트레인 개발팀)
- 前. 일진전기공업(주) 자동차사업부(품질보증팀)
- 前. 중소기업청 수출지원센터(미국 보스턴)
- 前. NGB경영컨설팅(주) 전문위원

- 국제공인품질전문가(CQE; Certified Quality Engineer, ASQ 주관)
- 국제공인계측기교정기술자(CCT; Certified Calibration Technician, ASQ 주관)
- ISO국제인증심사원(ISO9001, 14001)
- 정밀측정산업기사

저자와의
협의에 의해
인지 생략

예제를 활용한

불확도 실무

1판 1쇄 2021년 8월 25일

저 자 최인수
발행인 송광헌
발행처 복두출판사
주 소 서울특별시 영등포구 경인로 82길 3-4
센터플러스 807호
(우) 07371
전 화 02-2164-2580
FAX 02-2164-2584
등 록 1993. 11. 22. 제 10-902 호

정가 : 24,000원

ISBN : 979-11-6675-061-8 93560

한국과학기술출판협회 회원사